ALMA
ANFIBIA

ALMA
ANFIBIA

CRAIG FOSTER

geoPlaneta

ALMA ANFIBIA
En busca de lo salvaje en un mundo domesticado
1ª edición
geoPlaneta
Diagonal 662-664. 08034 Barcelona
info@geoplaneta.es – www.geoplaneta.com

DE LA EDICIÓN ORIGINAL
Título original: *Amphibious Soul - Finding the Wild in a Tame World*
© 2024 by Craig Foster

DE LA EDICIÓN ESPAÑOLA
© Editorial Planeta, S.A., 2024
© de la traducción: Raquel García Ulldemolins, 2024

ISBN: 978-84-08-29113-8
Depósito legal: B. 8.788-2024
Impresión y encuadernación: Rotoprint
Printed in Spain – Impreso en España

Dedico este libro a la naturaleza, por ser mi mayor mentora, guía e inspiración; y a nuestros magníficos ancestros, que nos abrieron paso en tantos momentos difíciles de la prehistoria.

SUMARIO

Introducción   9

Capítulo 1: Herencia   23
Capítulo 2: Frío   47
Capítulo 3: Rastro   77
Capítulo 4: Amor   107
Capítulo 5: Genealogía   135
Capítulo 6: Miedo   165
Capítulo 7: Conectar   197
Capítulo 8: Jugar   231

Conclusión   259
Aprender el idioma de la naturaleza   271
Agradecimientos   287
Notas   295
Nota sobre la cubierta   301

INTRODUCCIÓN
En busca de lo salvaje

EL PANHANDLE DEL DELTA DEL OKAVANGO, EN EL NORTE DE BOTSUANA, es un lugar primitivo en el que la gente todavía experimenta encuentros peligrosos con grandes animales como hipopótamos y elefantes. El aire se llena del zumbido de los insectos y el canto de los pájaros, y el majestuoso río fluye como una gigantesca serpiente plateada entre inmensos lechos de juncos de papiro. La mayoría de los ríos van a dar al mar, pero el Okavango va a parar a este enorme pantano: es el dador de vida.

La intensidad de este lugar me despierta.

El pantano alberga una increíble diversidad de animales que desempeñan un determinado papel en este rico ecosistema, desde el antílope sitatunga, cuyas pezuñas en forma de plátano le permiten desplazarse en silencio por la zona, hasta el hipopótamo, que abre caminos entre la espesa maleza acuática, encauzando el flujo del agua y haciendo posible la vida en las praderas para muchos otros organismos.

Pero el animal que nuestro reducido equipo de rodaje buscaba aquella tarde de luz dorada era el cocodrilo del Nilo, una enorme criatura prehistórica y el mayor depredador de agua dulce que hay en África.

Mientras nuestra lancha motora surcaba los márgenes del canal, fijábamos la vista y las cámaras en las orillas, donde los cocodrilos suelen echarse al sol. Allí el papiro crece más espeso y sus hojas altas se abren como abanicos de varillas verdes que recuerdan al estallido de los fuegos artificiales. Bajo las hojas danzantes de los papiros hay redes de túneles estrechos y cuevas oscuras, las guaridas submarinas adonde los cocodrilos arrastran a sus presas.

Greg Thompson, naturalista y guía local, capitaneaba nuestra pequeña tripulación, formada por mi hermano y compañero de rodaje de toda la vida, Damon; el cineasta submarino francés Didier Noirot, que trabajó con el equipo de Jacques Cousteau; y mi amigo Roger Horrocks, uno de los mejores directores de fotografía submarina del mundo, que es como otro hermano para mí.

Roger era el motivo por el que yo estaba allí; la razón por la que nuestro equipo se disponía a sumergirse en compañía de una de las especies más peligrosas del planeta. Nos habíamos conocido cuatro años atrás, en un Festival de Cine de Durban, en Sudáfrica, y congeniamos enseguida. Roger es un gran pensador, un filósofo, pero también un hombre de acción. Es uno de los mejores buceadores que conozco; en el agua se siente como en casa. Roger creía que podíamos seguir al cocodrilo hasta su guarida, y yo tenía interés en ver si eso era posible. Ambos sabemos, por nuestra experiencia buceando entre tiburones blancos, que los grandes depredadores no siempre son tan fieros como los pintan en las películas de Hollywood.

Mientras Greg guiaba al equipo hasta la guarida de la bestia, quiso advertirnos. Es un experto guía de aventura que organiza circuitos a bordo de una casa flotante de dos pisos, el *Kubu Queen*, y conoce muy bien tanto el Panhandle del delta del Okavango como a los cocodrilos.

No podía garantizarnos que sobreviviéramos a aquella inmersión.

Los cocodrilos, que se cuentan entre los pocos depredadores que consideran a los seres humanos como presas, tienen la mordida más potente del mundo animal. Agazapado cerca de la orilla, a la espera, es un depredador emboscado que ataca y devora prácticamente todo lo que se acerca al agua; y todos los animales deben acercarse al agua para beber.

—Los seres humanos son la presa perfecta para estos cocodrilos —apuntó Greg—. Somos del tamaño perfecto.

Mientras nuestra lancha encaraba poco a poco un meandro del río, Didier barría la superficie con una minicámara de alta definición sujeta a una larga pértiga que parecía un limpiafondos de piscina.

Tras unos minutos filmando, Didier quiso que viéramos algo de lo que había grabado.

—Nunca había visto nada igual —dijo medio bromeando—. A lo mejor nos está tendiendo una emboscada.

Eché un vistazo por la borda para ver qué había grabado con la cámara, y había un cocodrilo de unos cuatro metros de largo. Era extraordinario, como un antiguo y grácil dragón el doble de largo que una persona. Aunque nadaba cerca del barco, no mostraba un comportamiento agresivo, y empezamos a prepararnos para la inmersión con el fin de observarlo de cerca.

Antes de que nadie se metiera en el agua, nos aseguramos de que no hubiera hipopótamos. Pese a su aspecto rechoncho, es el animal más peligroso del delta. Estas enormes bestias, que alcanzan cuatro toneladas de peso y tienen dientes de casi treinta centímetros, se mueven bajo el agua con mucha rapidez, corriendo sobre el lecho submarino. Un hipopótamo es capaz de levantar y volcar un barco. Conocíamos gente que había presenciado ataques de hipopótamos en los que alguien terminó mutilado o muerto. Si algún hipopótamo andaba cerca, íbamos a tener que salir del agua de inmediato.

Roger y Didier se metieron en el agua, seguidos por Damon. Se movían deprisa y tan silenciosamente como les era posible para no alertar al cocodrilo con chapoteos. La superficie del agua es la zona más peligrosa. Es donde los cocodrilos prefieren atacar a sus presas, para luego arrastrarlas hasta las profundidades. Los buceadores debían bajar enseguida al fondo, quedarse allí un rato y luego apresurarse a subir al barco sin detenerse en la superficie.

Yo me quedé en el barco para filmar mientras ellos descendían hasta donde descansaba el cocodrilo, sobre el lecho de sedimentos moteado por el sol. Evitaron retroceder como haría un animal de presa; se detenían o continuaban avanzando hacia el cocodrilo, una táctica que confunde al animal.

Empecé a prepararme para meterme en el agua con ellos. Yo era más joven que mis compañeros, más imprudente y con más ganas de correr riesgos, pero aun así tenía miedo. Estos animales son muy territoriales. A un miembro de una expedición fotográfica que visitó este mismo lugar poco tiempo después de nuestra expedición, un cocodrilo le arrancó un brazo. El tipo estuvo a punto de morir. Sin embargo, pese al peligro, me veía impulsado a estar cerca, a sentir el estado salvaje de aquel animal, a comprenderlo.

Habíamos tomado precauciones, claro está. Durante la mayor parte del año, ni el buceador más osado se atreve a nadar en las aguas del delta del Okavango: la visibilidad es muy mala, lo que te impide ver si se te acerca un cocodrilo. Sin embargo, nosotros habíamos planeado el viaje para junio, cuando el cauce del río está en su momento álgido y el agua fluye con fuerza y de forma constante, barriendo los sedimentos, y durante un período de entre dos y cuatro semanas suele estar limpia y clara.

A bordo del barco teníamos a un médico cualificado con un botiquín completo que incluía bombonas de oxígeno. Cuando el equipo de buceo se sumergió, el médico se puso en alerta máxima. Habíamos barajado la posibilidad de llevar algún tipo de arma, pero decidimos que era injusto invadir el territorio de un animal y luego intentar matarlo si nos atacaba. Además, si un cocodrilo nos atacaba, probablemente ni lo veríamos venir. Es un depredador tan grande y poderoso que ningún arma nos iba a servir de nada.

Cuando Roger, Didier y Damon llevaban ya tres cuartos de hora filmando al cocodrilo bajo el agua, la bestia ascendió lentamente hasta la superficie para respirar y después se movió casi con pereza hacia los papiros, levantando nubes de sedimento a su paso. Con los pulmones llenos volvió a sumergirse, y entonces ocurrió algo extraordinario. Mientras yo lo observaba desde arriba, el cocodrilo empezó a caminar a mayor profundidad bajo la cubierta de papiros. Todavía se me pone la piel de gallina cuando lo recuerdo.

Era una especie de invitación a que fuéramos tras él. Llevábamos semanas siguiendo a estos cocodrilos con la esperanza de que alguno de ellos nos condujera hasta su guarida. Hasta entonces todo había sido en vano, pero ahora parecía que aquel en concreto estaba haciendo justamente eso. Ahí estaba, sin duda, nuestro guía, y puede que también contáramos con la naturaleza salvaje que hasta ahora me había sido esquiva.

Me puse la máscara y comprobé el regulador. Justo antes de meterme en el agua vi algo extraño: un murciélago que revoloteaba alrededor del barco a plena luz del día. «Algo muy potente está a punto de ocurrir», pensé.

Fue sumergirme en el agua y entrar en una especie de mundo paralelo, un jardín subacuático de color esmeralda con brillos dorados de la luz del sol que se filtraba a través del agua.

Con la ayuda de las luces de las cámaras, que resplandecían en la oscuridad e iluminaban su rastro sobre la arena, el resto de mi equipo había logrado seguir al cocodrilo por el túnel abierto entre los papiros. Pero yo no llevaba luz. Iba bastantes metros por detrás de ellos, y el sedimento que levantaban a su paso reducía mi visibilidad casi a cero.

Mientras observaba aquel oscuro pasaje, mis instintos más primarios me gritaban que no avanzara. «¡Peligro! ¡Da la vuelta! ¡Sal del agua!» Aquel estrecho túnel de maleza enredada parecía impenetrable. Tres días antes, mientras buscaban cocodrilos, Damon, Didier y Roger se habían perdido sin remedio en uno de aquellos pasadizos laberínticos. Tuvieron que esperar a que la corriente del río limpiara los sedimentos para dar con la salida.

Pero pese a mi temor debía seguir. Aquella era una oportunidad que no podíamos dejar escapar, la razón por la que estábamos allí. Así que empecé a nadar para seguir a los demás por aquel túnel hacia la guarida submarina del cocodrilo.

El túnel medía un metro y medio de ancho —el ancho de un hipopótamo— y unos veinticinco de largo. Estaba muy oscuro; podía haber tenido un cocodrilo al lado y no lo habría visto. Una parte de mí esperaba la dentellada de una bestia gigante, y por unos segundos imaginé cómo sería verse atrapado bajo el agua por esas fauces.

Ahuyenté aquel pensamiento y me adentré en el túnel, preguntándome qué iba a encontrar.

UN LEVE LATIDO

Durante gran parte de mi vida había buscado lo salvaje fuera de mí.

Como director de documentales me propuse buscar a los mayores naturalistas del mundo. Hallé rastreadores increíbles capaces de leer el comportamiento animal de maneras que parecían pura fantasía. Descubrí prácticas curativas basadas en la comunidad que proporcionaban a la gente una perspectiva multidimensional de la vida y la muerte. Y conocí una sabiduría ancestral sobre la reciprocidad que se me antoja fundamental como guía para el futuro de nuestra especie.

En aquella época también sentía una tristeza profunda, un anhelo. No sabía muy bien de dónde venía, pero a veces parecía que cuanto más reveladores eran los temas de mis películas, más sufría yo.

Aquel anhelo se agudizaba en compañía de personas con un conocimiento profundo de la naturaleza, sobre todo de los rastreadores san del Kalahari, a quienes conocí mientras rodaba el documental titulado *The Great Dance* [El gran baile]. Yo me situaba tras la cámara, siempre como observador, como forastero, mientras ellos establecían una comunicación íntima con la naturaleza salvaje.

Necesitaba encontrar mi propia manera de llegar a lo salvaje, pero estaba perdido; y sentía que no era el único. A mi alrededor veía gente que sufría por culpa de su desconexión con la naturaleza. Percibía de forma intuitiva que vivir en armonía con la naturaleza salvaje es el estado natural del ser humano, el estado en el que nos hallamos en paz, en el que nos sentimos más presentes y vivos; y, sin embargo, el mundo moderno parece diseñado para alejar a nuestra especie del nutriente que la naturaleza nos ofrece para toda nuestra existencia.

Sentía como si algo en mi interior quisiera huir: un animal salvaje que no era capaz de encontrar la salida. Percibía su leve latido, pero no sabía cómo rastrearlo ni cómo liberarlo de su jaula.

Tomé conciencia de ello mientras filmaba a Xhloase Xhhokne, un experto cazador con arco que vivía en la árida y casi despoblada región del Kalahari Central de Botsuana. Lo seguía, intentaba moverme con una mínima parte de su gracia. Me fijé en mis manos, suaves, sujetando la cámara, y luego miré las suyas: sus palmas estaban cubiertas con medio centímetro de callo por la fabricación de arcos, el curtido del cuero crudo y el trabajo continuo con la naturaleza.

Llevaba todo el día siguiendo a Xhloase, que andaba en busca de alimento para su familia. El pleno verano es mala época para cazar: la temperatura superaba de largo los 38 grados, incluso al anochecer, y apenas había animales en los alrededores. Al final Xhloase descubrió el rastro de un puercoespín y logró cazarlo con un golpe de lanza antes de que el animal se metiera en su madriguera. Después de matar a la presa se comió su hígado; es la parte que corresponde al cazador para recuperar la energía gastada en ir tan lejos. Acto seguido empezó a arrancarle las púas para llevarse la carne a casa.

Me mostró los tubos huecos de las púas de la cola.

—Fíjate en la cola —me dijo a través de nuestro intérprete, Xamaha—. La sacude cuando se siente amenazado, *trrrrrrrrrrrrrr*.

Mientras las arrancaba, las púas del animal se le clavaban en las manos, pero Xhloase no sentía nada de lo gruesos que tenía los callos. Se le iluminaba la cara y reía, no porque aquello fuera divertido, sino porque en sus adentros se sentía alegre.

Nunca olvidaré su risa, la sonrisa que apareció en su cara como el sol, ni sus manos fuertes y callosas.

Yo había pasado demasiado tiempo encerrado editando películas, hasta dieciséis horas diarias. Tenía las manos blandas, el corazón frágil, la sonrisa desdibujada, y una criatura salvaje acobardada en mi interior. Sentía esa mansedumbre como una especie de muerte: una deshonra para mis predecesores, una deshonra para mi herencia salvaje.

Una negación de mi alma anfibia.

UNA ESPECIE AMENAZADA

La palabra *anfibio* designa a un organismo que vive una doble vida, en parte en tierra y en parte dentro del agua, pero también es un término que abarca lo salvaje y lo vulnerable. Los anfibios —como la rana de río del Cabo que se mudó al estanque que hay detrás de casa— son las criaturas más vulnerables de la Tierra, porque su piel es permeable y cualquier tipo de contaminación o de tóxico las pone en peligro.

Nuestro planeta, y con él todos sus habitantes, se enfrenta hoy a múltiples amenazas. Nuestra alma anfibia no está desligada de la Tierra, por lo que se halla bajo una amenaza igual de grave. Los seres humanos, a nuestra manera, también somos permeables. El sufrimiento de la naturaleza penetra en nuestro ser, afecta a nuestra salud, a nuestra alma, a nuestra mente. Todos corremos el riesgo de perder lo que queda de nuestra naturaleza salvaje.

Pero ¿qué es *lo salvaje*, exactamente? ¿Y cómo puede un ser humano conectar con su propia naturaleza salvaje? ¿Qué aspecto tendría esta?

Que el lector imagine por un instante que es un ser humano de hace unos pocos miles de años. Cuanto come o bebe es totalmente puro, no hay alimentos procesados ni contaminados por toxinas. La sangre que fluye del estómago al cerebro es pura y limpia. Nunca ha oído sonidos electrónicos ni sabe lo que es vivir encerrado. Solo conoce los sonidos y los olores que siempre están presentes en la naturaleza —el humo de la madera, la lluvia, el canto de los pájaros—, y cuando cae enfermo tiene a mano remedios curativos a base de hierbas silvestres y plantas medicinales.

Es un rastreador nato, un cazador. Ha nacido y se ha criado en un pequeño núcleo familiar, conoce bien a miles de animales salvajes, plantas y árboles, así como cada río, bahía y valle del lugar donde ha nacido. Todo su ser está vivo y en su mejor momento, preparado y chispeante. Todos sus sentidos están conectados con la naturaleza salvaje, y su conciencia y cognición funcionan al máximo nivel.

Este retrato está a años luz de la distorsionada visión que mucha gente tiene de nuestro pasado en la Edad de Piedra: la de unos brutos seres prehistóricos que se limitaban a gruñir y cazar.

Yo estaba desesperado por acceder a esta profunda inteligencia que vive en comunión con la naturaleza, no de espaldas a ella; pero no quería dejar de lado el presente para regresar al pasado, sino más bien comprender qué aspecto tendría lo salvaje en este momento actual de la historia. Quería explorar de qué manera podría serle útil a la humanidad, abrazar la naturaleza salvaje para resolver los grandes desafíos a los que nos enfrentamos en el presente.

Motivado por este profundo anhelo empecé a dar mis primeros pequeños pasos hacia la naturaleza salvaje. Continué buscando experiencias cada vez más exigentes a nivel físico y más peligrosas, como bucear en compañía de tiburones tigre gigantes y grandes tiburones blancos en la costa de Sudáfrica. Tras aquellas inmersiones solía despertarme a medianoche en un estado de gran agitación, como si mi alma hubiera abandonado mi cuerpo para nadar de nuevo con los tiburones. Sumido en una especie de conciencia paralela, me quedaba en la cama mirando al techo mientras me movía por el agua, sintiendo cómo las algas me rozaban el cuerpo, viendo a aquellos enormes peces deslizarse ante mí.

Pero el anhelo persistía.

Quería salir de la jaula.

Así que, cuando Roger me propuso la descabellada idea de ir a bucear con cocodrilos, no me lo pensé dos veces.

BAJO LA PIEL DE LA NATURALEZA SALVAJE

Tras lo que me pareció una eternidad dentro de aquel túnel de papiros —aunque solo fueron unos minutos—, divisé algo que brillaba y caí en la cuenta de que solo podían ser las luces de las cámaras. Según me acercaba, el túnel dejó de ser un espacio cavernoso y la visibilidad del agua pasó de turbia a cristalina.

Damon, Roger y Didier flotaban en medio de aquella agua cristalina mientras el cocodrilo yacía en el fondo. Me coloqué junto a Roger para filmar. La guarida estaba oscura, con algas que se mecían en la corriente e hilillos de luz que intentaban penetrar la espesa masa de raíces retorcidas del techo de la cueva submarina.

Ataviados con los trajes de neopreno negros y las máscaras, cámaras en ristre, parecíamos visitantes alienígenas flotando en torno a aquella bestia prehistórica. El siseo de nuestros reguladores y las burbujas alrededor de nuestros rostros nos daban un aspecto aún más extraterrestre, lo que debía de inspirar el recelo del cocodrilo. Quizá por eso no se mostraba agresivo; parecía rendirse a nuestro escrutinio, permitiendo que lo rodeáramos poco a poco; la cámara captaba su imponente cara pétrea, los surcos prehistóricos de su lomo, las intrincadas escamas moteadas.

Hechizados por la presencia de aquella enigmática criatura, todo lo demás se desvaneció. Yo no sentía el frío. No me di cuenta de que en mi reloj de buceo iban pasando los minutos. Veía los cuernos del dragón con todo lujo de detalles, sus dientes cónicos, fosforescentes ante la luz de las cámaras, prietos en la característica sonrisa de esta especie. Quizá él sentía la misma curiosidad por nosotros porque, incluso cuando nos aproximamos para filmar su cabeza, no manifestó la más mínima señal de inquietud. Noté que se me pasaba el miedo, aunque no permití que se me olvidara de lo que era capaz un depredador como aquel.

Bajo la luz que iluminaba su extenso cuerpo, aquel enorme cocodrilo brillaba con un color dorado. Permaneció muy quieto, observándonos, tolerando nuestra presencia en su santuario. La escena parecía hiperreal y difícil de asimilar. ¿Estaba yo allí de verdad o todo era un sueño?

Dejó que nos quedáramos un buen rato rodando, captando imágenes salvajes ante un fondo de juncos de papiros en cuya médula se habían escrito los textos más antiguos de la historia. Finalmente, nos dimos la vuelta muy despacio y con sumo cuidado abandonamos su guarida.

—Ha sido uno de los mejores momentos de mi vida —dijo Didier después.

Parecía lo más salvaje que puede hacer una persona: ir en busca del animal más peligroso del planeta y seguirlo hasta su guarida más secreta y recóndita.

E incluso con el corazón a mil mientras regresábamos a la superficie y trepábamos al espacio seguro que era nuestro barco, yo sabía que no había penetrado bajo la piel de la naturaleza salvaje. Había demasiada distancia entre la mente del cocodrilo y la mía. Todavía me sentía como un observador —un espectador, un turista—, no sentía mi lado salvaje.

Si nadar con el depredador más letal no me permitía conectar con mi lado salvaje, ¿cómo iba a conseguirlo?

EL SALVAJE REGRESO A CASA

Al final, el ser salvaje de mi interior halló la manera de decirme lo que buscaba. Me susurró al oído que no iba a encontrar mi verdadero ser tan lejos de casa. Me aconsejó olvidar la desfasada idea de someterme a un peligro físico extremo para conocer la naturaleza salvaje; después de todo, si bastase con el peligro, bucear con cocodrilos y acompañar a rastreadores de caza mayor ya me habría servido.

Sentí que precisaba de otro tipo de viaje, uno que me exigiera desplazarme a lugares extraños en mis adentros, no fuera de mí. Y tras veinticinco años viajando me asaltó la imperiosa necesidad de abandonar la búsqueda de destinos extremos y regresar al lugar donde había conocido lo salvaje por primera vez: el Gran Bosque Marino africano.

RECUERDOS DE UNA ÉPOCA DE PLENITUD

Pasé mi niñez paseando arriba y abajo por la playa del cabo de Buena Esperanza y buceando en el reino subacuático de su Bosque Marino. Allí había vislumbrado algo en el lugar donde el agua plateada bañaba las rocas secas y las hacía brillar; algo que también me hacía brillar a mí, quizá por algún recuerdo profundo de una época de plenitud. Era el último lugar donde me había sentido completo.

Una tarde luminosa, muchos años después de que mi familia se hubiera mudado, regresé a la que fue la casa de mi infancia, invitado por su nueva propietaria, que también era una apasionada del océano.

Mi antiguo hogar, un bungaló junto al mar con un pequeño ojo de buey a modo de ventana que le daba más aspecto de barco que de casa, había sido derribado por los propietarios anteriores y reemplazado por una bonita vivienda de madera construida un poco más arriba. Un rompeolas natural de rocas absorbía el impacto de las gigantescas olas del Atlántico, que tan a menudo amenazaban la casa cuando yo era niño. Los nuevos propietarios habían cambiado totalmente la casa, pero el espíritu de esta aún era palpable gracias al amor que sentían por ese lugar único, ese hogar en las fauces del gran océano.

Mientras tomaba un té, de pie en el sitio donde antes estaba mi habitación, contemplé la misma costa de la que me había enamorado cincuenta y tres años atrás, con sus verdes bosques de algas y sus rocas de granito. De niño puse nombre a todas esas rocas: Roca de la Grieta, Gran Roca, Roca Cangrejo, Roca Cuna. Ahora las miraba y me daba cuenta de que en medio siglo no habían cambiado ni un ápice.

En cuanto a mí, los cambios eran evidentes. Ya no era el chico asilvestrado que correteaba por la playa en busca de tesoros, pero mientras contemplaba el lugar de donde vengo, el horizonte vibró y brilló, y, por un segundo, volé a través del tiempo y sentí lo que era volver a estar completo.

CAPÍTULO 1

HERENCIA

NACÍ Y CRECÍ EN EL REGAZO DEL MAR.
La punta de África, el cabo de Buena Esperanza, es el latido del mundo, la costa donde los seres humanos han mantenido una de las relaciones más duraderas con el océano, de quizá doscientos mil años. África es la cuna de la humanidad, y esta orilla agreste es el lugar donde algunos de nuestros ancestros más antiguos empezaron a caminar. Este no solo es mi hogar físico, sino también, posiblemente, el hogar ancestral de todos los seres humanos que han existido.

Es, además, el cabo de las Tormentas, hogar de olas gigantes y traicioneras. Mi primer recuerdo es el de una ola enorme que golpeó la puerta del baño y la abrió de golpe mientras yo, siendo muy pequeño, estaba dentro de la bañera con mi hermano Damon. Recuerdo que el agua del mar estaba helada en comparación con el agua caliente de la bañera, y que se arremolinaba con miles de burbujas blancas.

Pero yo había conocido el mar mucho antes de que las olas vinieran a buscarme dentro de nuestra pequeña casa. Cuando mi madre estaba embarazada de mí, buceaba en el frío bosque de algas del Atlántico sin traje de neopreno, y lo hizo hasta el día en que nací. Entonces, igual que ahora, en el Bosque Marino se oía el mágico sonido de los camarones chasqueadores. Todavía me emociono cada día al meter la cabeza bajo el agua y oír a miles de camarones chasqueando sus pinzas, disparando balas de aire.

El día que llegué a casa procedente del hospital donde nací en Ciudad del Cabo, mi padre me bañó en el gélido océano. Rompí a llorar, claro, pero ese ritual formaba parte de nuestra vida familiar. Nuestro bungaló de madera estaba construido por debajo de la línea de pleamar, y cuando había tempestad las olas se abalanzaban sobre la casa. El bungaló estaba revestido con un tipo de aglomerado impermeable, pero la fuerza del agua y del viento eran tan intensas que, si se avecinaba tormenta, mis padres tenían que colocar tablones de madera por toda la casa para que las olas y las rocas que salían despedidas no nos rompieran las ventanas.

Yo los observaba, mamá en vaqueros y con su largo pelo rubio recogido en una cola de caballo, papá sin camiseta y con un viejo pantalón corto de *rugby* y un cigarrillo de su marca favorita, Texan Toasted Plain, colgando del labio.

Pero las cosas que construimos con nuestras manos humanas rara vez tienen la fuerza suficiente para resistir la potencia del agua.

Intuición isópoda

Siempre sabíamos cuándo se acercaba una tormenta gracias a la migración masiva de los isópodos a terrenos más elevados. Miles de estos crustáceos salían de entre las rocas de la costa y acudían a nuestro jardín, a veces incluso entraban en casa.

—Va a caer una buena —decía mi padre—. Espero que los piojos de mar no nos vuelvan a atascar el desagüe.

Los científicos todavía desconocen por qué los isópodos saben que se aproxima una tormenta antes de que el barómetro empiece a caer. En los últimos años he aprendido cuanto he podido sobre la vida interior de estas criaturas, sus rituales de apareamiento y su proceso de cría. He llegado a amarlas, aunque gran parte de su inteligencia salvaje sigue siendo un misterio para mí.

A veces me pregunto si los seres humanos poseemos nuestra propia versión de esa sabiduría salvaje; nos hemos domesticado demasiado para darnos cuenta. A lo largo de trescientos mil años de historia humana estuvimos viviendo en comunión con la naturaleza, tan libres como cualquier otro animal. Éramos nómadas, recorríamos territorios en busca de alimento y de agua, vivíamos en pequeños grupos, cada miembro del grupo era interdependiente del resto. Fue hace solo diez mil años cuando empezamos a domesticarnos y a pasar la mayor parte de nuestras vidas encerrados, separados los unos de los otros y de los ritmos de la naturaleza. Resulta traumático: hemos perdido nuestro vínculo ancestral, nuestra conexión con los animales, nuestra habilidad innata para rastrear; todas esas cosas que nos mantienen sanos en cuerpo, mente y espíritu.

Sin embargo, esa intuición natural sigue viva en lo más profundo de nuestro ser, intentando llamar nuestra atención, diciéndonos que nos traslademos a terrenos más elevados cuando se acercan las tormentas.

LA INUNDACIÓN

Mi familia siempre pensó que el mar podría llevarse nuestra casa, pero el arroyo que corría por debajo de la carretera nos hizo más daño del que jamás nos habría hecho una ola.

Una noche me desperté y vi a mi padre y a mi madre junto a mí. Todavía estaba oscuro y se oía el aullido del fuerte viento y la lluvia golpeando las ventanas.

—Arriba, Craig —dijo mi madre—. Tenemos que irnos.

Los miré, medio dormido, sin saber muy bien qué ocurría. La noche me aterrorizaba. No me gustaba la oscuridad, y, a veces, cuando el miedo se apoderaba de mí, abandonaba mi cama para irme a dormir con mis padres. Era un niño muy sensible, con una imaginación desbocada, y muchas noches tenía la sensación de que no estaba solo en mi cuarto. Podía sentir —y en ocasiones incluso ver— la presencia de imprecisos seres que se movían entre la oscuridad; y cuando mis padres me mandaban a la cama, me cubría la cabeza con el edredón hasta caer dormido. No es que mis padres fueran crueles, es que no comprendían mis miedos.

Mi padre me parecía invencible, y su presencia tranquilizadora aquella noche de tormenta me decía que no tenía nada que temer. Aun así, sabía que algo no iba bien, y cuando miré abajo vi cuál era el problema. El agua había vuelto a entrar en casa, y el suelo se había transformado en una torrentera.

Con mis padres a lado y lado, me metí en aquella fría corriente aferrado a la mano de mi padre, que entretanto levantaba a Damon con la otra. El nivel del agua ya había subido mucho, corría por toda la casa y caía en cascada por las escaleras. Al subir los peldaños que conducían a la puerta principal, el agua me salpicaba los pies y yo temblaba del frío.

Al llegar a la carretera divisamos nuestra vieja Triumph flotando en la corriente.

Yo era demasiado pequeño para comprender qué ocurría, pero entre la lluvia pude adivinar la causa de la inundación: un bidón de combustible vacío de ciento cincuenta litros se había deslizado desde la carretera y estaba taponando la alcantarilla del desagüe con tanta precisión como un corcho una botella. Y el agua se había acumulado tras una valla atascada por los escombros acumulados en el arcén.

Mi padre no dudó ni un segundo. Salió disparado hacia la calle inundada y empezó a manipular la valla con una cizalla. Era una tarea peligrosa, trabajaba a contrarreloj mientras el nivel del agua iba subiendo. En cuanto abrió la valla, la abertura dio salida a casi toda el agua acumulada. Creo que, de no haberlo logrado, la corriente se habría llevado la casa.

Cuando amainó la tormenta, la casa seguía ahí, pero llena de limo hasta media pared. Tardamos cuatro meses en limpiarla y cambiar todo el suelo y el techo. La inundación fue de tales dimensiones que enormes trozos de bordillo, tan pesados que ni mi padre podría haberlos movido, fueron arrastrados cien metros mar adentro. Cuando un mes después buceábamos por los alrededores, los vimos desperdigados por el lecho marino.

Mi madre tiene un recuerdo sobrecogedor de aquella inundación: mi caballito balancín de color azul desapareciendo en el mar. Debió de verlo gracias al foco reflector de la casa, que estaba orientado al mar. La imagino quieta por unos instantes ante aquella visión irreal: un caballito balancín de madera azul flotando sin jinete en medio de la inundación, bajo el cielo tormentoso.

TESOROS

A partir de los tres años aprendí a nadar y a bucear. Era un rastreador en potencia, obsesionado con la vida animal que hay en las pozas que se forman entre las rocas. Cada día, al bajar la marea, iba a visitarlas, emocionado por ver langostas, cangrejos y peces.

En aquella época los niños casi siempre campaban a sus anchas, y yo disfrutaba de aquella libertad en plena naturaleza, a veces solo y a menudo con Damon, tres años menor que yo. Los abuelos escuchaban muy atentos nuestras aventuras en las pozas y a lo largo de la orilla. El profundo interés que mi abuela Marjorie y mi bisabuela Gaggie nos prestaban a nosotros y a nuestras historias de niños fue un poderoso catalizador a la hora de forjar mi historia de amor con el océano, una historia que empezó siendo yo muy pequeño.

—Cuéntamelo todo, Craig —decía Gaggie—. Desde cuando viste el cangrejo gigante hasta cuando no podías volver a la orilla.

Al calor de su atención, mis historias se iluminaban y fluían cobrando sentido. El fuego y el agua fluyen de maneras diferentes, pero ambos se agitan, y fue ese juego de luz danzante lo que me puso en marcha.

Mi abuela era una mujer con un lado salvaje, una gran exploradora. Iba a menudo de safari y regresaba cargada de historias increíbles sobre estampidas de elefantes e hipopótamos, y siempre me traía un puñado de recuerdos para que los guardara en alguno de mis escondites secretos. Coleccionaba piedras semipreciosas que encontraba en el campo. Todavía conservo dos de aquellas piedras que me dio: una malaquita de color verde eléctrico y un fragmento de ojo de tigre de color marrón dorado. Esas piedras tienen un tacto cálido y siempre me traen a la memoria la resplandeciente atención de mi abuela.

Recuerdo estar sentado en casa mirando el mar durante horas, cautivado por sus cambios y sus misterios. En la orilla hallé muchos tesoros: cabezas de madera tallada, dientes de foca, antiguos anzuelos de acero con ideogramas chinos grabados en la madera del mango, una botella de vidrio llena de cartas y monedas extranjeras. Dentro de aquella botella había un mensaje pidiendo que quien la encontrase enviara las cartas que contenía; las monedas eran para pagar los sellos. Era un milagro que aquella botella no se hubiera hecho añicos entre las rocas de la orilla.

PEDIR AYUDA

Cuando mi padre se zambullía en el agua yo le seguía, maravillado por el tiempo que aguantaba la respiración, por la profundidad a la que lograba bajar y por su capacidad para resistir el frío. Los trajes de neopreno se inventaron a principios de la década de 1950, pero tardaron en popularizarse en todo el mundo, así que en lugar de traje de neopreno mi padre se pasó años sumergiéndose con dos camisetas de *rugby*.

Estaba dotado de una fuerza física inmensa y era un atleta de talento; para mí, era como un superhéroe, parecía que nada pudiera doblegarle. Era impresor de profesión, trabajaba de seis de la mañana a seis de la tarde, y a menudo también los fines de semana, pero sus pasiones eran el océano y el senderismo por grandes montañas.

Mi madre era artista gráfica y ama de casa. Amable por naturaleza, siempre ayudaba a los demás y por ello a menudo se desatendía a sí misma. Venía de una familia de océano y playa, más nadadora que buceadora. Mis padres tenían un íntimo conocimiento del mar. Si bien carecían de estudios en biología marina, conocían las especies locales porque las habían visto en miles de inmersiones y baños en el mar.

El mar era a menudo traicionero, y mi padre había salvado a muchas personas arrastradas por la corriente de resaca. Nuestra costa está llena de cruces en memoria de numerosos pescadores engullidos por el mar desde las rocas. Papá nadaba con serenidad y traía a la gente de vuelta a la orilla.

Recuerdo muy bien el día que salvó a un hombre que había ido de pícnic a una pequeña cala que había cerca de casa. Resbaló en las rocas y cayó al mar, y no sabía nadar. En cuestión de segundos, mi padre avanzaba hacia él con fuertes brazadas. Vi desaparecer su cabeza al sumergirse para rescatar a aquel hombre, que acababa de hundirse bajo las olas. Papá lo agarró y lo trajo de vuelta a la orilla, lo sostuvo boca abajo y le bombeó el pecho haciendo que toda el agua saliera disparada del cuerpo. El hombre empezó a toser y revivió.

Muchas veces era a mí a quien mi padre tenía que salvar. Yo nunca me cansaba de estar en el agua, y a menudo me quedaba en las rocas cuando subía la marea. Si el mar estaba revuelto, aquello no era nada seguro, de modo que tuvo que rescatarme en más de una ocasión. Recuerdo estar sentado en las rocas, con feroces corrientes moviéndose como serpientes líquidas a mi alrededor, y pedir ayuda a gritos. Y recuerdo a mi padre, veloz y seguro entre las olas que rompían, recogiéndome con un brazo y llevándome de vuelta a la orilla sano y salvo.

Sacrificio

Mi infancia fue una sucesión de aventuras en plena naturaleza, así que cuando llegó el momento de ir a la escuela la conmoción fue tremenda. Yo era muy tímido y durante el primer año apenas pronuncié una sola palabra; solo quería volver al reino encantado de los bosques de algas marinas. Me impacientaba por llegar a casa, zambullirme en el mar y explorar la costa rocosa. Cada día era distinto, siempre había algo interesante y nunca sabía qué animales iba a ver. En comparación, la escuela me parecía terriblemente aburrida y predecible.

Había días en que, al llegar a casa, trepaba al enorme roble de costa que se inclinaba sobre nuestro bungaló y lo eclipsaba con su tamaño. Pasaba de puntillas junto a las serpientes arbóreas venenosas —las *boomslangs*— que habitaban sus retorcidas ramas y escondía en los recovecos del árbol los tesoros que había recogido en el océano y en la orilla: piedras, huesos y conchas.

Cuando cumplí diez años mis padres se mudaron al interior, a un barrio de las afueras, para estar más cerca de mi nueva escuela. Bishops, la escuela a la que había ido mi padre, tenía fama por su educación académica y sus deportes. Era un centro privado y mis padres no tenían mucho dinero, así que la idea era alquilar nuestro bungaló para poder pagar la escuela.

Tenían tan poco dinero que no podían permitirse contratar una empresa de mudanzas, así que papá y su primo Gregory transportaron todo el contenido de nuestra casa ellos solos. Trabajaban rápido, corriendo de casa al coche, cargando muebles y electrodomésticos como si no pesaran nada. Mamá les echó una mano, y entre los tres vaciaron toda la casa en un día.

Fue todo un sacrificio por parte de mis padres dejar aquel lugar tan maravilloso para que Damon y yo recibiéramos la mejor educación posible. Me entristeció abandonar a mis compañeros del mar, aunque no recuerdo haber opuesto demasiada resistencia. Tampoco tengo recuerdo de la última vez que nadé entre las rocas, ni de haber trepado al árbol para recoger mis tesoros.

El mar era una parte tan presente de mi vida que no podía imaginarme sin él cada día, hasta que fue demasiado tarde.

EXPLORAR EL MUNDO

En Bishops hice nuevos amigos que compartían mi pasión por la aventura y la naturaleza. Uno de ellos, Jeremy, vivía cerca de nosotros, en las afueras, pero su familia tenía una casa de veraneo a un par de horas de allí, en la costa este, en la desembocadura del río Breede. Allí nos montábamos en un barquito para ir al río a bucear o paseábamos a lo largo de la orilla hasta el océano.

Un día tranquilo, su padre condujo la pequeña lancha motora hasta la desembocadura del río. Recuerdo que respiré hondo con el tubo de esnórquel, di unas cuantas brazadas, probablemente hasta unos seis metros de profundidad y, de golpe, sentí una presencia enorme junto a mí en el agua.

Me di la vuelta y a través de la máscara vi un pulpo gigante del sur, tan grande como una persona adulta. Su cabeza era de color naranja brillante y del tamaño de un balón de *rugby*, y tenía las patas más largas que mis brazos. Yo estaba bastante acostumbrado a los pulpos, porque abundaban en el lugar donde vivía antes, y había nadado junto a ellos; pero los pulpos comunes son más pequeños, y si te agarran es fácil quitártelos de encima.

Este era diferente. Yo tenía quince años, era bastante alto y un buen nadador, pero no era rival para aquel octópodo. Me agarró por los brazos y me arrastró en dirección a su guarida.

No tuve tiempo de sentir miedo. Sabía que no podía enfrentarme a él, era demasiado fuerte. Así que hice justo lo contrario. Me las arreglé para relajarme y aflojar los músculos. Transcurridos unos treinta segundos el pulpo me soltó, quizá porque yo no ofrecía resistencia y se dio cuenta de que no era una amenaza para él.

Al salir a la superficie y nadar de vuelta al barco, noté que los brazos me picaban con el agua salada. Tenía los antebrazos llenos de rasguños porque el pulpo me había arrastrado entre unas rocas afiladas. Las heridas tardaron una semana en curarse.

Y aun así tenía unas ganas locas de volver al mar.

Mi amistad con Jeremy también inspiró mi pasión por contar historias y rodarlas. Su padre tenía una vieja cámara VHS y un editor de VHS muy básico, pero a nosotros aquel equipo nos parecía prodigioso. En aquella época nadie tenía videocámara, y mucho menos un editor de vídeo. Puede que la del padre de Jeremy fuera una de las primeras videocámaras del país. La usaba para grabar nuestros partidos de *rugby*. Editaba las imágenes y visionábamos las repeticiones para analizar nuestros movimientos y mejorar nuestro juego. El *rugby* era casi una religión en Bishops.

A Jeremy y a mí nos iba la comedia, y, como a la mayoría de los chavales, las cosas más tontas nos parecían descacharrantemente divertidas. Nos pasábamos semanas filmando parodias absurdas de películas de James Bond y nuestras propias versiones de *Candid Camera,*[*] irritando al vecindario durante el proceso, de eso estoy seguro.

Manejar la cámara, aprender cómo funcionaba, ver aquel extraño mundo paralelo en blanco y negro a través del visor era algo casi mágico. Recuerdo que cuando me ponía tras la cámara me invadía una sensación desconocida para mí, unas ganas desenfrenadas de jugar que me ayudaban a vencer la

---

[*] *Candid Camera* fue un programa de cámara oculta de la televisión estadounidense que se mantuvo en antena entre 1948 y el 2014. *(N. de la T.)*

timidez. Filmar me brindó una nueva manera de observar el mundo y darle sentido en forma de historias.

En Sudáfrica era obligatorio que al terminar la escuela los chicos prestaran el servicio militar durante dos años. Jeremy me echó una mano para ingresar en la unidad de cine y televisión, donde nos pasamos los dos años perfeccionando nuestra habilidad con la cámara. Estaba muy agradecido por no tener que entrar en combate en la frontera, y como me habían destinado a la base naval de Simon's Town, en la costa de False Bay, podía ir a nadar y bucear casi todos los días.

La gran bahía albergaba una diversidad asombrosa de vida animal. La colonia de pingüinos del Cabo acababa de llegar y crecía a marchas forzadas tras haber abandonado en busca de alimento la isla que era su hogar. Vi enormes manadas de delfines, grandes colonias de lobos marinos y numerosas especies de ballenas y tiburones. Aquel era el lugar donde se había rodado *Air Jaws* [Fauces aéreas], una serie de catorce programas especiales para televisión sobre el gran tiburón blanco. Por aquel entonces había en False Bay cientos de tiburones blancos, así que era habitual verlos.

Tras el servicio militar me marché a explorar el mundo más allá de Sudáfrica. Me trasladé a Londres e intenté encontrar trabajo en la industria del cine, pero enseguida empecé a quedarme sin dinero y tuve que sobrevivir con una comida diaria a base de cereales y durmiendo en el suelo del piso de un colega. Justo antes de gastar el último penique encontré trabajo como montador.

Aunque el trabajo me gustaba —me encantaba jugar con el sonido y las luces, y me absorbía el proceso de descubrir las historias ocultas en imágenes aparentemente dispares—, estaba más desconectado de mí mismo que nunca. Un día, cuando ya llevaba un año y medio en aquel trabajo, me vi en el espejo del baño y apenas pude reconocer a la persona que tenía delante.

Mi piel se había vuelto grisácea, y yo mismo me sentía gris en aquel mundo gris de edificios altísimos que bloqueaban el sol y tapaban el horizonte. Echaba de menos el calor y la calidez de África. En Londres la gente se ponía a cubierto cuando llovía, y yo también, pero a veces me acordaba de mi padre corriendo bajo aquella tormenta, sin temor alguno, y recordaba que ni los días de lluvia nos hacían salir del agua.

La lluvia solo significaba que tendríamos el mar para nosotros solos.

UN PARAÍSO TROPICAL

Sabía que necesitaba cambiar de vida. Con mi primera esposa, Sara, volé al Caribe. Provisto de una vieja lona y de restos de piezas recuperadas del huracán que había azotado el país unos años antes, construí un artilugio para recoger agua de lluvia y levanté un campamento resguardado y seguro en un lugar remoto de las Islas Vírgenes Británicas. Durante cuatro meses vivimos de lo que la naturaleza nos ofrecía, buceando cinco horas diarias en aquel paraíso tropical, entre sábalos gigantes y morenas. Nos alimentábamos de pescado, langosta, coco y frutas silvestres. Me enamoré de los cangrejos de tierra gigantes que vivían cerca de nuestra tienda y fui incapaz de comérmelos.

Cuando llovía tres días seguidos, Sara y yo compartíamos el único trozo de tierra seca con miles de insectos. Dormíamos empapados y llenos de picaduras varios días, pero al final siempre volvía a salir el sol.

Después de quitarme de encima el color gris de Londres, sentí el vivo deseo de regresar a Sudáfrica. Era tan intenso que tuve que abandonar aquellos arrecifes y bosques tropicales para volver a casa.

Parecía que cuanto más cerca estaba de la naturaleza, más atraído me sentía por mis ancestros más remotos, aquellos de los que todos provenimos.

Un trabajo de verdad

Cuando finalmente regresé a Ciudad del Cabo estaba decidido a ganarme la vida como cineasta independiente, algo que mucha gente tildó de disparate. No dejaban de preguntarme cómo iba a salir adelante y cuál sería mi trabajo «de verdad», porque en aquella época lo de dedicarse al cine no era visto como un trabajo del que vivir, sobre todo en Sudáfrica. Yo sabía qué tipo de películas quería hacer —sobre la cultura africana y la rica biodiversidad del continente—, pero al principio aceptaba cualquier propuesta, desde encargos corporativos hasta anuncios de baja estofa, y me las apañaba para ir tirando.

Al cabo de un año y medio me sobrevino una idea extraña. Decidí trabajar solo en aquello que me apasionara y centrarme en la conexión entre los seres humanos y la naturaleza.

Parecía un suicidio profesional, porque había muy poco trabajo en ese reducido campo, pero algo en mi interior hizo que me mantuviera firme. De algún modo sabía que si era fiel a mi decisión, sobreviviría.

Este pensamiento iba a ser fundamental tanto en mi carrera como en mi vida.

MÁS O MENOS POR AQUELLAS FECHAS, DAMON Y SU ESPOSA, LAUREN, regresaron de su propia aventura en una isla remota de las Fiyi. Habían establecido estrechos lazos con la población local, que los aceptó casi como si fueran de la familia, y trajeron de vuelta un montón de historias fabulosas sobre amistad y supervivencia en la isla.

Monté un equipo con Damon y Lauren, y empezamos una larga y aventurera carrera cinematográfica trabajando en veinticuatro países africanos. Durante las dos décadas siguientes, los mejores rastreadores y naturalistas nos abrieron la puerta a sus mundos, y estábamos fascinados.

Un viaje al África Occidental, a Mali, resultó una experiencia impactante y conmovedora para nuestro pequeño equipo, liderado por la productora Carina Frankal. Llegamos al país más caluroso del mundo en la época más calurosa del año para intentar filmar unas ceremonias especiales que los dogones llevan a cabo precisamente en esa época para apaciguar a sus ancestros. Todavía siento el aire árido de la meseta de Bandiagara, donde el feroz viento transporta afiladas partículas de arena que nos tuvieron tosiendo sangre durante días. La temperatura diurna superaba los 49 grados y de noche rara vez bajábamos de los 38. En medio de aquel bochorno subíamos montañas para ir a ver a los dogones, un antiguo grupo étnico cuya cultura ha resistido batidas de esclavos, persecuciones religiosas y guerras.

Entrar en la aldea de los dogones era como retroceder en el tiempo. Todo estaba hecho de barro seco y piedra, con casas construidas unas sobre otras y arropadas por un enorme acantilado de arenisca. Tejían la ropa a mano y fabricaban las herramientas con piedras y hierro que ellos mismos forjaban. Cuanto nos rodeaba estaba hecho por las manos de alguien. Algunos lugareños tenían mosquetes antiguos y lanzas de madera tallada. La persona que más me fascinó fue el herrero, que fabricaba herramientas prácticas y mágicas con un yunque de piedra y fuelles manuales. Al compás del ritmo constante de los fuelles y del repiqueteo del yunque, fabricaba un anzuelo para atrapar nubes y conseguir que lloviera. El adivino chacal nos cautivó con sus predicciones, basadas en la interpretación de las huellas que los chacales habían dejado por la noche.

Damon y yo conocimos a los temibles cazadores-hechiceros, tres hermanos que dirigían una ceremonia —que rara vez se celebra en la actualidad, salvo para los turistas— en la que se conduce a las almas de los muertos al lugar donde descansarán toda la eternidad, en la tierra de los ancestros.

Seguimos a nuestros guías a través de aquella aldea laberíntica, saltando de tejado en tejado. Debíamos tener mucho cuidado al pisar, porque los tejados eran de paja y muy antiguos, y estaban construidos para soportar personas que pesaban quizá la mitad que nosotros. En lo alto del acantilado de arenisca nos plantamos ante una pared de roca que parecía imposible de escalar. Con la ayuda de unas cuerdas trenzadas a mano, que acentuaron mi miedo a resbalar y caer, trepamos hasta muy arriba y encontramos una cueva de gran tamaño y con el techo bajo que contenía cientos de esqueletos, cráneos sonrientes y restos de huesos. Los muertos más recientes todavía iban vestidos, aunque la ropa estaba medio podrida, y tenían el cuello y los brazos adornados con collares y brazaletes. Cuando volvimos abajo, sanos y salvos, sentí un gran alivio.

Al día siguiente tomamos asiento en una especie de plaza de piedra y barro en medio del pueblo para ver danzas de ritos ancestrales cuyos bailarines llevaban enormes máscaras de madera y fibra de hibisco que sujetaban con los dientes. El calor me indujo un estado alterado de la conciencia. Sentí la presencia de algo profundo —una energía primitiva— y me pregunté si había llegado el momento de conocer a mis propios ancestros salvajes y cómo iba a encontrarlos.

Confianza absoluta

Durante veinticinco años viví esta gran aventura cinematográfica. Damon y yo teníamos una cámara cada uno, yo me encargaba de los primeros planos y él de los planos medios. Apenas necesitábamos hablar, porque nuestras mentes se habían fusionado. A veces le miraba y sabía que estaba imaginando la forma de editar unas imágenes exactamente igual que yo.

Nuestra forma de trabajar también era muy similar. Ambos nos levantábamos antes del amanecer y trabajábamos hasta muy tarde, ya entrada la noche. El trabajo era muy estimulante, estábamos aprendiendo mucho de aquel pueblo que tan amablemente nos había dejado entrar en sus vidas. Los dogones y los san nos estaban agradecidos por documentar sus culturas, que cambiaban con rapidez. Aquello era una gran motivación para continuar con un trabajo al que dedicamos varios años y no nos reportó muchas ganancias económicas, pero sí una experiencia vital de valor incalculable.

Lauren nos llamaba a Damon y a mí «Dondestá Uno» y «Dondestá Dos», porque siempre perdíamos cosas en nuestro afán por conseguir el plano perfecto. Solo Lauren sabía dónde estaba todo, y gracias a ella todo estaba organizado; incluso se ocupaba de gestionar el aspecto financiero. Sin Lauren habríamos estado perdidos. Era menudita, y casi resultaba cómico verla dando órdenes a dos gigantones como nosotros, que medíamos más de un metro ochenta. Sara también tuvo un papel clave en nuestro trabajo, apoyándome de múltiples maneras, lo cual me permitía concentrar la mayor parte de mi energía en la parte creativa.

Lo mejor de trabajar con mi hermano codo con codo era que entre nosotros había una confianza absoluta y que teníamos unas ganas enormes de compartirlo todo; un don poco común pero maravilloso que nos había transmitido nuestra familia. Nos cubríamos el uno al otro ante cualquier situación, a menudo en el sentido más literal, como la vez que una manada de hienas intentó dar con nuestro punto débil mientras rodábamos o cuando una mamba negra quiso golpear nuestras cámaras. En una ocasión un cocodrilo mordió la parte frontal de la cámara de Damon.

Milagrosamente, ninguno de los dos sufrió daños graves a lo largo de nuestras aventuras. Sin embargo, aunque parezca que llevaba una vida llena de peligros, seguía teniendo aquella profunda sensación de estar fuera de mí mismo, de no encontrar mi hogar ancestral. Y aunque pasaba mucho tiempo inmerso en la naturaleza, aún no veía el mundo salvaje como algo que pudiera reponerme, nutrirme o complementarme.

El desequilibrio

Estaba programado para ser un adicto al trabajo, como mi padre. Le recuerdo trabajando un montón de horas: salía de casa por la mañana muy temprano y regresaba tarde. Nunca estuvo de baja. Él fue mi modelo mientras crecía; lo interioricé, y no me di cuenta de la factura que me estaba pasando hasta que fue demasiado tarde.

Durante una de mis épocas de más trabajo como cineasta atravesé la triste fase del divorcio. Mi hijo Tom solo tenía dos años y yo estaba preocupado por él, pese a que Sara y yo nos separamos de mutuo acuerdo y seguimos siendo buenos amigos. Después de doce años juntos, los dos sabíamos que lo nuestro había terminado, aunque como madre de Tom ella siempre formaría parte de mi familia.

El cine se había apoderado de mi vida. Como tantos otros artistas, estaba obsesionado con el proceso creativo, y aunque sabía que mi familia debía ser lo primero, mi trabajo pasó a ser la prioridad. Cada película que rodaba se colaba en mis sueños y se adueñaba de todos mis momentos de vigilia; no podía pensar en nada más. Sabía que aquello no era sano ni sostenible.

Recuerdo un momento, poco después de rodar *Into the Dragon's Lair* [En la guarida del dragón] y otros dos documentales más sobre cocodrilos, en el que me di cuenta de que necesitaba un cambio.

Había ido en coche desde Claremont, un barrio de las afueras de Ciudad del Cabo bajo la Table Mountain, a la casa de mi hermano en Hout Bay, en cuya planta baja teníamos un estudio y una oficina. En la oficina había un escritorio casero fabricado con dos tablas de pino de doce centímetros de grosor y más de tres metros de largo. Habíamos colocado esas dos enormes tablas una junto a la otra y, debido a la curva natural del tronco, había un hueco en el lugar por donde se unían ambas.

Aquel hueco lo habíamos llenado con piedras lisas del océano para nivelar la superficie de trabajo y poder colocar los monitores, los teclados y todo el equipo de edición.

Aquel escritorio era una forma de estar cerca de la naturaleza, pero cuando notaba la vista cansada y miraba hacia abajo, no veía lo que había sido aquella mesa, no recordaba sus orígenes como árbol y piedras.

Veía una herramienta para terminar el trabajo.

Recuerdo que me alejé de la mesa después de horas y horas de una intensa labor de edición. Necesitaba una pausa, así que fui a la cocina a prepararme un café. Mi cerebro apenas funcionaba. Me gustó la idea de concentrarme en algo tan básico como calentar agua en el hervidor, echar el fragante café en la tolva y accionar el mango de madera del molinillo.

Trabajar en tres documentales a la vez era mucho, pero por aquel entonces no rechazábamos ningún proyecto. El cine independiente no era como el de ahora. El tipo de documentales que rodábamos, sobre historia natural, pueblos indígenas y gente que vivía en comunión con la naturaleza, no era en aquella época tan popular como en el presente. Era difícil conseguir encargos, así que aceptábamos todo lo que nos proponían y vivíamos siempre como si se avecinara una época de vacas flacas.

Al ver que el líquido caliente empezaba a gotear del filtro y a caer en la jarra, puse la mente en blanco para simplemente apreciar aquel momento: oler y saborear el café, contemplar el pequeño patio trasero, sin tener que procesar treinta cosas a la vez.

Y entonces, durante aquel breve respiro del ambiente sobrecargado del estudio y la mesa de edición, me di cuenta de que vivía en desequilibrio. El ajetreo de la vida moderna, la incesante necesidad de hacer más e ir más allá, en pos del siguiente proyecto, se había apoderado de mí, como de tantos de nosotros, alejándome de mí mismo. Sabía que si continuaba así me estaría privando de algo vital para el ser humano: la naturaleza salvaje que es mi herencia y la tuya.

NADA QUE PERDER

Por supuesto que también hubo muchos momentos maravillosos durante aquellos años de aventura, la mayoría de ellos en el mar.

Como la vez que Sara y yo llevamos a nuestro hijo Tom al mar, en Cape Point, a los pocos días de haber nacido. Lo metimos en el agua con sumo cuidado, entre algas verdes. Era un día soleado, y aunque el niño jadeó un poco al contacto frío del agua, no lloró. Mientras lo sosteníamos, una parte de su ombligo, el muñón de su cordón umbilical, eligió aquel momento para desprenderse, como sucede de forma natural tras el nacimiento, y se alejó flotando. Ver aquella minúscula parte del cuerpo de nuestro bebé adentrarse en el mar fue una experiencia inolvidable.

En otra ocasión, siete años después, le pedí matrimonio a mi segunda esposa, Swati, escribiendo un mensaje submarino con pequeños fragmentos de coral: «¿Quieres casarte conmigo?». Los peces movían los pedacitos de coral y deshacían el mensaje, pero al final conseguí que Swati lo leyera. Por aquel entonces ella todavía estaba aprendiendo a bucear y no pudo quitarse la máscara de esnórquel para contestarme. ¡De vuelta a la orilla sentí un alivio inmenso cuando me dio el sí!

Y luego está el momento que nos cambió la vida a Swati y a mí en uno de nuestros viajes habituales a la punta de África, al Parque Nacional de Table Mountain. Fue después de una sesión de rodaje agotadora. Mientras pasábamos en coche por una de las playas de la costa, Swati me preguntó:

—¿Cuál sería el lugar de tus sueños para vivir?

Permanecí en silencio unos instantes y contemplé la costa.

—Mi abuela nos traía aquí cuando éramos niños, veníamos de pícnic a esta playa. Este es probablemente el lugar de todo el mundo en el que más me gustaría vivir.

—Vale, ¿y por qué no nos compramos una casa aquí? —dijo ella.

—Porque seguro que aquí las casas son muy caras.

—Echemos un vistazo —dijo ella—. No tenemos nada que perder.

Así que nos adentramos con el coche en una zona donde había unas doscientas casas con vistas al océano. La montaña que se alzaba detrás de las viviendas era tan enorme que estas parecían enanas. Emergía del mar con una curva grácil, empinándose a medida que se elevaba. Vimos pululando entre las rocas colonias de pequeños damanes peludos (parecen marmotas, pero en realidad son parientes lejanos de los elefantes y los manatíes). A nuestros pies yacían el océano, el bosque de algas y enormes rocas de granito; bandadas de cormoranes sobrevolaban el agua en formación.

Al rato vimos una pequeña parcela y llamamos al agente inmobiliario. Era tan barata que no nos lo podíamos creer. Aquella zona se encontraba lo bastante lejos de las escuelas para que la gente no la conociese. Estaba medio escondida y no era muy popular, por eso el precio era más económico que el de las casas de las afueras.

Telefoneamos a mi padre.

—Intenta encontrar una casa que puedas reformar en lugar de una parcela —me aconsejó—. Es más asequible que construir una casa desde cero.

Aquella noche, Swati y yo anotamos en una hoja todo lo que nos gustaría que tuviera una casa.

Vistas al mar.

Chimenea.

Un estudio donde yo pudiera dedicarme a mi arte y guardar los objetos que había ido acumulando en mis viajes.

Y Swati siempre había querido una terraza acristalada.

Con la lista de la casa de nuestros sueños volvimos a la playa a la que nos llevaba mi abuela y rezamos una plegaria al océano. Todo aquello parecía una fantasía imposible, pero, como había dicho Swati, no teníamos nada que perder.

Entonces recibimos una llamada del agente inmobiliario.

—Tengo una casa, vengan a verla —dijo.

ERA UNA CASITA DE CUENTO CON UN JARDÍN DE ROSAS. Era muy coqueta, y la pareja que vivía en ella la había cuidado con mimo, pero parecía fuera de lugar en la inhóspita y ventosa Sudáfrica. Los propietarios eran unos ancianos irlandeses que, por lo visto, habían intentado convertirla en una casita de campo inglesa. Las paredes estaban forradas de papel dorado y había encaje blanco por todas partes.

Sin embargo, nosotros éramos capaces de ver más allá. La casa no tenía mucha luz, pero podíamos echar abajo alguna pared y construir la terraza acristalada de Swati. Había un garaje que se podía convertir en un estudio. Lo único que faltaba eran las vistas al océano.

Di una vuelta por el jardín, donde había un pino muy alto que, igual que la casita y el jardín de rosas, parecía totalmente fuera de lugar. El pino no es un árbol autóctono de Sudáfrica.

Empecé a trepar por el tronco y en cuanto subí un poco lo vi: el brillo del mar. Al final resultó que sí teníamos vistas al océano.

—Madre mía, qué vista tan hermosa —le dije a Swati—. Basta con que talemos este árbol, que al fin y al cabo está fuera de lugar.

Hicimos una oferta y la aceptaron enseguida. Firmamos los papeles aquella misma semana.

POCO A POCO, INTENTAMOS DEVOLVER A AQUEL LUGAR SU CARA SALVAJE. En primer lugar, retiramos todas las plantas exóticas —incluidas las rosas y el pino— y plantamos vegetación nativa, *fynbos*, para atraer a las aves. A continuación, construimos una bonita piscina natural que llenamos de plantas acuáticas y juncos. En lugar de cloro y productos químicos, optamos por filtrar el agua con raíces y rocas. El agua pasaba por las plantas y las piedras igual que en la naturaleza, así que nadar en aquella piscina era como darse un baño en un estanque de montaña.

Echamos abajo muchas de las paredes y creamos una sala amplia con grandes ventanales para que entrara la luz. Quitamos toda la decoración británica, pero decidimos conservar la bonita ventana-mirador. Rompí todas las líneas rectas y metí toda la madera de deriva que había ido juntando para construir con ella un techo flotante. Poco a poco empecé a traer mis tesoros del océano: dientes y vértebras de tiburones, argonautas y abanicos de mar, y cientos de conchas.

Empecé a convertir el sótano en una sala donde guardar las decenas de miles de objetos que había acumulado a lo largo de mis viajes por toda África, lanzas regaladas por mis maestros san, herramientas de piedra con millones de años de antigüedad e instrumentos musicales de las culturas autóctonas de África.

En poco tiempo la casa se había transformado en una especie de encarnación viviente de la naturaleza.

RECORDAR

Mientras sostenía el ojo de tigre que mi abuela me había regalado cuatro décadas atrás, me di cuenta de que la casa también encarnaba mi infancia salvaje. Me bastaba con sujetar una piedra o una concha para verme transportado al Bosque Marino donde buceaba antes de que la vida en la superficie me llevara por otros derroteros y por un mundo empaquetado, mediatizado y bajo control.

Creo que todo ser humano adulto ha experimentado alguna vez cierta variante de esa sensación de pérdida, tanto si creció cerca del mar como si su primer contacto con lo natural fue una brizna de hierba que crecía en una grieta de la acera.

Aunque nuestra alma anhele la conexión con lo natural, como especie hemos abrazado de manera abrumadora la domesticación y el «confort», que, más que nutrirnos, nos anestesian.

Pero estamos hechos de agua y venimos del agua, y cuando el alma necesita cuidados, a menudo acudimos al agua. Este líquido brillante que nos hace sentir ingrávidos tiene un efecto muy profundo. Si pudiéramos embotellar esa sensación, valdría billones.

En cuanto la casa estuvo lista, inauguré un nuevo ritual diario: me levantaba temprano y me iba a nadar. Tenía el océano y el bosque de algas a cinco minutos, y tras un corto trayecto en bicicleta llegaba a mi rincón favorito para darme un baño. Desde el callejón sin salida de detrás de nuestra casa podía tomar un sendero que atravesaba el bosque y seguía un arroyo estacional que solo fluía en invierno y atraía a los pájaros. Por el camino podía recoger *num-nums*, unos frutos rojos dulces, directamente de los arbustos. Mientras pedaleaba, mi mente navegaba por los recuerdos de mi infancia junto al mar. ¿Qué mensajes iba a encontrar hoy entre la arena y las rocas? ¿Qué historias llevaría de vuelta a casa para contárselas a Swati y a Tom?

Aquel regreso al hogar me ayudó a comprender que lo salvaje no era algo que me resultara extraño. Lo supe cada vez que me zambullía en el agua siendo niño, cada vez que trepaba un poco más arriba entre las ramas de nuestro gigante roble de mar. Lo supe incluso cuando, muerto de miedo, pregunté a aquella presencia extraña que sentía en la oscuridad:

—¿Quién eres?

Lo salvaje es algo que todos hemos conocido, solo necesitamos recordarlo.

¿Qué historias fantásticas contábamos a nuestros padres y abuelos antes de aprender a leer y escribir?

¿En qué momento renunciamos a nuestra herencia salvaje a cambio de una promesa de seguridad y confort?

¿Fue decisión nuestra?

CAPÍTULO 2

FRÍO

ME MUEVO EN SILENCIO Y A OSCURAS PARA NO DESPER-
TAR A SWATI, estiro el hombro izquierdo unas cuantas veces
para aliviar el agarrotamiento de una vieja lesión de *rugby*. Al
salir del dormitorio, antes de cerrar la puerta, miro a Swati,
calentita y cómoda en la cama. Ella también es de las que ma-
drugan, pero todavía no para ir a nadar, así que las primeras
mañanas que amanecemos en nuestra casita del mar voy a nadar solo.

Mi zambullida matutina pronto se convierte en un ritual,
en una meditación: coloco la tetera bajo el grifo, la lleno de
agua y la pongo en el fogón. Mientras se calienta, echo un par
de cucharadas de té del que Swati trae de la India. Preparo mi
equipación: una chaqueta y un pantalón grueso. Un buen tejido aislante es vital para calentarse tras una inmersión en
agua fría, sobre todo si no llevas traje de neopreno.

Prescindir de la protección y la calidez de un traje de neopreno fue una decisión que tomé al poco tiempo de regresar
al Bosque Marino, tanto por rendir homenaje a mis padres,
que durante años no usaron neopreno, como para romper la
barrera entre mi cuerpo y la naturaleza.

Durante estas mañanas frías miro a través del gran venta-
nal, que da a False Bay, y veo salir el sol sobre las montañas.
Nubes enormes colman el cielo sobre el agua de color gris
acero. Si llueve, busco a los «animales de la lluvia» que descubrí con mis maestros san, para quienes la lluvia es una criatu-

ra más. Busco la melena de la lluvia, largas trenzas de lluvia que cuelgan bajo las nubes, a menudo enroscadas por la punta a causa del viento. Observo cómo el cuerpo de la lluvia —nubes enormes, oscuras y voluminosas— danza sobre las revueltas aguas de la bahía.

«No pienses en el frío —me digo—. Piensa en los regalos que te da.» Antes de cerrar la puerta, miro la chimenea de piedra sabiendo que al regresar habrá un fuego encendido esperándome. Esa promesa forma parte del ritual. La inmersión en la fría naturaleza salvaje es un umbral que hay que cruzar, una puerta a otro mundo, pero no un castigo.

COMO UN EDÉN

Al salir y montarme en la bici para recorrer los cinco kilómetros de ruta hasta mi rincón favorito para nadar, me golpea el viento y a veces también la lluvia. El clima en la punta de África es, en general, bastante agradable: un clima mediterráneo con inviernos suaves y veranos cálidos y secos. La vegetación de tipo arbustivo, llamada *fynbos* —nombre que deriva de una palabra neerlandesa que significa «arbusto fino»—, que cubre las montañas y las llanuras costeras del cabo, está compuesta por miles de especies de plantas diferentes, muchas de las cuales son endémicas y no se encuentran en ningún otro lugar de la Tierra.

Hay plantas comestibles y miles de especies de crustáceos, reptiles, aves y animales terrestres. Es posible beber agua de la mayoría de los arroyos sin riesgo de contraer parásitos intestinales. No hay malaria. La naturaleza no siempre nutre a los seres humanos, pero ahí está. Es como un Edén, un hábitat perfecto para que florezca la vida humana, y así ha sido. Los registros arqueológicos muestran que los seres humanos han vivido en la costa meridional de África durante al menos 180 000 años, gozando de una estrecha relación con el océano. Nuestros primeros ancestros recolectaban crustáceos y moluscos, se regalaban conchas y usaban ocre rojo hace 164 000 años.

Aunque la temperatura rara vez se sitúa por debajo de los diez grados, el viento puede ser extremo, sobre todo en los meses de invierno. Muchas mañanas la sensación térmica desciende hasta un grado bajo cero, y la lluvia cae ladeada. Después de amarrar la bici a mi roca especial, que tiene un agujero, me ciño bien la chaqueta, entrecierro los ojos bajo la intensa lluvia y comienzo el breve trayecto a pie hasta las olas. El viento sopla con más fuerza en la playa, donde levanta arena y piedrecitas pequeñas que arañan la piel. He aprendido a buscar sombras de viento, lugares donde el viento queda amortiguado o bloqueado por las rocas y la vegetación. Me refugio en esos pequeños santuarios antes de meterme en el agua, pero no se puede hacer mucho más cuando el frío te ataca por todos los flancos. Después de hacer algunos estiramientos en la playa, me pongo a hablar con el océano como lo haría con una persona.

—Explícame cosas de ti —digo suavemente—. Quiero aprender.

Sé que suena un poco esotérico, pero situarme en ese marco mental me prepara para lo que el océano me depare.

Luego me coloco la máscara, el tubo de esnórquel y el cinturón de lastre que me permite regular la flotabilidad y moverme sin esfuerzo por el fondo del mar antes de volver a la superficie.

Pese al profundo respeto que profeso por esta extraordinaria inteligencia biológica, mis primeros pasos en el Bosque Marino tras regresar a la región han sido lentos y vacilantes. A veces me pregunto por qué me impongo tanta dureza e incomodidad.

La mañana es fría mientras contemplo el mar antes de despojarme de las capas protectoras y dejarlas en la playa, con piedras que las sujeten bien para que no se las lleve el viento. El cielo todavía está oscuro y el agua se ve tan negra que recuerda a una coraza de acero impenetrable. En estos instantes parece cerrada a cal y canto, resulta intimidatoria.

Mientras me quito los calcetines me pregunto: «¿Qué demonios estoy haciendo?».

TIEMPO PARA SANAR

Antes de mi regreso al cabo de Buena Esperanza mi vida era un caos repleto de tareas interminables, siempre tenía una lista abultadísima de cosas pendientes. Necesitaba tiempo: tiempo para no hacer nada, tiempo para que mi mente consciente se calmara y la renovación sumergida en mi subconsciente burbujeara hasta la superficie.

Y necesitaba tiempo para sanar.

Cada vez que la vida me ha dejado exhausto y desbordado he sentido un fuerte impulso de regresar a mi costa.

Años atrás, cuando más débil estuve físicamente, pasé un breve período junto al Bosque Marino y experimenté una recuperación casi milagrosa. La estancia en el África Central fue dura para mi cuerpo. Tras veinticinco años de rodajes, mi cerebro, mis pulmones y mi hígado estaban llenos de parásitos de los que me había infectado en los bosques de Gabón y los lagos de Malaui y Ruanda. Pasé semanas en hospitales, a punto de morir por la malaria cerebral que había contraído por picaduras de mosquitos.

Recuerdo estar postrado en un hospital de Malaui y ver cuervos negros en las ventanas. Todavía no sé si los veía de verdad o si eran producto de las alucinaciones de mi cerebro febril. El pobre hombre de la cama de al lado murió de malaria, como cientos de miles de personas cada año en África. Mientras veía cómo sacaban su cuerpo de la habitación —sin camilla y sin sábana—, improvisé una plegaria y di por hecho que yo iba a ser el siguiente. Estaba muy lejos de casa, y solo podía pensar en regresar al clima protector del cabo de Buena Esperanza y sumergirme en el poder curativo del océano Atlántico.

Abandoné el hospital cuatro semanas después.

Casi lloré de alivio cuando llegué andando a la playa que había cerca de la casa de mi infancia. El olor a algas en descomposición y el aire salobre resultaban de lo más reconfortantes. Sentir la arena en mis pies descalzos era una delicia. El mar brillaba como un montón de joyas, pero mucho más precioso.

Floté haciéndome el muerto en el agua gélida, dejando que me calmara. Solo estuve diez minutos, pero esos diez minutos fueron un punto de inflexión en mi proceso de recuperación.

Superé la infección por parásitos y la malaria, pero una década después mi sistema inmunológico todavía estaba débil, y era propenso a las infecciones respiratorias. Tenía trabajo por hacer para devolver la salud a mi cuerpo, pero también me invadía la sensación de que necesitaba sanarme a un nivel mucho más profundo.

Lo que había vislumbrado de las prácticas curativas tradicionales de los san y los dogones me hizo caer en la cuenta de que tenía mucho que aprender de mis ancestros. Y de la naturaleza. Aunque no comprendía del todo la poderosa atracción que sentía por este tipo de curación, la agradecía. Muchas de las personas con las que crecí apenas tenían conexión con las prácticas espirituales de sus ancestros: no sabían de dónde venían en el sentido evolutivo más profundo. Como a mí, de niños nunca les habían enseñado que incluso nuestros ancestros más recientes mantenían una relación muy estrecha con otras realidades a las que se accedía por medio de estados alterados de la conciencia. Este tipo de conocimiento no se prioriza en un mundo cuyo ritmo es trepidante y donde todos parecemos querer correr más y más cada día.

Pero, como yo mismo estaba aprendiendo, esta sabiduría se encuentra a nuestro alcance si sabemos dónde buscarla.

LA SENSACIÓN TERRIBLE

Siempre había tenido una relación compleja con el cine, con la forma en la que el trabajo despertaba en mí una energía descomunal que casi siempre iba seguida de un bajón descomunal.

A aquella montaña rusa emocional la llamaba «la sensación terrible».

La sensación terrible es la fuerza estimulante y aterradora que invade a muchos cineastas y, sin duda, a muchas otras personas apasionadas por su trabajo o que se sienten movidas por algo muy grande. Esta misteriosa energía parecía venir de algún lugar fuera de mí: una musa maníaca que me concedía el deseo de contar con una energía y una resistencia tan colosales que era capaz de trabajar sin apenas dormir y en condiciones de calor o frío extremos durante veinte horas diarias.

Pero el deseo concedido tenía su precio: cuando se apoderaba de mí, aquella musa me engatusaba para que yo creyera que aquello en lo que andaba trabajando era lo más importante del mundo.

Debía terminarlo a toda costa.

Al principio creí que era mi ego intentando probarse a sí mismo: «¿Tengo lo que hay que tener para ser cineasta, para expresar la profunda pasión y emoción que siento por la naturaleza?».

Sin embargo, tras comprobarlo en mis primeros documentales, la sensación terrible seguía allí.

Al principio aquel torrente de energía era puro éxtasis, pero poco a poco me iba dejando seco. A menudo me sentía aparentemente bien y era capaz de trabajar así durante meses, incluso años. Pero si echo la vista atrás veo que estaba minando mis reservas de salud porque me concentraba de una manera obsesiva sin apenas dormir, avanzando a cualquier precio.

Solía ocurrirme en las etapas iniciales de un proyecto. Empezaba como un entusiasmo de gran intensidad cuando se me revelaba una parte de la historia que quería contar: «¡Eso es! Esta es la historia que acercará a la gente a la naturaleza, que la ayudará a comprender mejor los orígenes de la humanidad, e incluso la impulsará a actuar con valentía para cuidar y proteger la naturaleza salvaje». Y entonces llegaba la musa, que me inundaba con la energía necesaria para llevar a cabo el trabajo y experimentar cosas extraordinarias.

Recuerdo muy bien uno de aquellos episodios.

EL PASADO VIVO

Iba al volante de mi viejo y maltrecho Toyota Hilux 4 × 4 rumbo a Nyae Nyae Pans, en Namibia, donde viven los Ju/'hoansi[1] de los san.

El coche, que llevaba a cuestas muchos viajes como aquel, estaba preparado para terrenos difíciles y disponía de una rejilla en la parte delantera que evitaba que las semillas de las plantas se colaran y obstruyeran el radiador. Tenía un portaequipajes enorme montado en el techo para dormir al aire libre, y de noche alzábamos el capó para que los leones no subieran.

Pero aquel viejo coche había vivido tiempos mejores. Ahora tenía agujeros en el suelo a causa de los choques con árboles que había sufrido en el monte, y se averiaba cada dos por tres. La única razón por la que continuaba funcionando era la magia de un mecánico alemán llamado Günther al que recurrí infinidad de veces para reparar aquel maldito cacharro.

No podía permitirme un coche nuevo, y aquel trasto contenía los recuerdos de un sinfín de viajes: pinchazos en la sabana del Kalahari, caídas en hoyos de tres metros de profundidad cavados por osos hormigueros de los que había que sacarlo con un gato de trinquete... Yo también cargaba con aquellos recuerdos; me bastaba con mirar las pieles de serpiente que cubrían el salpicadero o el enorme cráneo de babuino apoyado en el parabrisas, con las cuencas oculares pintadas de ocre rojo, para retroceder en el tiempo.

Que aquel coche siguiera funcionando era un milagro.

Que yo siguiera funcionando también era un milagro.

EN NAMIBIA SENTÍ LAS PRIMERAS SACUDIDAS DE AQUELLA FUERZA ESTIMULANTE cuando nuestro pequeño equipo se adentró en aquel hermoso paisaje llano con sus ancestrales baobabs y sus extensas salinas, zonas planas donde el agua se había evaporado dejando tras de sí sal y otros minerales brillantes a la luz del sol. Uno de los árboles presentaba una cavidad gigantesca —tan grande que en ella cabían diez personas— en el tronco, que luego se había curado solo. Recuerdo haberme escondido en aquella cueva arbórea a observar a una manada de elefantes que andaban en busca de comida, retumbando y agitando sus enormes orejas mientras conversaban unos con otros. El árbol funcionaba como un inmenso amplificador de los profundos sonidos que hacían los elefantes.

Rodábamos un documental titulado *My Hunter's Heart* [Mi corazón de cazador], y nos habían invitado a la que posiblemente fue una de las últimas cazas de jirafas con flechas envenenadas. Nuestros guías al pasado vivo eran rastreadores san que todavía sabían cómo cazar de aquella manera ancestral, que todavía sabían manejar un arma de al menos veinticuatro mil años de historia como mínimo. La toxina de la flecha envenenada se elabora a partir de larvas del escarabajo *Diamphidia*, que se toma de capullos desenterrados. La punta de las flechas se unta con veneno mezclado con saliva.

En aquella ocasión, Damon y Lauren estaban en la Antártida, así que me tocaba rodar con un par de becarios jóvenes. Mi hermano y yo siempre trabajábamos muy bien juntos, y le echaba desesperadamente de menos. Los becarios se esforzaban, pero sufrían mucho con el calor, las largas jornadas de rodaje y la falta de sueño.

Seguir el ritmo de los cazadores san durante la extenuante caza era muy difícil: una persecución a pie de varios días bajo el sol abrasador que culminaba con la gran danza jirafa, una ceremonia ritual con la que se honra el sacrificio del animal.

Aquella tarde se impuso la intensidad de lo vivido. Recuerdo estar sentado junto a una pequeña hoguera, con tres de los cazadores durmiendo a mi alrededor, y el enorme cadáver de la jirafa a nuestro lado, en el suelo. Oía el ulular y el gruñir de las hienas, la tos de un leopardo, en la oscuridad que había más allá del fuego parpadeante de la hoguera. El ser humano y nuestros ancestros más remotos han sido cazadores-recolectores desde el principio de los tiempos, hace dos millones de años, pero en aquel momento yo tenía claro que estaba siendo testigo del final de aquella gran era de empeño humano.

Al día siguiente fui al poblado y bailé toda la noche, hasta bien entrado el día, mientras la gente cantaba y celebraba el éxito de la caza de la jirafa. Eran muy generosos por permitirnos contemplar los últimos coletazos de aquel espíritu cazador-recolector que nos ha mantenido y guiado desde los albores de la humanidad.

Estaba agradecido por haber podido experimentar algo que pocos extranjeros han presenciado en su vida. También sabía que me había acercado demasiado a mis límites, y que el regreso a casa no iba a ser fácil.

INEVITABLEMENTE, LA MUSA SE CANSÓ DE MÍ Y ME QUITÓ CUANTO ME HABÍA DADO. Cuando terminaba un rodaje, después de rendir a tope sin descanso, resultaba agotador emprender el regreso a la vida del ser humano funcional, común y corriente, capaz de mostrarse agradable con los demás. Y todavía me quedaban tres o cuatro días de coche hasta llegar a casa.

En realidad, el tedio de conducir durante doce horas cada uno de aquellos días me calmaba la mente. El viejo coche tenía un reproductor de casetes, y los becarios y yo escuchábamos mis cintas de los grandes Johnny Clegg y Juluka. Mi canción favorita era *Impi*, que trata de una célebre batalla de la guerra anglo-zulú: el ejército zulú derrotó al británico, pero ambos bandos sufrieron pérdidas devastadoras.

Tras días al volante, estábamos ya a medio camino de casa cuando en medio del desierto descubrimos un pintoresco restaurante llamado Windpomp, que significa «molino». Nuestro equipo de rodaje llevaba días comiendo comida enlatada o rehidratada, y compartiendo lo que fuera que nos daban los san, porque ellos compartían con nosotros cuanto tenían. Una mañana había desayunado tuétano extraído del enorme fémur de una jirafa. Al vivir en estado salvaje, el cuerpo pide grasa de forma natural, de modo que apreciamos que compartieran aquel preciado regalo con nosotros. Pero en general comíamos muy poco y habíamos perdido peso; así que nos pareció irreal sentarnos en un restaurante, pedir comida de una carta de tres páginas y esperar a que alguien nos la sirviera. Yo pedí costillas de cordero, patatas fritas y ensalada griega, y no dejé nada en el plato. Estaba claro que toda aquella comida era un exceso después de aquel tiempo en plena naturaleza, y me pasé el día siguiente vomitando por la ventana del coche.

AL LLEGAR A CASA, LLEGÓ EL CATACLISMO.
Al principio sentí un alivio enorme y me pregunté por qué había dejado entrar a la musa; pero con el alivio llegó el cansancio extremo y una decepcionante sensación de vacío. Solo quería dormir durante días y que mi cuerpo y mi mente descansaran hasta recobrar fuerzas. Sumido en una especie de estado intermedio entre el sueño y la vigilia, oía a Swati o a Tom decir algo que me sacaba momentáneamente de mi so-

por, y solo entonces me daba cuenta de los días que había pasado sin conectar de verdad con ellos.

MALTRECHO Y EXHAUSTO POR MI RELACIÓN EXTREMA CON EL PROCESO CREATIVO, me prometí a mí mismo sumergirme en el gran océano Atlántico. Me comprometí a bucear todos los días durante diez años, por mucho que el viento y el frío me aconsejaran quedarme en la cama; sabía que tardaría al menos ese tiempo en llegar a sumergirme de verdad.

Ansiaba aquella inmersión: había observado y aprendido mucho de la naturaleza y del rastreo con la gente de nuestros documentales, pero no había llevado una vida genuinamente salvaje. Necesitaba adentrarme en la naturaleza, sentirla en mi interior, conocerla, en lugar de limitarme a observarla y estudiarla desde fuera.

Esperaba que aquel compromiso me ayudara a calmar la sensación terrible. Quería transformar a la tirana de mi musa maníaca en una fuerza creativa inspiradora que siguiera proporcionándome energía y visión, pero sin maltratar mi salud ni alejarme de mi familia.

¿Qué era aquella fuerza y por qué se apoderaba de mí con tanto ímpetu? ¿Existía alguna forma de llevar a cabo mi trabajo sin agotarme? ¿Y de sentir esa vitalidad, pero en dosis más saludables y sensatas?

La única manera de recuperar aquella energía era rodar la siguiente película.

Sabía que debía romper aquel patrón extenuante. Y de algún modo tenía claro que el océano iba a prestarme su ayuda.

LA CURA FRÍA

Al vivir mi infancia siguiendo los pasos de mis padres en el frío océano sin traje de neopreno, aprendí que los días que pasas frío son días geniales.

Investigué en internet y leí cuanto encontré sobre la ciencia de la inmersión en agua fría. Había leído acerca de una antigua práctica tibetana llamada *Tummo* en la que los monjes se envuelven en sábanas empapadas cuando hace un frío helador para expulsar los patrones de pensamiento negativo. Al practicar la respiración meditativa, su propio calor corporal calienta y seca las sábanas, y se vuelven inmunes al frío. Sonaba muy extremo, pero me fascinaba.

Todo empezó a encajar cuando descubrí el trabajo de Andrew Huberman, un profesor de neurobiología de Stanford que había estudiado los efectos de la exposición deliberada al frío para mejorar la salud física y mental.[2] Escuchando el pódcast de Huberman me entusiasmé al conocer las explicaciones científicas sobre muchos de los cambios extremos que yo había experimentado al bucear en las frías aguas del Gran Bosque Marino africano.

APRENDÍ QUE METERSE EN EL AGUA A QUINCE GRADOS O MENOS puede causar un gran aumento de neurotransmisores como la dopamina, la adrenalina y la noradrenalina. ¡Por eso me sentía tan bien con el frío! ¡La química de mi cerebro se disparaba! La dopamina me hacía sentir bien, me estimulaba y conectaba mi mente con el sistema de búsqueda y recompensa. Y el efecto general de la química natural incrementó mis niveles de felicidad y bienestar. Ese es el poder del estrés por frío.

Intuitivamente había trabajado para relajar de forma activa mi cuerpo y mi mente mientras entraba en el agua fría, para prevenir un exceso de cortisol en mi sistema.

Huberman incluso recomendaba enfrascarse en actividades cognitivas, como problemas matemáticos, para lidiar con el frío y, de este modo, enseñar al córtex prefrontal a mantenerse concentrado ante niveles elevados de estrés. Citaba un estudio según el cual la liberación de dopamina era máxima cuando la exposición al frío venía precedida de cafeína y ayuno intermitente. Descubrí que el ayuno también mejoraba de forma muy notable mi capacidad para aguantar la respiración. Sin embargo, los días que tomaba cafeína aguantaba menos tiempo sin respirar debajo del agua.

Mi investigación me llevó a hablar con Wim Hof y su hijo Enahm.[3] Wim había batido varios récords mundiales de exposición al frío y había desarrollado una popular terapia de frío que, según él, reforzaba el sistema inmunitario, entre otros beneficios.[4]

Claro está que uno de mis principales maestros fue el frío en sí. Intenté pasar frío de todas las maneras: metiéndome en cámaras de crioterapia y en barriles de hielo, envolviéndome el cuerpo con sábanas húmedas y exponiéndome al aire libre cuando soplaba un viento gélido..., pero nada superaba la majestuosidad absoluta de una inmersión en el océano.

ME PASÉ MUCHAS DE AQUELLAS PRIMERAS INMERSIONES MAÑANERAS TIRITANDO de forma incontrolable. El frío me provocaba pinchazos en manos y pies, y el viento helado y el agua gélida parecían arrebatarme el calor del cuerpo.

Con los años, a medida que me he ido exponiendo al frío a diario, todo se ha vuelto cada vez más fácil.

El único material aislante que he aceptado usar a lo largo de estos años es un gorro de neopreno para protegerme las orejas. Mi médico insistió mucho en que usara uno al descubrir que mis conductos auditivos estaban obstruidos por un crecimiento óseo derivado de la exposición prolongada al frío. Si los conductos sufrían una obstrucción mayor, me advirtió, debería someterme a una intervención dolorosa.

Pero durante esos primeros años no usé ningún tipo de protección.

Estudiando también aprendí que el cuerpo humano contiene varios tipos diferentes de grasas. El más abundante es la grasa blanca (que en realidad tiene un color amarillento), que almacena calorías y suele acumularse alrededor de la zona media del cuerpo; es la que hace que nos cueste abrocharnos el pantalón. Hay una cantidad más pequeña de grasa parda, que regula nuestra temperatura corporal y nos mantiene calientes generando calor al ayudarnos a quemar calorías. También tenemos grasa beis, compuesta por células de grasa blanca que han pasado por un proceso de «pardeamiento» estimulado por la buena alimentación, el ejercicio y la exposición a temperaturas frías.

Nacemos con reservas de grasa parda alrededor de los hombros y en la espalda; esta grasa es la que mantiene calentitos a los bebés recién nacidos, que son incapaces de tiritar. A medida que nos vamos haciendo mayores, si no nos exponemos a temperaturas bajas, perdemos esa grasa parda y empezamos a tiritar como respuesta al frío. ¿Verdad que cuando éramos niños casi nunca teníamos frío? Era porque nuestra grasa parda interna nos mantenía calientes y porque, probablemente, nos pasábamos el día correteando y saltando.

Pese a la incomodidad, el agua fría estimulaba mi cerebro con sustancias químicas que me hacían sentir bien, por eso seguía yendo a bucear cada día. Los efectos extremos de bienestar, felicidad y motivación duraban muchas horas tras la exposición, a menudo un día entero y la noche siguiente.

Poco a poco

Impaciente por mejorar mi salud y alcanzar una conexión más profunda con la naturaleza, nada me apetecía más que sumergirme en el mar. Pero cada vez que me excedía y pasaba frío más tiempo de la cuenta, mi sistema inmunitario se colapsaba y contraía una infección pulmonar. Tenía que ir poco a poco, recuperar la salud.

Uno de los poderes del agua fría es que no nos permite ir con prisas. Poco a poco mi cuerpo empezó a generar esa grasa parda que velaría por mi temperatura corporal cuando me sumergiera en agua fría. Poco a poco mi mente empezó a hallar el camino hacia mi auténtico yo.

En este sentido, el proceso curativo fue como nadar en aguas turbias. Al principio mi incapacidad para ver me provocaba ansiedad. Después, a medida que el agua se iba volviendo más clara, mi mente se fue agudizando y el miedo desapareció.

Al cabo de poco tiempo mi cuerpo y mi mente trabajaban al unísono.

Donde antes había embotamiento y tendencia a los pensamientos negativos, ahora reinaba una nueva sensación eléctrica de claridad cognitiva y física, palpitante de vida y de alegría.

Cada vez que la duda acechaba, me recordaba a mí mismo que mis ancestros más antiguos pasaban frío cada día, sobre todo en invierno, y que, en realidad, mi cuerpo y mi mente estaban experimentando lo mismo. Privarme de aquella experiencia evolutiva innata equivalía a privarme de vitalidad y bienestar. La exposición diaria constante al agua fría y a los animales salvajes hace que nuestra mente primitiva sepa que está viva, a la vez que estimula y refuerza el sistema inmunitario.

También me recordaba a mí mismo que mi padre solía bucear en el gélido océano Atlántico sin traje de neopreno y siempre regresaba con apenas un par de rasguños. Tengo un leve recuerdo de un día en el que pasó demasiado tiempo en el agua y luego no podía recuperar el calor corporal. Mi madre le hizo beber una copa de brandi (ahora sabemos, por descontado, que eso baja la temperatura corporal) y le preparó un baño tan caliente que Damon y yo no nos atrevíamos a meter la mano en el agua. Vi el vapor que salía de la bañera y a mi padre tiritando en aquella agua abrasadora que él era incapaz de sentir.

Tardó varias horas en recuperar el calor del cuerpo.

Y, aun así, nunca le preocupó demasiado. Todavía hoy, con ochenta años cumplidos, es capaz de bucear una hora en agua fría.

Estos recuerdos acuden a mi mente como una ola cada vez que me sumerjo en agua fría, y luego se quedan congelados en el tiempo cuando los sustituye la conciencia diáfana y pura del mundo que me rodea. El frío solo duele en los primeros instantes, antes de que el cuerpo se reajuste. Al otro lado de esa incomodidad nos aguardan experiencias maravillosas.

CURIOSIDAD

A menudo estas experiencias con el frío parecían sacarme de mi cuerpo. Una mañana, un ser mágico captó toda mi atención: una nutria del Cabo. La nutria salvaje es una de las criaturas más tímidas de la Tierra; es raro ver una, y mucho más poder acercarse a ella. Esta se me acercó por detrás. La mayoría de los animales se sienten más seguros cuanto más lejos están de la boca, las manos y las garras de otras criaturas, porque ven estas partes como armas. Sabiéndolo, no me di la vuelta y permanecí quieto, flotando boca abajo y observando a la nutria con mi visión periférica.

En cuanto la nutria me rozó los pies, un pulso eléctrico me recorrió entero. Mi quietud avivó su curiosidad, y se me acercó un poco más. Al rato pude ver bien su cara: ojos alegres y expresivos, orejas redondeadas, cabeza esbelta y un hocico erizado de largos bigotes blancos. Entonces la nutria hizo algo que me sorprendió: se acercó aún más para acariciarme la cara con la pata mientras me miraba a los ojos. Me inundó un torrente de emociones: amor, gratitud y cierta confusión. Sentí que se me llenaban los ojos de lágrimas y la mente de preguntas.

¿Era pura curiosidad o había algo más, algún vínculo más profundo entre ese animal y los seres humanos? Decidí quedarme con el misterio y no buscarle explicaciones.

Después de pasar un rato con aquella criatura me embargó tal alegría que tuve que salir del agua y tumbarme sobre una roca. La nutria permaneció cerca de la orilla, llamándome con un grito agudo para que volviera al mar, quizá invitándome a ir a cazar crustáceos con ella. Puede parecer exagerado, pero a lo largo de la historia hay varios ejemplos de seres humanos y animales, incluidos delfines y orcas,[5] que van a cazar juntos.[6] Cuando le expliqué a Swati mi experiencia con la nutria, me contó que en Bangladés todavía hay quien va a cazar en compañía de estas criaturas.[7]

Pensar en momentos tan gratificantes como aquel me mantuvo motivado durante semanas de inmersiones largas y duras. Estaba descubriendo que si buceaba cada día, podría ver y aprender cosas extraordinarias.

Y ser testigo de cómo las cosas más comunes también pueden resultar extraordinarias.

CONECTAR

Sumergirme en el frío no solo me devolvía la salud y la vitalidad, sino que además me proporcionaba un plus de energía para las cosas más importantes. Me vi conectando con mi hijo Tom como nunca lo había hecho. A menudo me acompañaba en mis aventuras a nado. Sus calentadores de grasa parda todavía funcionaban y era casi inmune al frío.

Como yo, Tom conocía el océano desde que era un bebé, antes de aprender a caminar o hablar. Me invadió una alegría inmensa cuando vi que en el agua él también se sentía como en casa. Antes de que yo comprendiera el poder del frío, Tom usaba un trajecito de neopreno. Cuando creció un poco, dejó de usar protección y se sentía muy cómodo entre las enormes olas que rompían a nuestro alrededor mientras nos deslizábamos entre rocas escarpadas y atravesábamos túneles submarinos.

Muchos días explorábamos juntos el Bosque Marino, pero también lo cargaba a caballito y lo llevaba de excursión por toda la costa. Quería que mi hijo conociera la naturaleza salvaje, que fuera consciente de sus orígenes ancestrales. Vimos guepardos, leones y tejones de la miel en el Santuario de Vida Salvaje de Jukani. Acampamos en el Kalahari. Una vez lo llevé a visitar una cueva en el Cederberg, una región famosa por albergar arte rupestre san, y lo levanté para que pudiera ver de cerca pinturas rupestres de seres mitad humanos, mitad animales llamados teriántropos; aunque a esa edad le interesaba más el reloj brillante de mi muñeca.

Una mañana, paseando por la costa cerca de casa, encontramos una botellita de cristal que quizá tenía medio siglo de antigüedad. Tom retiró la arena con cuidado, y en el interior vimos dos conchas bivalvas bastante más grandes que el orificio de la botella. Debieron de crecer y morir dentro de aquel diminuto bajel de cristal, flotando durante toda su vida en el extenso Bosque Marino.

Sentados en una roca, empecé a contarle a Tom historias de mi niñez, de nuestro pequeño bungaló de madera y de la noche de la gran inundación. Le hablé de la botella de cristal que habíamos encontrado con cartas y monedas extranjeras, así como de la nota que mis padres recibieron años después, escrita por una pareja que les daba las gracias por haber enviado las cartas de su familia y les explicaba que habían lanzado la botella desde el barco en el que viajaban cuando este no pudo llegar a tierra.

La botellita que Tom y yo habíamos encontrado aquel día era, a la vez, un santuario y una trampa. Me hizo pensar que también el alma puede sentirse segura dentro del pequeño mundo del ego, aparentemente protegida de la gran incógnita existencial.

El mundo domesticado puede distorsionar nuestras prioridades y hacer que demos demasiada importancia a satisfacer nuestro ego. En el mundo salvaje ningún individuo es más importante que otro. Cuando un cazador san trae un animal de gran tamaño para alimentar al poblado, la gente bromea con él: «Pero ¿para qué te molestas? ¿Por qué nos traes ese viejo saco de huesos?». Lo hacen porque saben que el ego es una cosa peligrosa. Durante miles de años han visto que situar a ciertas personas por encima de otras despierta envidias, celos y avaricia. Y cuando nuestros egos y deseos del mundo domesticado crecen demasiado, empezamos a pelearnos unos con otros y devoramos nuestro propio hogar, nuestra Madre, nuestro santuario.

Como tantos otros padres, me preocupo por el futuro de mi hijo.

UN MAESTRO PACIENTE

Para mi sorpresa y deleite, con la llegada de los meses cálidos tras aquel primer invierno en nuestro nuevo hogar, descubrí que empezaba a echar de menos el frío. Ansioso por los beneficios del frío que ya comenzaba a sentir, compré un congelador viejo y lo transformé en una caja de hielo: lo sellé con silicona marina, lo llené casi hasta arriba de agua y le puse un temporizador cuatro o cinco horas al día. Con eso bastaba para que se formase una gruesa capa de hielo en la superficie, que yo tenía que romper antes de meterme en el agua helada.

Pese a los meses que llevaba nadando en agua fría, meterme en aquella especie de bañera helada era todo un reto. Debía tener suficiente fuerza de voluntad para dejar la mente en blanco, sumergir el cuerpo y relajarme. Aprendí a respirar lentamente y con calma por la nariz usando el diafragma.

El primer minuto resultaba el más difícil, y los dos siguientes a menudo eran insoportables; pero descubrí que si podía respirar por la nariz hacia el diafragma y mantener la calma durante aquel primer minuto, mi cuerpo se asentaba y, transcurridos otros tres minutos, el dolor intenso desaparecía. A veces cerraba la tapa y me quedaba sumergido entre el hielo completamente a oscuras.

Pasados nueve minutos sentía el entumecimiento y tenía que estar muy atento para prevenir cualquier riesgo de hipotermia. El truco era aumentar el tiempo muy poco a poco cada día, sin forzar, sobre todo si no había dormido bien o si estaba estresado por cualquier cosa.

El frío es un maestro paciente: tomarte el tiempo necesario y controlar cómo responde tu cuerpo son factores clave. Las primeras inmersiones fueron muy difíciles, porque el dolor era muy intenso, pero me sorprendió lo rápido que se adaptó mi cuerpo. Tras cinco inmersiones el dolor se redujo de forma espectacular, y tras otras tres, desapareció por completo.

Por lo general, permanecía en el agua diez minutos, aunque a veces llegaba a los veintidós. Al salir tenía la piel tirante y de un vivo color rojo, y me sentía como si llevara un abrigo de hielo sobre los hombros, una sensación que ahora ya me resulta muy familiar y que llamo «espalda de hielo».

Poco a poco me fui dando cuenta del gran poder del frío: podía cambiarme el estado mental casi de forma instantánea, mejoraba mi salud y me daba energía, lo cual me permitía acercarme más a la naturaleza.

El frío puede ser peligroso, por supuesto, y la gente hace bien en abrigarse y mantenerse caliente frente a una chimenea por la noche, pero también parecía darme una extraordinaria sensación de libertad y me acercaba a mi auténtico yo.

SOCIOS DE FRÍO

Durante muchos meses buceé solo, con nuestro pequeño trecho de océano a mi entera disposición. La soledad era preciosa, y resultaba más fácil acercarme a mis semejantes salvajes a solas, porque así estaba más tranquilo, parecía menos amenazador y podía centrar toda mi atención en los animales.

Sin embargo, con el tiempo descubrí lo gratificante que era compartir esta práctica y esta felicidad con otros seres humanos. Cuando expliqué a mis amigos, y a los amigos de mis amigos, las inmersiones que hacía en frío y mis emocionantes encuentros con las criaturas del Bosque Marino, a muchos de ellos les picó la curiosidad.

Me preguntaban cómo podían empezar a desarrollar esa misma relación con lo salvaje, y yo les daba a todos el mismo consejo: «Haz diez inmersiones sin traje de neopreno y luego ven a verme si todavía te interesa el tema».

Casi nadie lo logró, pero las pocas personas que perseveraron se convirtieron en grandes amigos y colaboradores.

Una de esas personas es Pippa Ehrlich, probablemente la persona más decidida que conozco.

Cuando nos conocimos, Pippa trabajaba de periodista medioambiental. Aunque era muy joven, me pareció un alma vieja. Tal vez por eso tiene un sentido del tiempo tan curioso: a veces bromeo y la llamo *tidsoptimist*, una palabra de origen sueco que define a alguien que siempre cree tener más tiempo del que realmente tiene.

De hecho, Pippa llegó tarde a nuestra primera reunión, algo que suele molestarme, pero me ganó enseguida con su profundo interés por la naturaleza. Llevaba buceando en el Bosque Marino desde los veinte años, y casi diez explorando el bosque de algas. Era atlética y una gran nadadora. Quería aprender a adaptarse al frío y a rastrear animales bajo el agua, y llevaba años pensando en los primeros seres humanos y en una forma de vivir más cercana al mundo salvaje.

Vi que Pippa tenía una mente ágil y percibí un talento por explotar. Nos hicimos buenos amigos y se convirtió en una especie de hija para Swati y para mí.

Bucear en la jungla marina sin botella de oxígeno y sin regulador —y, poco después, sin traje de neopreno— fue para Pippa una experiencia muy liberadora, sobre todo porque su mente solía estar cargada de pensamientos ansiosos y desorganizados. Consiguió acercarse a los animales como jamás hubiera imaginado y conectó más estrechamente con la naturaleza. Eso hizo que enfocara su vida hacia la disciplina creativa.

Cuando empezamos a bucear juntos tuve un extraño presentimiento: aquella persona tan especial me ayudaría con una historia que iba tomando forma en mi mente sobre las relaciones que yo estaba cultivando con los animales del Gran Bosque Marino africano; una historia que al final se convertiría en *Lo que el pulpo me enseñó*.

LA ZONA DE PELIGRO

Interesado por poner a prueba mi límite con el frío, la impaciencia me arrastró a la zona de peligro. La caja de hielo tenía una fuga, y yo necesitaba mi dosis de frío. Desesperado, coloqué una lona de plástico negra en el congelador para tapar la fuga.

Una tarde, tumbado en el congelador y envuelto en plástico negro, con el hielo flotando a mi alrededor, sentí como si estuviera metido en una bolsa para transportar cadáveres. Pensé que los cristales de hielo, afilados, agujerearían el plástico, así que permanecí muy quieto y empecé a observar mi mente.

La tenía muy ocupada, llena de pensamientos que iban y venían. Me dolían mucho los codos y sentía como si alguien me estuviera clavando un clavo en el pie derecho. Aguanté porque sabía que el alivio llegaría. Y llegó. Al cabo de unos tres minutos, el dolor disminuyó y empecé a relajarme mientras el frío demoledor me arropaba como un viejo amigo.

Cuando alcancé los diez minutos sentí algo maravilloso. La agitación de mis pensamientos había empezado a disiparse, como si mi mente de las «tareas cotidianas» estuviera siendo devorada por mi mente primitiva.

Un mono parlanchín silenciado por la conciencia de un reptil enroscado e inmóvil.

A los doce minutos todos los pensamientos cotidianos se habían desvanecido, dejando paso a la dicha más pura, y sentí que en su lugar emergía la Mente Madre. Sentí a todos aquellos que me habían precedido, y el gran planeta reposando en la mano gigante del espacio: un espacio profundo, tranquilizador, abierto, sin nada más que el tintineo de los trozos de hielo chocando entre sí, la sensación del aire penetrando en mis pulmones al inspirar y espirar. Era como si hubiese accedido a un estado primitivo del ser, a la subarquitectura de la mente humana.

Un canto comenzó a resonar en mi cabeza, una ristra rítmica de vocales que no tenía sentido alguno, pero que me sosegaba. Instintivamente empecé a cantar en voz alta. No era algo que hubiera oído antes, salía del fondo de mi garganta y me vibraba en el pecho de una manera que me tranquilizaba: *ay oh ay ee oh ay, ay oh ay ee oh.*

De algún modo me sentía acogido y templado en el abrazo gélido del agua helada. Incluso cuando el reloj rozaba ya los veinte minutos me encontraba de maravilla, pero como todavía no conocía bien el frío extremo, decidí salir por precaución.

Había perdido la coordinación y sentía como si todos los huesos de los pies se hubieran descoyuntado, aunque aquella flojera no era desagradable. Me dio la impresión de que llevaba un abrigo helado sobre la espalda y el cuello.

Con el frío se me había aguzado la mente: veía las plantas y los objetos del jardín con una claridad cristalina, como si acabara de limpiar la lente de la cámara. El follaje lucía vibrante y de un color verde selvático, el agua de la piscina era de un azul intensísimo. A los pocos minutos llegó el «bajón», cuando la sangre de las extremidades se desplazó a los órganos para protegerlos de la caída de la temperatura, dejándome las manos, los pies y la piel helados. Pero me sentí despejado y exultante durante horas.

COMO ES NATURAL EN MÍ, QUEDÉ FASCINADO POR LA IDEA DEL LÍMITE, por saber hasta dónde podía llegar. Al día siguiente pasé treinta y un minutos en la caja de hielo. Al principio me sentía bien. Me dolían los pies, pero el resto del cuerpo estaba tan templado que estuve tentado de concederme diez minutos más; ni siquiera tiritaba.

Pero me equivoqué al pensar que tiritar era un buen indicador ante aquel frío tan extremo. Al cabo de treinta y un minutos salí de la caja y vi que apenas podía andar. Estaba tan rígido que era como si caminara con los huesos. Se me nubló la vista durante unos veinte segundos, luego la recuperé. Pasar frío tanto rato suponía una conmoción tremenda para mi cuerpo, pero después me calenté y sentí el subidón que ya conocía, y toda la angustia se esfumó.

¿Podría resistir una hora?

Sin embargo, al día siguiente amanecí exhausto, como si hubiera pillado la gripe, tenía tos y una calentura incipiente en el labio. Había presionado demasiado a mi sistema inmunitario.

Tardé tres días en recuperarme, y durante aquel período aprendí que debía haber aumentado el tiempo de exposición poco a poco a partir de los veinte minutos, quizá sumándole un minuto cada pocos días. Saltar de veinte minutos a treinta y uno había sido una auténtica locura. El cuerpo responde mejor a un aumento lento de estrés por frío.

Puesto que procedía del clima subtropical y cálido de la India, al principio Swati estaba perpleja ante mi fascinación por el frío extremo. No podía comprender que fuera capaz de tolerarlo, y se disgustó cuando se me fue la mano con el tiempo en la caja de hielo. Ella es muy sensible al frío —aunque lleve traje de neopreno, las manos y los pies se le entumecen—, pero cuando vio lo bien que me estaba sentando, empezó a sentir curiosidad y quiso probarlo. Perseveró tanto que hoy tiene una capacidad de resistencia al frío increíble.

Sentirse vivo

Era un día lluvioso de invierno. El viento gélido del noroeste aullaba por toda la bahía. Me había pasado la mañana intentando dominar a duras penas mi nuevo kayak de travesía. No conseguía equilibrarlo, volcaba cada dos por tres y me caía al agua. Practiqué cómo volver a subir a la embarcación en aguas profundas, y cuando regresé a la orilla estaba aterido y agarrotado. Mi mente empezó a debatirse consigo misma: una parte de mí quería darse un baño caliente y comer, porque tenía mucha hambre, mientras que la otra prefería ir a bucear en el agua cristalina y fría.

No quise ceder ante la mente domesticada, porque sabía que me iba a sentir mejor después de la inmersión. También sabía, por mi entrenamiento con el frío, que no corría peligro, que solo estaba tomando una decisión entre disfrutar del confort inmediato o posponerlo un rato para disfrutar de mi parte salvaje.

Sabía que aquella parte salvaje me hacía sentir vivo.

Así que pospuse la vuelta a casa y descarté ponerme el traje corto de neopreno que uso en las salidas largas de kayak y que también funciona como chaleco salvavidas.

Diez minutos después de la inmersión experimenté una deliciosa sensación de calidez en el abrazo frío del agua. Me relajé, y los pensamientos en torno al baño caliente y a la comida se disiparon en el esplendor del bosque de algas.

Al salir y pisar la arena a merced de aquel viento salvaje noté que ya no tenía frío, y me pregunté si la sensación de incomodidad o molestia no estará en nuestra cabeza. Fui andando a casa por el pequeño sendero que atraviesa el bosque y, mientras el viento gélido seguía aullando ahí fuera, disfruté de una buena comida caliente frente a la chimenea.

AQUELLA MISMA TARDE, ESTABA TODAVÍA SENTADO FRENTE AL FUEGO CUANDO LLAMARON A LA PUERTA. Eran Pippa y mi amigo Jannes Landschoff, ambos con una mochila a la espalda de la que sobresalían unas aletas de buceo.

Al igual que Pippa, Jannes es veinte años más joven que yo. Nos conocimos cuando él cursaba un doctorado en biología marina. Nacido y criado en Alemania, tiene pinta de surfista, con el pelo descolorido por el sol. Posee una mente científica brillante y me ha enseñado muchas cosas sobre biología marina y sobre la naturaleza.

Cuando nos hicimos amigos, era yo el que animaba a Jannes y a Pippa a aceptar el frío, pero enseguida fueron ellos los que empezaron a engatusarme para salir. Se oía un golpe en la puerta del jardín y ahí estaban los dos, tiritando tras una inmersión, ansiosos por abrazar el calor de la sauna. Sin mediar palabra, entraban en casa y se iban derechos a la sauna, como dos niños impacientes sin tiempo que desperdiciar con el viejo de su padre.

Aquel día en concreto querían ir a bucear y me invitaron a acompañarlos. Me lo pensé. No suelo forzar el límite del frío, pero miré por la ventana hacia el Bosque Marino y vi un tramo de agua clara. Me entraron unas ganas tremendas de ir, así que les dije que sí.

Llegamos a la orilla y nos sentamos en un rinconcito, al abrigo del feroz viento. Al ver los nubarrones grises que se cernían sobre el océano me quejé un poco del frío.

—Ponte el bañador de adulto y tómate una cucharada de cemento, a ver si te endureces un poco —exclamó Pippa entre risas.

Al principio era yo quien solía decirle lo de la cucharada de cemento, pero ahora se habían vuelto las tornas.

—Te lo mereces por lo que nos has hecho pasar —bromeó Jannes con una sonrisa burlona.

Y así nos enfrentamos al frío y al imponente océano, con más risas de las que habría imaginado posibles. Mientras seguía a mis amigos dentro del agua recordé mis primeras inmersiones en solitario. Ahora el círculo se había cerrado: unos amigos me guiaban con valentía y decisión en medio del frío.

Sentía los brazos cansados de la aventura matutina en kayak y de haber nadado tanto, así que me puse las aletas y un cinturón de lastre. El plan era moverse a lo largo de la orilla en busca de lapas gigantes jóvenes, un tipo de molusco que mantenía una estrecha relación con las algas de la zona.

Pero poco después de haberme metido en el agua detecté algo inusual: un caracol casco militar subiendo por una roca. Normalmente veo a este animal de noche, porque de día suele ocultarse entre la arena. Jannes continuó buceando, pero Pippa y yo nos detuvimos a observar el caracol.

Se deslizaba por la roca, y pronto descubrimos cuáles eran sus intenciones: iba a atacar a un espinoso erizo del Cabo que casi doblaba su tamaño. En cuanto el erizo se dio cuenta de que se le acercaba un depredador, empezó a desplazarse por la roca, pero el caracol lo atrapó.

Cuesta imaginar a un caracol de aspecto inofensivo atacando a un erizo armado con pinchos que parecen agujas, pero aquel no era un caracol cualquiera. El caracol casco militar es un depredador temible, provisto de unas armas químicas y físicas aterradoras.

El casco militar acechó al erizo por detrás y se aferró a él con su cuerpo pegajoso. Sirviéndose de su peso y de un movimiento de torsión, arrancó al erizo de la roca. Ambos animales cayeron al lecho marino, y allí el casco militar lanzó un gel pegajoso transparente cuya enzima paralizante desactivó las púas del erizo. Esta arma es prácticamente invisible, nosotros solo la detectamos porque la sustancia viscosa atrapa trocitos de conchas y arena. Acto seguido, el caracol se deslizó por debajo del erizo y, con gran esfuerzo, logró darle la vuelta, de modo que la boca del erizo, su parte más vulnerable, quedó expuesta para el ataque.

Tras apartar los pinchos, ya inútiles, el casco militar liberó un ácido entre la dura concha del erizo y sus dientes. Mientras el ácido disolvía y ablandaba la concha, el caracol usó su lengua dentada para taladrar un agujero lo bastante grande para que su probóscide penetrara en la concha y extrajera su nutritivo interior.

Lo sentí por el erizo, aunque los haya a montones; la pesca excesiva ha borrado del mapa a muchos de sus principales depredadores. Pero, a la vez, la genial técnica del caracol para hacerse con su presa me dejó maravillado.

EL PRECIO DEL CONFORT

Absorto como estaba ante aquella batalla, no me di cuenta de que llevaba mucho rato quieto, y entretanto el viento gélido se había llevado buena parte del calor de mi espalda.

Tenía frío.

Los tres regresamos a la orilla, donde nos recibió un viento inclemente. Nos vestimos con las manos medio entumecidas, compartiendo las aventuras de la inmersión, y pusimos rumbo a casa, hacia nuestra confortable sauna casera.

Mientras las rocas calientes devolvían el calor a mi cuerpo y los recuerdos del día templaban mi mente, me sorprendí al ver lo fuerte que me había puesto desde que nos habíamos venido a vivir al Bosque Marino. Ya no sufría infecciones pulmonares. Como nadador me sentía mucho más seguro. El frío me había brindado una salud de hierro, y con ella una nueva sensación de paz y claridad.

Como con cualquier sustancia que te embriaga, había aprendido que al frío hay que tratarlo con respeto. Las inmersiones me han llevado a correr riesgos innecesarios y a poner en peligro mi vida. Siendo sincero, me asusta un poco la falta de miedo que genera el cóctel de química cerebral potenciado por el frío.

Pero los beneficios son innegables. Mi viaje al lado salvaje ha sido, literalmente, un chapuzón en el frío, pero también me ha inspirado para analizar el precio que pagamos por el confort. He empezado a formularme preguntas como: ¿qué sucede cuando una sociedad prefiere una existencia climatizada a una zambullida vigorizante en el agua gélida?, ¿podemos aprender a soportar la molestia un poco más?, ¿qué perspectivas nos esperan al otro lado?

Nuestra aversión a la molestia hace que nos perdamos muchas cosas. Al fin y al cabo, el dolor es pasajero, el umbral muchas veces es ilusorio, y lo que nos aguarda al otro lado de esos tres primeros minutos es toda una vida de descubrimiento y asombro.

Durante cientos de miles de años, nuestros ancestros humanos soportaron temperaturas extremas con una protección mínima. Sobrevivían durmiendo en grupo, compartiendo el calor corporal. Solo así, juntos, podían mantener el frío a raya y salir a cazar en busca de alimento suficiente para sobrevivir. Nadie podía sobrevivir solo por mucho tiempo. Retomar nuestra sabiduría ancestral no es una tarea que tengamos que hacer solos, sino un viaje compartido que debemos hacer juntos. Las comodidades de las que hoy disponemos se han convertido en algo tan insostenible que amenazan nuestro planeta y nos separan a los unos de los otros. Sentados a solas en nuestras casas sobreclimatizadas, compramos lo que se nos antoja con un solo clic y nos perdemos en las pantallas de nuestros aparatos mientras el lobo araña la puerta, llamando a su pariente humano para que vuelva a salir y se una a la naturaleza salvaje.

La calidez del fuego era agradable y reconfortante, pero cuando me empezó a entrar el sueño me di cuenta de que la sensación de viveza salvaje que regala el frío se había consumido.

Sabía que quedarme así demasiado rato era arriesgarlo todo.

CAPÍTULO 3

RASTRO

IMAGINEMOS UN FONDO MARINO ARENOSO Y LLANO EN UN TRAMO DEL BOSQUE MARINO, a cuatro metros y medio de profundidad, desde donde una enorme roca se eleva hasta la superficie del océano. Allí donde el lecho marino y la roca se tocan hay una pequeña gruta, tan larga como un cuerpo humano adulto, que se estrecha hacia una fisura no mucho más grande que un brazo, lo cual la convierte en el hogar ideal para una sepia. Las algas ofrecen una protección extra, y la arena está limpia y refleja la luz del sol hacia el interior de la gruta.

Yo la llamo la «gruta de las sepias», y es uno de mis rincones favoritos. Una mañana llevé a verla a mi amigo Aaron Friedland, un explorador de Vancouver que da conferencias y conduce un pódcast.

Como cabía esperar, cinco sepias flotaban apaciblemente en su morada. El nombre de la especie es «sepia común», pero me parece muy poco inspirado para un artista del camuflaje como este. Su piel palpita con luz iridiscente y adquiere rápidamente manchas multicolores que ayudan al animal a camuflarse a la perfección en cualquier entorno. Tiene los ojos grandes y curvos, con las pupilas en forma de W sinuosa, una cara con ocho brazos y dos tentáculos muy ágiles que puede proyectar para atrapar a sus presas. Cuando se siente amenazada, la sepia alza dos de sus brazos por encima de la cabeza y finge que tiene cuernos.

Las sepias que conozco, endémicas de Sudáfrica, solo se dejan ver en el Bosque Marino durante cuatro o cinco meses. Nadie sabe dónde se meten el resto del año. Mientras andan por aquí comparten grutas con los tiburones pijama, que aunque son uno de los principales depredadores de los pulpos, viven en armonía con las sepias.

La sepia tiene un sabor y un olor (al menos, para los seres humanos) muy similar al del pulpo, pero son más veloces y, por ende, más capaces de ganarle la partida a un tiburón. Además, poseen una extraordinaria sensibilidad: el más mínimo movimiento hace que salgan disparadas, dejando atrás al tiburón pijama o al ser humano más rápido.

Aaron es un buen atleta, pero nunca había buceado y se esforzaba por nadar bien. Yo iba delante, nadando con suavidad en dirección a las sepias, con cuidado de no remover demasiado el agua. Y las sepias no se movían. Todo era perfecto, y hasta logré acercar la cámara a pocos centímetros del rostro de aquellos animales.

Con los brazos bailando ante su cara, las sepias parecen sabios hechiceros de la Antigüedad. Y en realidad son muy antiguas: el ancestro cefalópodo de estos animales evolucionó hace más de quinientos millones de años, mucho antes de que apareciera en los océanos el primer tiburón. Como su pariente el pulpo, la sepia tiene un cerebro de gran tamaño y una inteligencia notable. Nos observaban, a mí y a la cámara, con una expresión enternecedora y mucha curiosidad.

Obviamente, lo que ellas ven es diferente de lo que vemos nosotros. Por lo que sabemos, las sepias ven en blanco y negro, pese a su magistral capacidad para camuflarse en un arcoíris de colores. Utilizan sus pupilas en forma de W para crear un color borroso alrededor de los bordes de los objetos, un fenómeno conocido como «aberración cromática». Algunas de mis lentes más viejas y baratas funcionan igual. Las extrañas pupilas del animal hacen que la luz entre desde todas las direcciones y la imagen se difumine, lo que le permite ver el color, a pesar de ser técnicamente ciego para los colores.

Las sepias también son capaces de distinguir la luz polarizada mejor que muchos otros animales, lo cual añade una dimensión más a su visión.[8] Para el ser humano, la luz polarizada no es más que un resplandor que bloqueamos con las gafas de sol. Para la sepia, la luz polarizada es casi un lenguaje secreto que le brinda información visual para comunicarse, ver objetos con mucho contraste y descubrir presas.

Tras filmar durante unos instantes, hice un gesto a Aaron para que se acercara.

Nadó hacia mí con decisión, pero al acercarse golpeó el fondo de arena con las aletas y levantó una nube de polvo.

En menos de un segundo las sepias se habían esfumado.

De vuelta en la playa, Aaron estaba hundido. Yo ya he perdido la cuenta de las nubes de polvo que he levantado y los cefalópodos que he asustado a lo largo de los años. Hacen falta tiempo y paciencia para aprender a moverse de manera diferente, para aprender un lenguaje que forma parte de nosotros pero está tan alejado de la vida moderna que parece un idioma extranjero.

DE PUNTILLAS ANTE UN INMENSO SABER

Cuando regresé por primera vez al Bosque Marino, lo que viví fue una inmersión profunda en la pura sensación: debía entregarme por entero a los elementos, abrirme a los misteriosos descubrimientos que se escondían debajo de cada roca.

Sin embargo, cuando ya llevaba unos años con mi rutina de buceo empecé a necesitar algo más que una inmersión: quería comprender. No quería ser un mero turista, un observador que se limita a apreciar la belleza y el poder restaurador de la naturaleza; quería hablar su idioma. Quería aprender el vocabulario salvaje, usarlo a diario para leer la tierra, el agua, los animales; para ver un mundo que iba mucho más allá de lo que yo era capaz de imaginar.

Pero no sabía cómo hacerlo.

Crecí lo más cerca posible de la naturaleza, en nuestra casita junto a la línea de pleamar, y nadaba cada día en la zona intermareal; pero proximidad no equivale a destreza. Algunas de las más grandes mentes de la ciencia nunca aprendieron las habilidades de rastreo que tantos de nuestros ancestros poseían, ni contaron con el apoyo y la orientación que cada niño salvaje comienza a recibir al poco tiempo de aprender a caminar.

Ni siquiera mi padre, que se zambullía en las gélidas aguas del mar con sus dos camisetas de *rugby*, conocía este idioma. Después de años buceando cada mañana en el Bosque Marino, todavía me sentía como si pasara de puntillas ante un inmenso saber, y la sensación resultaba muy frustrante, casi dolorosa.

Los rastreadores san que filmé durante años hablaban este idioma sin esfuerzo, mientras que yo solo oía el silencio en mis adentros. Estaba seguro de que, si al menos lograba seguir las pisadas en mi mente, me llevarían hasta mi ancestro más antiguo: un experto rastreador. Podía sentirlo —a mi yo original— en las profundidades más recónditas de mi ser, intentando enseñarme lo que yo quería aprender.

Nuestra especie ha sobrevivido trescientos mil años gracias a su capacidad para comprender el comportamiento de las criaturas salvajes y seguirlas durante kilómetros por territorios agrestes. Y ahora ahí estaba yo, al final de aquel linaje, intentando enlazar dos palabras del vocabulario innato de mi ancestro.

Por mucho que ansiara comprenderlo, temía que no fuera posible; quizá había esperado demasiado tiempo para hacerlo. Sospecho que esto es algo que siente la mayoría de la gente cuando identifica por primera vez el deseo de reconectar con la naturaleza o de aprender cómo vivían nuestros ancestros. ¿Por dónde empezar cuando hay tanto que aprender, cuando la vida humana moderna está tan alejada del mundo natural? ¿Es posible que alguien que aprenda ese idioma de mayor consiga hablarlo con la fluidez de quien lo aprendió en su niñez?

LA ORIENTACIÓN

No hace mucho, el célebre navegante nativo hawaiano Nainoa Thompson vino a verme a False Bay. Después de pasar la mañana buceando, Nainoa, que es el presidente de la Polynesian Voyaging Society, me habló de su viaje personal para alcanzar una conexión más profunda con lo salvaje.[9] Cuando le pidió al maestro navegante Mau Piailug que le enseñara a interpretar las señales de la naturaleza para navegar sin instrumentos de orientación, Mau tuvo sus dudas. Por aquel entonces Nainoa era aún un joven de veintipocos años, pero Papa Mau le dijo: «Eres demasiado viejo. Hay que empezar a los tres años».

Al final, Nainoa convenció a Mau y a sus otros mentores de que estaba dispuesto a aprender el sistema de orientación tradicional. Estudió durante años, aprendió las formaciones de las nubes y las corrientes oceánicas, los patrones de vuelo de las aves marinas, la diferencia entre el oleaje y las olas de superficie. Con la sabiduría ancestral de la que le hicieron partícipe, él y su tripulación salieron a navegar a bordo de una canoa tradicional de doble casco, la *Hōkūle`a*, a lo largo de miles de millas por toda Polinesia, y circunnavegaron el globo sin la ayuda de instrumentos de orientación modernos.

Las estrellas fueron clave para guiarse; igual que el sol, los vientos y las nubes, los mares y las corrientes, las aves y los peces. El cambio de aves de mar abierto a aves insulares les indicaba que estaban más cerca de tierra. El conocimiento profundo de los hábitos de las aves —como la forma en la que los gaviotines albos y las tiñosas negras vuelan de regreso a tierra después de alimentarse— les mostraría el camino.

Mientras navegaban, Papa Mau dormitaba en el casco de la enorme canoa, sintiendo las olas con el cuerpo. Si Nainoa se desviaba un solo grado del rumbo previsto, el anciano se despertaba y redirigía a la tripulación. Era como si su cuerpo fuera un instrumento de navegación, una especie de radar humano. Percibía el ángulo del oleaje y cómo este golpeaba la canoa de doble casco.

Esto me habría parecido increíble si no hubiera visto a los rastreadores san del Kalahari hacer algo muy parecido cuando seguían el rastro de un animal. En un momento dado, dejaban de seguir las huellas físicas y dejaban que su propio cuerpo fuera tras el animal.

Sí, nuestro cuerpo puede funcionar de la misma manera que el de las palomas mensajeras o los grandes felinos.

Podemos encontrar el camino de vuelta a casa.

Pero cuando regresé al Bosque Marino era veinte años mayor que Nainoa al empezar su formación con Papa Mau. ¿Era demasiado viejo para aprender el poderoso idioma del rastreo? Cada vez que creía acercarme un poco a aquella lengua, ¡puf!, las palabras se esfumaban; mi torpe aleteo las asustaba, y huían en una nube de confusión.

HABLAR CON DIOS

He conocido a muchísima gente que anhela conectar con el mundo natural y comprender su sabiduría curativa. Nuestra alma ansía una relación más profunda con la naturaleza, una conexión con lo salvaje desarrollada a lo largo de millones de años de evolución. Y pese a ello hemos canjeado la naturaleza por ese ente irreal llamado dinero y por la idolatría del poder, el estatus y la comodidad. Hemos rechazado el nutriente más real a cambio de la ficción de que acumular riqueza material y esquilmar los recursos naturales constituye la esencia del bienestar.

En una entrevista con la emisora de radio NPR a propósito de la inminente pérdida de miles de lenguas en todo el mundo, el antropólogo Wade Davis señalaba que una lengua es mucho más que un vocabulario y una gramática:

Es un destello del espíritu humano, el modo en que el alma de cada cultura alcanza el mundo material. Toda lengua es un bosque antiguo de la mente, un punto de inflexión del pensamiento, un ecosistema completo de posibilidades espirituales.

¿Qué consecuencias tiene la pérdida del primer lenguaje humano, aquel que nos permitía entender y comunicarnos con lo salvaje? ¿Qué implica que ya no estemos conectados con nuestros primeros parientes humanos?

Como sostiene Davis, las lenguas no mueren de forma natural, sino por culpa de poderosas fuerzas de opresión. Pero eso, según él, también da pie al optimismo:

Implica que si los seres humanos somos agentes de la destrucción cultural, también podemos ser promotores de la supervivencia cultural.[10]

Por eso, pese a mis temores, estoy firmemente convencido de que puedo —de que *cualquier persona* puede— volver a aprender aquel idioma salvaje si aprendo a rastrear. Seguir rastros y señales, servirse de llamadas y olores de alerta para encontrar animales salvajes o evitar depredadores, es algo que la humanidad lleva haciendo desde los albores de su existencia.

Cuando rastreamos nos sentimos vivos, nos sentimos anclados al presente, nos sentimos útiles. Prendemos de nuevo algo que ha brillado en nuestro seno desde el principio de los tiempos.

«Rastrear es como hablar con Dios», me dijo una vez el rastreador san !Nqate Xqamxebe.

Este arte ancestral es una forma de comunicación con la naturaleza que nos permite nadar por debajo de la superficie y hallar las historias de las criaturas salvajes.

Soñar con los rastreadores

Mucho antes de que soñara con aprender a rastrear, soñaba con los rastreadores. Damon y yo crecimos escuchando historias de los grandes rastreadores del pasado y del presente. Aprendimos que los cazadores san tienen una habilidad rastreadora tan refinada que son capaces de identificar el rastro de cientos de especies distintas y la llamada y el sonido de cada animal. Las marcas más insignificantes que pueden encontrarse en el suelo o los rasguños en los troncos de los árboles contienen una gran cantidad de información.

Las mujeres san son expertas recolectoras de alimento. Conocen las propiedades de miles de plantas silvestres, setas y bayas; saben si son comestibles, medicinales o místicas, así como dónde encontrarlas en cada época del año. Las mujeres de antaño también eran excelentes rastreadoras, y a veces iban a cazar con los hombres: usaban su habilidad para imitar los sonidos de los animales y, de este modo, atraer a las presas.

Venerábamos todo este saber y queríamos aprender cuanto pudiéramos.

Entre el final de mi adolescencia y los veintipocos años tuve un amigo llamado Bowen Boshier, hijo del mítico antropólogo rebelde Adrian Boshier. Protagonista del libro *El pájaro del rayo*, de Lyall Watson, Adrian se fue a vivir al monte siendo muy joven y aprendió a manejar serpientes venenosas como la mamba negra gigante o la culebra arborícola del Cabo, lo cual le valió el sobrenombre de Rradinoga, que significa «padre de serpientes». Pese a ser blanco, Adrian vivió siete años con los pedis, en Lebowa, y se formó para ser un *ngaka*, un médico tradicional, en Limpopo.[11]

Bowen me llevó a explorar el Cederberg, la región montañosa que hay al norte de Ciudad del Cabo, famosa por sus magníficas formaciones rocosas y su arte rupestre. Recorrimos un territorio agreste y escarpado de valles exuberantes y salientes rocosos hasta llegar a una cueva repleta de cientos de huellas de manos de color rojo que, probablemente, tenían miles de años de antigüedad. En las paredes de la cueva también había otras imágenes, figuras de seres humanos y animales pintadas por cazadores-recolectores san.

Según nos contaron, las huellas de las manos formaban parte de un ritual chamánico. El artista mojaba la palma de la mano en una mezcla especial de ocre, grasa animal, sangre y jugos vegetales, y después la presionaba sobre la roca. Cuando los chamanes san tocaban la roca, lo que hacían era intentar acceder al poder del mundo que había en el interior de esa roca, muy similar al mundo que hay bajo el agua. El chamán usaba el poder y la fuerza que le otorgaba aquel ritual para ayudar a quienes necesitaban curarse.

COMO MI HERMANO Y YO TUVIMOS OCASIÓN DE DESCUBRIR, algunos pueblos del Kalahari central todavía empleaban métodos de rastreo tradicionales. Aquello puso en marcha nuestro documental *The Great Dance* y, en muchos sentidos, el curso de mi vida.

Durante el tiempo que estuve rodando aquella película me paraba a observar una huella y, con suerte, llegaba a identificar si pertenecía a un primate o a un gran felino; mientras que un maestro rastreador san como !Nqate o Karoha Langwane era capaz de decirme cuánto tiempo hacía que el animal había pasado por allí, en qué dirección iba, si estaba herido y cuánta energía le quedaba. Así podían decidir si merecía la pena continuar con la persecución o era preferible montar el campamento y esperar a la mañana siguiente.

Fuimos testigos de muchas hazañas de rastreo, pero uno de los momentos más impactantes fue cuando Karoha abandonó su cuerpo y entró en trance mientras perseguía un kudú, un antílope de cuernos enroscados en espiral conocido como «fantasma gris» por su capacidad para esconderse entre los arbustos.

Karoha perseguía al kudú a pie, descalzo. El calor era abrasador, y tropezaba y caía al suelo por culpa de los hoyos de roedores mientras nuestro coche lo seguía, dando tumbos sobre los baches, para filmarle. De repente, se le pusieron los ojos vidriosos y dejó de responder a nuestras preguntas. En el Kalahari central no se alcanza a ver mucho en la distancia, porque la vegetación es densa, pero sabíamos que Karoha ya no estaba siguiendo las huellas del animal.

Fue la primera vez que vi un rastreo espiritual, aunque entonces no era consciente de ello.

Karoha nos lo explicó después. Dejó de seguir las huellas físicas del kudú, pero había penetrado en la mente del animal y se había aferrado a ella como si fuera un radar. Durante el 95 % del tiempo que duró aquella persecución a pie, no tuvo contacto visual alguno con el kudú, y, sin embargo, sabía exactamente dónde estaba el animal. Y nosotros sabíamos que era verdad, porque de vez en cuando Karoha hacía salir al kudú de su escondite, pese a no estar siguiendo sus huellas. Ser testigo de esta habilidad humana tan extraordinaria, la de convertirse en un animal y sentirlo dentro del propio cuerpo, fue una experiencia transformadora.

CADA NOCHE, JUNTO A LA HOGUERA, LOS RASTREADORES SAN CONTABAN GRANDES HISTORIAS a partir del más minúsculo rastro detectado durante el día. Esa capacidad para contar las historias de los animales que perseguían reflejaba el respeto que sentían por sus semejantes salvajes y por la tierra que los alimentaba y los sostenía. Solo tomaban lo que necesitaban, y con cada muerte se producía un intercambio de energía que debía restaurarse.

Recuerdo a Karoha y a !Nqate hablando del kudú que el primero había perseguido y cazado tras una ardua maratón de cuatro horas. Ingenuo de mí, les pregunté si no les daba pena aquel kudú. Les pareció una pregunta de lo más extraña: necesitaban la carne para alimentar a sus hijos. Karoha habló de convertirse en el animal, del cazador convertido en la presa. Intentaron explicarme que celebraban el haber tomado aquella vida, y que renunciar a ello sería un deshonor.

UN SISTEMA DE ALTA SEGURIDAD

Mi miedo a no aprender nunca a rastrear se volvió más profundo. Me preocupaba que mi vida estuviera pasando de largo, conmigo a un lado de la cámara y lo que más ansiaba al otro lado. Me desesperaba pensar en cuánto habíamos perdido por culpa de la tecnología y el progreso, en cómo la brutalidad del colonialismo había borrado generaciones enteras de pueblos indígenas al apartarlos de su sabiduría, de sus tierras, de su habilidad para sobrevivir. Los cazadores san se cuentan entre los seres humanos más dotados que jamás he conocido, pero sus vidas son de una dureza increíble. La amputación de esta conexión con lo salvaje ha sido mucho más traumática para las personas que tienen un estilo de vida tradicional.

Vivía una sensación de urgencia muy particular en cuanto al rastreo submarino. La sabiduría asociada a aquellas aguas corría el grave peligro de perderse para siempre si no éramos capaces de aprender a hablar el idioma del océano. Al fin y al cabo, dos tercios de nuestro planeta son agua, por lo que la Tierra es más un planeta de agua que de tierra.

Además, debía superar otro obstáculo de tipo práctico.

¿Cómo se supone que iba a rastrear bajo el agua, donde las huellas que deja un animal desaparecen en cuestión de milisegundos, donde el sonido se mueve de forma diferente, donde los seres humanos somos incapaces de detectar olores y donde, incluso en las mañanas más claras, es imposible ver más allá de unos cuantos metros? En el Bosque Marino, la visibilidad en un día normal es de unos seis metros como mucho. Es como andar por un bosque muy denso al alba e intentar ver algo a través de la bruma matinal.

Y aunque llevaba toda la vida buceando, jamás había visto un rastro submarino.

En tierra firme podía mirar hacia el horizonte para saber más o menos a qué altura volaba un ave. Comparemos esto con estar flotando a cinco metros sobre un lecho marino que no se puede ver con claridad, o a seis metros por debajo de la superficie de un océano agitado por las olas. El océano está siempre en movimiento, lo cual significa que el rastreador submarino también lo está. Toda nuestra capacidad de orientación en el espacio cambia en las profundidades marinas.

Tras veinticinco años rodando documentales he aprendido a moverme con sigilo por la tierra para molestar lo menos posible a los animales. He desarrollado mis propios métodos de camuflaje (aunque no son tan extraordinarios como los de las sepias). Una gran parte de mi trabajo consiste en aprender a ser paciente y esperar: dejar que la lente de la cámara vaya a donde no llega el cuerpo sin molestar al sujeto o sujetos que estoy filmando.

Moverse de esta manera en tierra firme es mucho más intuitivo: permanecer cerca del suelo, ir despacio, evitar lo que mi amigo Jon Young llama el «arado de aves»: cruzar el bosque sin cuidado y despertar a todos los pájaros.

Bajo el agua hay que andar con mucho más tiento, porque estás en un medio que transmite las vibraciones con gran facilidad. Puedes sentir cómo los peces y otras criaturas se desplazan a tu alrededor, y el agua transporta ondas de presión que pueden alertarte de la presencia de una criatura antes de que la veas.

Ahora multipliquemos la sensibilidad de nuestro sistema de radar humano por miles, y empezaremos a comprender la impresionante sensibilidad que posee una criatura como el tollo dentudo.

Recuerdo una inmersión un día muy temprano en la que me topé con un tollo dentudo dormido. Durante mucho tiempo creí que la mayoría de los tiburones tenían que nadar para poder respirar, pero allí estaba aquel tollo yaciendo sin moverse. Después descubrí, gracias al doctor James Lea, un científico experto en tiburones, que estos animales son capaces de quedarse quietos porque bombean agua a través de unas pequeñas oberturas que tienen detrás de los ojos y se llaman espiráculos.[12] Observé al tiburón durmiente unos instantes, admirando su cuerpo de color gris oscuro moteado de negro.

Dispuesto a conseguir una foto mejor, me acerqué un poco más, pero poco antes de que mi cámara pudiera captarlo, el tollo dentudo detectó mi presencia por las vibraciones de un pececito al que yo había asustado. Las ondas del movimiento de aquel pez corrieron por el agua y despertaron al tiburón, que enseguida desapareció.

En mis inicios como rastreador no veía en la luz que brillaba entre las algas la majestuosidad que percibo actualmente, similar a la de los vitrales; me recordaba más bien al sistema de seguridad de una galería de arte. A mi alrededor estaban los mayores tesoros: las criaturas misteriosas y sofisticadas que tan desesperadamente quería comprender. Un movimiento en falso y pondría en alerta a todo el Bosque Marino.

Me di cuenta de que iba a tener que aprender a moverme de una forma diferente, a nadar de una forma diferente, a *pensar* de una forma diferente.

LA MENTE DEL RASTREADOR PREGUNTA

Pese a que el rastreo submarino me suscitaba muchas preguntas, sospechaba que podía aplicar algunos de los principios básicos que había aprendido de mis mentores. Me moría de ganas de probarlos y de compartir aquella antigua sabiduría con mis amigos y familiares.

El rastreo es un lenguaje que siempre ha sido comunitario, una forma de compartir sabiduría y recursos. Y está claro que compartir descubrimientos con nuestros seres queridos y nuestros aliados no solo resulta muy gratificante, sino que también expande continuamente nuestra comprensión del mundo natural. Si rastreo acompañado, además de forjar conexiones con nuevas amistades, puedo ver cómo las antiguas se fortalecen.

Uno de mis acompañantes de rastreo favoritos es Craig Marais, un antiguo compañero del equipo de *rugby* del colegio que ahora es periodista televisivo. Aunque llevábamos años sin hablar, reconectamos al ver que compartíamos el mismo deseo por ahondar en nuestra relación con la naturaleza.

Conocí a Craig cuando ambos éramos dos chavales de Bishops, uno de los primeros colegios de Sudáfrica en los que niños negros, blancos y mestizos podían estudiar juntos. Pensé que solo saldríamos a rastrear un par de veces, pero en cuanto nos juntamos y empezamos a charlar, ya no pudimos parar: hablábamos de la época del colegio, de política, de etnia e identidad en Sudáfrica... Ir a nadar al Bosque Marino día tras día nos unió como a hermanos de una forma que rompía todas las barreras artificiales que Sudáfrica ha creado en torno a la gente con distinto color de piel.

Craig tenía muchísimas ganas de reconectar, y se mostró constante y entregado. Le estoy muy agradecido por ello, porque ahora salimos a bucear juntos cada semana.

Una mañana repasábamos los conceptos básicos del rastreo por tierra mientras recorríamos un tramo muy agreste de la costa, en dirección a los restos de un naufragio.

—¿Ves que por aquí ha pasado algo? —le pregunté.

—¿Te refieres a este rastro?

—Sí. ¿Qué crees que es?

Se agachó para verlo mejor.

—No estoy seguro.

—Míralo un poco más de cerca. ¿Qué dirías que es? ¿De qué tamaño te parece que es el animal? —pregunté.

Ahora Craig ya sabía que si había poco espacio entre las huellas lo más probable es que se tratara de un animal pequeño. Cuanto más espacio, más grande era el animal.

—¿Qué dirías que es? —volví a preguntar.

—Creo que es un babuino —dijo.

—¿Por qué?

—Diría que son de su tamaño.

—Ya. ¿Y si observas los dedos más de cerca? ¿Qué parecen?

Craig se aproximó un poco más y negó con la cabeza.

—Pues no, no tienen pinta de ser de un babuino, ¿verdad?

—¿Qué me dices de las uñas?

—No, no hay marcas de uñas —aseguró—. Más bien parecen dedos.

—Entonces, ¿qué animal puede ser?

—¡Una nutria del Cabo!

—¡Eso es!

La mente del rastreador pregunta, y si somos pacientes y constantes, la naturaleza responde.

Cuando conoces las huellas, el proceso de identificarlas se vuelve mucho más claro, pero hasta entonces es una maraña de rayas y arañazos muy confusa. Solo a base de practicar mucho se convierte en un hábito natural.

En aquella breve salida encontramos huellas de puercoespín, de ratones listados y de tres tipos de antílope: el raficero común, el eland gigante y el raro bontebok.

También encontramos una marca inusual que la marea alta había dejado en la arena al arrastrar una alga despeluchada de vuelta al mar: parecía la huella de un pulpo gigante. Era el tipo de rastro que no se reconoce enseguida como huella, ya que no pertenece a un animal. Pero al final he aprendido que el rastreador no solo habla el idioma de los animales salvajes, sino que también comprende los mensajes que envían la tierra y el mar.

Rastreo geológico

Nos alejamos de la orilla hasta el punto donde había llegado la última marea. Cuando el agua del mar rebasa la extensa playa, arrastra consigo, entre la vegetación, miles de piedras pómez hechas de ceniza volcánica que quedan reposando a una distancia del mar que oscila entre los 180 y los 270 metros. Estas piedras tan ligeras, nacidas en alguna remota erupción volcánica submarina, pueden pasarse años flotando en la superficie del océano antes de llegar a la orilla. De una manera muy gradual, la piedra pómez se va llenando de agua hasta que termina por hundirse; algunas de ellas tardan un año y medio en hacerlo.

En mi mente podía imaginar la enorme marea primaveral arrastrando aquellas piedrecitas hasta la orilla y dejando aquel rastro tan inusual.

Como siempre he sentido una conexión especial con la tierra de este lugar, se me da mejor detectar este tipo de rastro geológico que el de los animales. Un montoncito de piedra pómez no es el tipo de rastro que la gente ve; y hay quien ni siquiera lo considera como tal.

Cuando veo cosas así en la orilla percibo la energía del mar que las ha traído hasta ese lugar, la fuerza de aquel día tormentoso, hasta el punto de que casi soy capaz de revivirlo.

Rastrear de este modo requiere mucha intensidad de pensamiento y energía. Cada objeto que encontramos inspira un montón de preguntas: ¿de dónde viene?, ¿cuánto tiempo ha pasado en el océano?, ¿cuánto hace que llegó a la orilla?

Incluso los objetos artificiales tienen su propia historia. Una observación precisa revela el vestigio de animales que han construido sus hogares con cristal y acero, o que se han servido de juguetes de plástico para flotar.

Podemos recopilar mucha información si conectamos con la naturaleza de esta manera. Un paseo que de otro modo podría parecer más bien aburrido se convierte en una experiencia emocionante cuando interpretamos el idioma de la tierra y el mar, y lo que vemos nos puede llevar a sentir cosas increíbles.

LA CURIOSIDAD ES LA CLAVE

Continué caminando por la zona intermareal en compañía de Craig, y observamos otra cosa extraña: huellas de avestruz que iban de la playa a las rocas. Vimos a cinco avestruces que se jugaban el físico caminando por aquellas rocas, resbaladizas y peligrosas.

Mi mente de rastreador se preguntó: «¿Por qué?».

¿Por qué arriesgarse de aquella manera?

Una parte de la respuesta llegó enseguida, cuando los vimos picotear entre las rocas.

—Quizá estén comiendo anfípodos —dije, refiriéndome a los pequeños crustáceos que viven en la parte alta de la zona intermareal.

Craig echó mano de los prismáticos.

—No lo sé —dijo—, parece que están picoteando unas plantas.

Al acercarnos vi que la teoría de Craig era correcta: comían pedacitos diminutos de plantas. Probé uno y tenía un sabor delicioso, parecido al brócoli, pero no tan dulce.

Sin embargo, ¿por qué se adentraban en un lugar tan peligroso para comer cuando, un poco más arriba, en una zona mucho más accesible, tenían un montón de *fynbos*?

Me acerqué un poco más y vi, entre las rocas, jirones de algas traídas por el mar. De repente comprendí el misterio: las algas funcionaban como un potente fertilizante y enriquecían el sabor y las propiedades nutritivas de aquellas pequeñas plantas. Los avestruces, que son muy listos, lo sabían. Valía la pena arriesgar el físico por darse un festín de aquellas plantas en lugar de conformarse con el *fynbos* que crecía más arriba, en una arena con pocos nutrientes.

Pensémoslo por un momento: un ave gigantesca que no vuela, el ave más grande del planeta, nutriéndose de ingredientes que crecen en un bosque de algas dorado bajo el agua. La satisfacción de aquel descubrimiento nos espoleó.

EL PRIMER RASTRO

Con la curiosidad como guía, empecé a rastrear bajo el agua atendiendo a todos mis sentidos.

En esta parte del mundo el viento suele ser ruidoso y enmascara los sonidos de las aves, que son muy útiles para rastrear, así que el olfato se convierte en el sentido predominante, al menos hasta que te zambulles en el agua. Es muy probable que los primeros seres humanos que habitaron esta costa tuvieran un olfato muy desarrollado, ya que su capacidad auditiva debía de quedar mermada por el sonido de las olas.

Por las mañanas percibía algunos de los muchos aromas que quizá también detectaron aquellos seres humanos: el curioso olor a crustáceo del tiburón pijama en descomposición; el de las ballenas, muy diferente al de las focas; o las intensas vaharadas almizcladas de las nutrias. Junto a la costa, el aire tiene más humedad y más sal, dos elementos que realzan el olor. En comparación, en un desierto el olor se reduce mucho.

Bajo el agua, el tubo de esnórquel tal vez deje entrar el olor del guano de ave, pero nada más, ya que bajo el agua no podemos oler. Aquí el sentido clave es la vista; ese es nuestro radar. Bajo el agua los ojos buscan las señales más mínimas: la vista es el sentido determinante.

Una mañana que estaba buceando en el Bosque Marino detecté unas líneas tenues sobre una roca. Me acerqué nadando y vi que se debían a partículas de arena. Seguí el rastro de la arena hasta dar con su origen: un buccino, un caracol de mar con la concha abocinada. A medida que el buccino se movía por la roca dejaba un pequeño rastro de baba al que la arena se quedaba adherida.

Estaba contemplando la maravillosa concha de aquel caracol cuando, de repente, me di cuenta de la importancia de lo que acababa de encontrar.

¡Aquello era un rastro!

Por fin hallaba lo que tanto se me había resistido. Después de años de caza había encontrado mi primer rastro submarino.

Y si este existía, posiblemente había más.

SEÑALES SUTILES

Cuando empecé a fijarme bien, comencé a encontrar cientos de rastros submarinos, algunos de ellos débiles y sutiles, pero ahí estaban. Y entonces las cosas se pusieron más emocionantes.

A continuación hallé otro rastro de baba sobre un tiburón pijama, y deduje que un caracol de turbante se había paseado por encima del tiburón mientras este dormía en una cueva. Después encontré, en el lomo de una mantarraya gigante dormida, rastros de moluscos que me indicaban cuánto rato había descansado el animal.

Con el tiempo empecé a detectar pequeños orificios en las conchas de los moluscos más pequeños que encontraba entre las algas del lecho marino. Al principio todos me parecían iguales, pero a medida que agucé la vista comencé a observar diferencias sutiles: el orificio pequeño y ligeramente ovalado era el taladro de un pulpo, mientras que el más grande y redondeado era obra de un buccino. Todas aquellas marcas de depredación eran rastros, y estaban repletos de pistas.

Experimenté una especie de sobrecarga sensorial: una conmoción para la obtusa mente de un *Homo sapiens*, que no ha sido educada en la naturaleza y todo lo pasa por alto. Fue como si hasta entonces hubiera llevado puestas unas anteojeras que me impedían ver lo que tenía delante de las narices.

Pero el frío y mi curiosidad me iban afinando la mente en cada inmersión. Empecé a llevar un registro de aquellos rastros, y cada vez que detectaba algo nuevo, lo anotaba. Con el tiempo, aquellas notas aisladas formaron patrones en mi mente que me ayudaron a entenderlo todo mejor.

UNA PRÁCTICA DIARIA

Una mañana el agua estaba especialmente revuelta, pero yo nadaba con decisión, me sentía fuerte y libre, solo en medio del gran mar salvaje. En realidad estaba solo en un sentido humano, porque me encontraba rodeado de criaturas, hermanos y maestros salvajes. Miré a la izquierda y vi un pez pegado a una roca varios metros por encima de la línea del agua.

¿Qué diablos hacía?

Todo mi ser estaba con aquel clingo gigante, cada pizca de mi mente quería comprender su motivación. Como nosotros, este pez ha evolucionado para salir del agua (aunque solo durante una parte de su vida). He visto a clingos respirando fuera del agua hasta cinco horas seguidas, siempre y cuando se mantengan húmedos. Con una gran capacidad de adaptación y muy fuertes, poseen una piel viscosa que cambia de color y les permite camuflarse, así como una especie de ventosa que puede sostener trescientas veces su propio peso.

Subía y subía por la roca, acercándose cada vez más a una lapa, ese molusco duro que se pega a las rocas y cuesta mucho de arrancar sin la herramienta adecuada. ¿Qué pretendía hacer aquel pez viscoso? Y entonces, en una fracción de segundo, cuando una enorme ola se abalanzó sobre la roca, el pez agarró la lapa con sus grandes dientes, dio un giro de cien grados con el cuerpo entero, muy musculado, y se precipitó roca abajo engullendo de golpe la lapa, cáscara incluida, con aquella boca inmensa.

¡Acababa de ser testigo del comportamiento secreto de un superdepredador que respira aire y surfea olas! Temblaba, y no era por el frío, sino por una especie de despertar, por la sensación de estar regresando al mundo de mis ancestros. Me sentí rebosante de entusiasmo y de una energía inagotable.

Cada día salía de casa dispuesto a comprender mejor a aquellos peces de alma anfibia. Hallé sus guaridas en grietas profundas de las rocas y vi cómo ponían miles de diminutos huevos sobre hojas de algas y bajo las piedras. Luego encontré sus mandíbulas entre excrementos de nutria y en escondrijos de pulpo: ¡ajá!, había descubierto a sus principales depredadores.

Fotografié los ojos plateados de las crías y vi cómo salían del cascarón. Observé sus rituales de apareamiento, y fue entonces cuando me percaté de que podían cambiar de color radicalmente, de un marrón oscuro a un amarillo brillante, pasando por otros muchos colores. Aprendí a diferenciar los machos de las hembras por una minúscula solapa de piel que solo tienen estas últimas. Les sirve para poner los huevos unos junto a otros, sin dejar huecos entre ellos.

Reunir todos estos pequeños fragmentos de vidas me llevó años. Cada día, durante meses y meses, me dediqué a visitar aquella grieta en la roca donde vivía un clingo gigante. Él se acostumbró a mí, incluso permitió que acercara la cámara para obtener un primerísimo primer plano de uno de sus ojos.

Después de años moviéndome por el Bosque Marino como un turista que no comprende las señales de tráfico, ahora sabía qué significaba todo aquello, dónde encontrar la magia, adónde llevar a mis amigos para que algo les volara la cabeza del asombro. Como la sepia que avanza entre el agua turbia con su visión polarizada, al fin era capaz de ver el rastro de las babosas de mar en la arena, las marcas estrelladas del bocado de un erizo de mar en las algas, las señales que dejan las lapas cuando pastan...; cientos de sutiles indicios que conducen al mundo secreto del Gran Bosque Marino africano.

Hoy en día, cuando me adentro en aguas turquesas o doy un paseo por la costa más agreste, siento una profunda emoción. *¿Qué veré? ¿Qué misterio resolveré? ¿Qué aprenderé hoy?* Preguntas que al instante dan sentido a la vida y la dotan de un propósito. Los rastros que me aguardan en el suelo y los sonidos y aromas que flotan en el aire han desbloqueado el portal secreto del reino animal y del reino vegetal. Son la llave dorada que franquea el acceso a estos entornos salvajes, pero también a los pasillos interiores de mi mente. La llave que abre mi espíritu salvaje y permite que este inunde, refresque y sosiegue los rincones domesticados de mi mente, que pueden resultar aterradores.

EN BUSCA DE CAMBIOS SUTILES

Rastrear no se reduce a seguir animales, sino que también consiste en rellenar huecos y construir una historia convincente a partir de fragmentos de información biológica. A veces voy en busca de un animal concreto; otras me topo con algo que no parece importante, pero luego resulta que reviste el mayor interés... si logro desentrañar su secreto.

Algunos misterios del rastreo tardan años en desvelarse, y un buen entrenamiento es acudir a un mismo lugar día tras día, año tras año. Regresar a los mismos sitios en busca de cambios sutiles, sin dejar de formularme preguntas, son hábitos que avivan mi curiosidad.

Así es como descubrí el mundo secreto de la estrella cojín, una estrella de mar de color rojo anaranjado que debe su nombre al aspecto mullido de su gruesa piel.

Durante años había visto estrellas cojín con brazos en forma de molinillo. Pregunté a mis amigos biólogos por qué las estrellas de mar retorcían su cuerpo de aquella manera, pero no obtuve ninguna respuesta concreta. Hasta que un día, mientras buceaba en una gruta que había frente a mi casa, volví a dar con una estrella cojín de color rojo anaranjado retorcida como un molinillo.

A punto estuve de pasarla por alto, porque veía estrellas así muy a menudo y ya había desistido de comprender la razón de aquella postura, pero aquel día algo hizo que quisiera observarla de cerca. Vi que en el extremo de uno de sus brazos había algo diminuto de color amarillo, y se me aceleró el corazón.

¿Era lo que yo creía? Con muchísimo cuidado, levanté uno de los brazos enroscados y mi cerebro se disparó de la emoción. La estrella estaba tapando un montón de estrellitas de mar, y al instante supe que acababa de descubrir la postura que adopta una estrella de mar cuando incuba a sus crías.

La forma de molinillo por fin cobraba sentido: la madre necesitaba crear un refugio para sus crías, y el único modo de hacerlo era enroscar los brazos contra su propio cuerpo con el propósito de crear una especie de santuario circular.

Durante algo más de una semana me dediqué a observar cómo crecían las crías de estrella de mar bajo sus madres. Lo que al principio parecían figuras amorfas, poco a poco se fueron convirtiendo en diminutas estrellas de mar.

Al cabo de dos semanas las crías abandonaron el abrazo protector de su madre, permanecieron junto a ella un tiempo y luego desaparecieron misteriosamente. ¿Adónde habían ido? ¿A otro hábitat?

Y entonces ocurrió otra cosa maravillosa. Empecé a observar más de cerca a esta especie, y me di cuenta de que algunas estrellas de mar eran mucho más grandes que el resto, hasta tres veces más, y que su forma era ligeramente distinta.

En aquel momento reparé en que quizá acababa de descubrir una nueva especie. Podía contárselo a Jannes y que él se encargara de demostrar, con pruebas genéticas y análisis anatómicos, que aquella era de verdad una nueva especie de estrella.

Moverse por el mundo natural como rastreador es muy estimulante. A menudo no basta con pasar un día entero rastreando, porque hay muchísimo que ver. Cuando cruzamos un paisaje o buceamos por el fondo marino, al principio puede parecer que no hay gran cosa, pero si observamos el entorno con la mirada de un rastreador, descubriremos que hay historias desplegándose por todas partes.

Rastreo mediante la temperatura

Es muy común que los seres humanos tengan miedo de los tiburones y de otras criaturas inquietantes que acechan bajo el agua. A mí también me ocurre con los tiburones, pero solo en aquellos lugares donde sé que soy vulnerable. La clave es conocer la topografía del lecho marino y saber cómo la usan los tiburones. Recientemente he empezado a utilizar la temperatura para seguir el rastro de los tiburones. Tras observarlos durante muchos años he aprendido que buscan las zonas más templadas, quizá para favorecer la gestación, aunque no estoy muy seguro. Por eso, cuando Craig Marais me pidió que le ayudara a superar el miedo a los tiburones, decidí que iríamos en busca de un tollo dentudo.

Aquel día la visibilidad en el agua no era buena, y Craig estaba muy nervioso, hasta el punto de que se llevó un buen par de sustos con el roce de las algas. Yo me había acostumbrado a los tollos dentudos con los años, así que estaba más tranquilo. Es verdad que tienen un aspecto amenazador, con esos ojos gatunos y esa boca tan grande llena de dientes puntiagudos, pero son totalmente inofensivos para los seres humanos. Buceábamos en una zona poco profunda y llena de algas, por lo cual era casi imposible toparnos con un gran tiburón blanco, más agresivo que el tollo dentudo. Antes había en False Bay una población considerable de grandes tiburones blancos, pero estos han ido abandonando la zona por la presencia de orcas, y quizá también porque la sobrepesca ha hecho que sus reservas de alimento disminuyan.

Empecé a tener fugaces vislumbres de tiburones, de uno o dos segundos de duración. Los tollos prefieren nadar en torno a los acantilados rocosos, cerca de la arena del lecho marino. Son muy ágiles y pueden nadar muy rápido; sus largas aletas les permiten girar en un abrir y cerrar de ojos cuando persiguen a una presa. Suelen alcanzar los dos metros de largo y un peso de casi cincuenta kilos.

Craig intuyó, por mi lenguaje corporal, que yo había detectado a los tiburones. Pero no se alarmó. Sabe dominar el miedo.

Transcurridos veinte minutos, avancé hasta una zona más templada donde había visto aparecer y desaparecer a los tollos entre el agua turbia, contoneando sus cuerpos como si fueran pitones fibradas y musculosas. Es muy impactante verlos de cerca en grupo. El miedo de mi amigo se esfumó cuando se dio cuenta de que no eran agresivos. Uno le rozó al pasar, y él ni se inmutó. La idea de lo que es un tiburón suele ser más aterradora que el tiburón en sí.

Estar allí con ellos nos hizo sentir algo especial. Fue como estar entre hermanos y hermanas de épocas remotas, bisabuelos y bisabuelas de hace cuatrocientos millones de años; así de antiguos son los tiburones. Más incluso que los árboles. Estar con esos animales es como mirarse en un espejo antiquísimo, deslustrado, y ver un reflejo de lo salvajes que fuimos antaño.

Conectar

Después de nuestras inmersiones, Craig a menudo me pide que sigamos rastreando en tierra firme.

Tras practicar por su cuenta a diario durante más de un año, se siente especialmente atraído por el caracal, un ágil felino de largas orejas rematadas por penachos que destaca por ser muy difícil de rastrear y porque suele ser muy sigiloso y de hábitos nocturnos.

Gracias a su dedicación, la vista de Craig se ha agudizado: es capaz de detectar el rastro del caracal —también llamado *rooikat*, «gato rojo» en afrikáans, por su pelaje de color leonado castaño-rojizo— incluso entre un vasto paisaje de matorrales. Me uní a él mientras escudriñaba la zona en busca del más leve destello rojizo, del más mínimo movimiento. Rastreaba un animal capaz de saltar tres metros y cazar de un zarpazo un pájaro en pleno vuelo. Craig sonreía yendo en busca de aquel felino tan difícil de encontrar, con la esperanza de que se dejara ver.

Aunque yo tenía hambre y frío tras pasar la mañana buceando, Craig me recordó lo mucho que me había alegrado la última vez que habíamos avistado un caracal; lo vimos cazando lo que parecía un topo dorado del Cabo.

Si bien es un experto cazador, el caracal no es un animal peligroso para los seres humanos y evita cualquier contacto con nosotros. Es tímido, de tamaño medio, capaz de sobrevivir alimentándose de pequeñas criaturas como pájaros, lagartos y ratones. Es un superviviente extremo y sigue presente en lugares donde ya no quedan ni leones ni leopardos, lo cual prueba lo sigiloso que es y lo bien que sabe camuflarse.

Las pupilas de Craig se dilataron. Había avistado algo a lo lejos. Yo solo veía la hierba meciéndose al viento, hasta que Craig me señaló un punto. El corazón me dio un vuelco. Dos penachos negros sobresalían de la hierba. ¡Era el *rooikat*!

Craig ha desarrollado una conexión con este animal que lo capacita para encontrarlo en parajes donde resulta invisible para casi todo el mundo. Ha dedicado tiempo y curiosidad a rastrear a este felino que se mueve como una sombra. A partir de un conjunto de indicios visuales muy sutiles, sabe cómo sacar provecho de su intuición natural de rastreador para centrar toda su atención en el caracal.

Todos poseemos esa intuición, pero activarla requiere práctica.

Observamos al felino caminar agazapado, con el vientre a ras de suelo, a lo largo de la costa, mientras enormes olas atlánticas rompían en el bosque de algas, detrás de él. ¿Sabía que lo vigilábamos y por eso se alejaba, o bien acechaba a las aves? A veces encuentro los restos de sus cacerías: un montón de plumas y un par de alas tiradas en el suelo.

Mientras avanzábamos hacia él trazando una curva, sentí que el vínculo entre Craig y el felino se intensificaba. El caracal pasó por nuestro lado a tan solo cinco o seis metros de distancia, tan cerca que casi habríamos podido tocarlo. Pero entonces desapareció entre los matorrales.

La alegría de estar tan cerca de aquel espléndido animal nos emocionó tanto que se nos olvidaron el hambre y el frío. Nos saciaba la satisfacción ancestral de perseguir al objeto del deseo y dar con él. Me sentía de maravilla: dos amigos en medio de un paraje agreste haciendo algo que nuestros ancestros humanos han hecho desde el principio de los tiempos.

MAESTROS ANIMALES

Lo que estoy aprendiendo es que nadie enseña mejor a rastrear que los propios animales. Si cometo algún error —como todavía me ocurre, naturalmente—, pago el precio de que las criaturas sensibles huyan; pero si voy con cuidado me enseñan a desplazarme con delicadeza, en silencio, con todos los músculos relajados y unos movimientos tan fluidos que no disparo ninguna alarma.

A veces nuestros propios errores son excelentes maestros. Estoy convencido de que Aaron nunca volverá a levantar una nube de arena mientras observa sepias, igual que yo nunca volveré a acercarme a un tollo dentudo dormido sin el mayor cuidado. Cada animal tiene su propia sensibilidad y te enseña una forma distinta de moverte, comportarte y pensar.

Nunca hay que acercarse a un pulpo directamente desde arriba. Hay que intentar hacerse pequeñito, avanzar muy despacio y enviarle el mensaje de que no somos un depredador.

Nunca hay que molestar a un tiburón pijama en plena caza. Las señales son sutiles, pero detectables: por la postura ligeramente encorvada que adopta, por la velocidad a la que nada y por la forma en que levanta su sensible hocico, se intuye que anda en busca de presas.

Y siempre hay que ceder mucho espacio a animales potencialmente peligrosos, como las rayas de aguijón gigantes. Nunca hay que acorralarlas. Hay que quedarse quieto y dejar que sean ellas las que se acerquen.

Un diálogo profundo

Una mañana me encaminé a una zona protegida de False Bay. Había media marea, y las algas subían y bajaban lentamente con el pequeño oleaje. Escudriñé el gran lecho de algas en busca de detalles, fijándome muy bien en cada zona.

Capté el aleteo de una cola que desaparecía bajo el agua, y supe que era una nutria. En el espeso bosque de algas, los animales se mueven como apariciones, titilando por aquí, esfumándose por allá. Durante mucho tiempo, seguirlos me parecía imposible, pero tras años practicando el idioma de la naturaleza he aprendido adónde van cuando desaparecen.

La mejor manera de ver a las nutrias es desde arriba, pero no puedo volar.

¿O sí?

Me adentré nadando en la bahía, sin quitar ojo a las gaviotas. Ellas también iban tras las nutrias. Sabían que las nutrias estaban cazando y albergaban la esperanza de rapiñarles algo de comida. Nadé despacio, sin mover los brazos, solo dando a las aletas muy suavemente. Entonces proyecté mi mente en el aire y tomé prestados los ojos de las gaviotas para mirar hacia donde ellas miraban, observando sus cabezas y la línea de visión de sus agudos ojos.

Al cabo de un rato observando a las gaviotas, sentí que estaba lo bastante cerca para buscar el siguiente indicio. Y entonces lo vi: un rastro de burbujas. Los años de observación me han enseñado que el denso pelaje de las nutrias libera una estela de burbujas de aire en el agua. Me dio un vuelco el corazón.

Aquel rastro indicaba que la nutria andaba de caza, que rebuscaba con sus diestros dedos en las grutas y grietas más pequeñas. Me quedé un poco rezagado para no asustarla, maravillado por la velocidad y la agilidad de este animal bajo el agua.

Salió de una gruta estrecha con un pez, una pintadilla bicolor. Mi mente se estremeció. Aquel era el pez del revés que había descubierto años atrás. Son peces que nadan con normalidad, pero cuando entran en una gruta se dan la vuelta sobre sí mismos y se pegan al techo, escondiéndose entre las gruesas algas.

Con el tiempo descubrí que se trata de una técnica para evitar ser cazados, porque si se ocultan bien no pueden ver el peligro que los acecha.

Los misterios se entremezclaban; el Bosque Marino iba desvelando sus secretos.

La nutria trepó a una roca, inmovilizó al pez y empezó a alimentarse. Las gaviotas sobrevolaban la roca, revoloteando y chillando como si pidieran de comer. Me acerqué más y me subí a la roca. Me senté encorvado para parecer pequeño e inofensivo; algo nada fácil cuando pesas casi cien kilos, seis veces más que la nutria. Pero el animal toleró mi presencia y mi compañía.

Estaba lo bastante cerca para ver que era un macho y que tenía los dientes desgastados. Sospeché que rondaba la edad máxima de esta especie: quince años.

Después, al visionar la grabación, Pippa detectó una pequeña cicatriz en forma de media luna en la nariz de la nutria. Revisamos grabaciones de otros años y nos dimos cuenta de que ya la conocíamos. ¡Llevábamos años siguiéndola! Fue una alegría reconocer a aquel animal; poco a poco, con el paso de los años, había aprendido a seguir a una nutria que caza en el agua.

La conocía por su rastro, que había visto un sinfín de veces. La conocía por las marcas que dejaba. Era como si la conociese de otra vida, no en el sentido de la reencarnación, sino en el de que cuanto sabía de la nutria se basaba en rastros que ella había dejado horas o días antes.

El rastreo exige una presencia íntegra en el momento presente, pero también es una forma de contar historias, de llevar registros: un modo de mantener vivo el pasado.

Así es como el idioma de lo salvaje inmortaliza a nuestros ancestros y a nuestros semejantes animales.

El recuerdo más profundo que aquella nutria fijó en mi memoria llegó en forma de un rastro de huellas de tinta dibujadas a la perfección sobre una roca. Tardé un tiempo en descubrir cómo había hecho aquella obra de arte, pero al observar de cerca las huellas lo comprendí. Había cazado y devorado una sepia, y se había ensuciado las patas con su tinta. Al desplazarse, dejó tras de sí un rastro perfecto de huellas de tinta que se iba difuminando.

Aquello me hizo recordar que el idioma del rastreo es el lenguaje más antiguo de la Tierra, un diálogo profundo con el dios salvaje interior y exterior. Es una forma de hablar con nuestra madre primigenia y de escuchar cómo nos responde. Una forma de mantener cerca a nuestros semejantes animales y de guardar sus vidas secretas en nuestros corazones.

Las huellas de tinta pasean por mi mente, y gracias a ellas aquella nutria vivirá para siempre dentro de mí, aunque ya hace tiempo que murió.

CAPÍTULO 4

AMOR

CIERRA LOS OJOS Y RESPIRA HONDO. MIENTRAS INSPIRAS Y ESPIRAS, PRESTA ATENCIÓN A LO QUE OYES. Quizá sea el sonido de los coches circulando, el vecino haciendo ruido o un avión surcando el cielo. También presta atención a lo último que hayas visto antes de cerrar los ojos: una calle asfaltada, cables de la luz que interrumpen la vista del cielo, carteles de restaurantes de colores chillones... Aunque estés leyendo este libro en una cabaña en medio del bosque, es probable que no tengas que ir muy lejos para ver cómo el mundo domesticado se dispara a tu alrededor a velocidades de vértigo.

Piensa por un instante en lo *nuevo* que es el mundo domesticado, en lo diferente que debe de ser a lo que tus ancestros veían cuando echaban un vistazo a su alrededor, a lo que oían.

Ahora concédete un momento para sentir el mundo como quizá lo sentían ellos. ¿Puedes ver ese mundo salvaje en tu imaginación?

Imagina una manada de antílopes al galope, una manada tan enorme que tarda horas en desaparecer de tu vista. Imagina decenas de miles de animales, o más, desplazándose por el terreno como una única masa de energía; siente la nube de polvo que dejan tras de sí, la vibración de sus pezuñas en el suelo.

Y ahora mira hacia arriba: imagina un cielo lleno de aves de alas inmensas. Deja que tu mente viaje hasta la costa más cercana y contempla un mar lleno de peces que no saben lo que es una red de pesca.

En un mundo así, los animales salvajes no nos resultarían seres extraños. No los trataríamos como rarezas a las que contemplar boquiabiertos o como víctimas del enésimo desarrollo inmobiliario.

Serían parientes que conoceríamos tan bien como a cualquier otro miembro de nuestra familia.

Aún pueden serlo: no domesticándolos, sino *desdomesticándonos* nosotros.

LLAMANDO AL *SPRINGBOK*

Cuando sales en coche del Cabo Occidental rumbo al Cabo Septentrional, la sensación de amplitud te impresiona. Es un territorio de grandes cielos abiertos, con un paisaje extenso, seco y agreste. Lomas rocosas de cima plana ennegrecidas por el sol se expanden por el horizonte, y entre ellas se intercalan montículos de hierba amarilla. Es la zona de Sudáfrica con menos carreteras, y su cielo nocturno es todo un espectáculo: tiene uno de los niveles de contaminación lumínica más bajos del mundo.

Un día Swati y yo fuimos en coche hacia el norte para ver los grabados de las rocas que la arqueóloga Janette Deacon me había mostrado años antes. Nos maravilló el antiguo «gong de roca» que los chamanes san utilizaban en las ceremonias para invocar a la lluvia: un enorme bloque de diabasa partido por la mitad por un relámpago que, al ser golpeado, resuena con veintidós sonidos diferentes que los chamanes usaban para invocar a los «animales de lluvia».[13]

Mientras explorábamos la zona encontramos un hermoso tesoro: el cuerno negro y curvo de un *springbok*. El *springbok* es un antílope con aspecto de gacela capaz de dar saltos de más de tres metros de altura. Es un símbolo nacional de Sudáfrica y da nombre al equipo de *rugby* del país. El *springbok* va tras la lluvia, lo cual le otorga un estatus mítico entre los san como animal de lluvia; por eso no cuesta imaginar a un chamán utilizando el gong de roca para invocar al *springbok*.

Examinamos el cuerno y sus anillos, que se van volviendo más pequeños a medida que se acercan a la punta. Swati y yo nos turnábamos para acariciar la superficie estriada.

—Se le habrá roto en una pelea —le dije.

Las peleas entre los *springboks* machos son habituales durante la época de apareamiento, cuando defienden su territorio y se enzarzan en sangrientos combates a cornada limpia.

Contemplé el paisaje amplio y árido que nos rodeaba e imaginé la escena.

Siempre he sentido una conexión especial con esta especie, sobre todo desde que leí *Karoo*, que Lawrence G. Green escribió en 1955. En ese libro se cuenta la historia de Gert van der Merwe, que fue testigo de una migración de *springboks* a finales del siglo XIX, cuando las inmensas manadas aún podían seguir el rastro de la lluvia libremente a lo largo y ancho de un África sin vallas.

Gert y su esposa, junto con sus tres hijos, iban de excursión por el altiplano sudafricano con sus ovejas y su ganado cuando atisbaron una enorme nube de polvo en el horizonte, a varios kilómetros de distancia, y, acto seguido, percibieron un retumbar de pezuñas sobre la tierra.

> La nube de polvo era densa y enorme, y se podía ver la primera fila de *springboks* avanzando a mayor velocidad que caballos al galope. Eran tan numerosos que Gert se asustó. Alcanzaba a ver una primera línea de animales de al menos cinco kilómetros de ancho, pero no podía calcular su profundidad.

Gert y su familia se refugiaron en la caravana, rezando para que los animales no la volcaran. Green escribe:

El ruido era atronador. Un sinfín de pezuñas convertían la tierra en polvo fino, y a todos les costaba respirar. La esposa de Gert, que había estado observando aquella estampida con temeroso interés, tuvo que cubrir a los niños con mantas y protegerse ella también. El polvo casi los había asfixiado.[14]

La estampida de *springboks* tardó una hora en atravesar el campo donde estaba la familia, pisoteando a su ganado y a cualquier otro animal que se cruzara en su camino: serpientes, tortugas, conejos e incluso otros *springboks* que habían tropezado y morían aplastados por sus congéneres.

A veces, durante esas migraciones, manadas gigantes llegaban a la costa.[15] Los que iban delante intentaban parar, pero el resto de la manada seguía corriendo y empujaba a montones de *springboks* al mar, donde acababan devorados por los tiburones y otros depredadores.

Así es como vivía la gente antaño, topándose con lo salvaje a una escala que nosotros hoy no podemos ni imaginar. Hace menos de dos siglos, los cielos estaban llenos de aves: las enormes bandadas de pájaros tardaban horas en pasar, tapando el sol durante su vuelo. El océano estaba tan repleto de criaturas —grandes bancos de peces, imponentes grupos de ballenas— que la superficie del agua se agitaba y burbujeaba como una olla hirviendo.

Me duele pensar que ya nunca voy a ver algo así.

AÑORANZA DE NUESTROS SEMEJANTES SALVAJES

Hoy en día lo auténticamente salvaje solo existe en pequeñas zonas que se van reduciendo cada vez más. Aunque la presencia de *springboks* todavía es muy abundante, las inmensas manadas migratorias solo perviven en el recuerdo: han desaparecido, víctimas de la expansión urbanística humana, la caza excesiva, las vallas, las carreteras y la agricultura.

El impacto de esta pérdida sobre el espíritu humano cala muy hondo. Los seres humanos hemos evolucionado junto a los animales a lo largo de cientos de miles de años. Los conocimientos que nuestros ancestros poseían del paisaje y los animales que los rodeaban eran amplios y profundos.

Para muchos de nosotros, el dolor de vivir tan apartados de nuestros semejantes en el reino animal se manifiesta como un anhelo de establecer una conexión emocional con la naturaleza. Nuestra mente vaga a la deriva, en busca de sus semejantes animales, porque eso es lo que siempre hemos hecho los seres humanos, lo que siempre hemos sabido. Hemos mantenido esas relaciones desde el principio de los tiempos. Los pueblos salvajes mantienen relaciones sólidas con al menos un centenar de especies. Hoy, a medida que algunas poblaciones de animales van descendiendo y cada vez se extinguen más especies, sentimos que esa totalidad que anhelamos se nos escapa de las manos.

Este deseo humano de volver a sentir la vida salvaje, de estar cerca de animales salvajes, ha tenido consecuencias dañinas: los zoológicos donde los animales están confinados en jaulas estrechas; la popularidad de mascotas exóticas que no nacieron para vivir en cautividad; el turismo animal, como los paseos en elefante y en camello; o los circos en los que se obliga a los animales a realizar trucos humillantes. Experiencias que nos dejan vacíos.

Es posible establecer vínculos con criaturas salvajes sin tener que poseerlas o domesticarlas. Podemos hallar la manera de reencontrarnos con lo salvaje sin tener que vivir como los antiguos cazadores-recolectores, sino recuperando nuestro vínculo ancestral con nuestros hermanos del mundo natural.

Aprender a conocer a las criaturas salvajes en sus propios términos, sin jaulas ni ataduras, en su propio hogar, es una experiencia sanadora y estimulante. Pasar tiempo con animales en el medio salvaje ha abierto mi corazón y me ha enamorado de la naturaleza una y otra vez.

Y aquello que amamos nos impulsa a cuidarlo y protegerlo.

Uno a uno, cara a cada

Siempre he estado enamorado de la naturaleza y he podido sentir el latido de su corazón en todas partes. Para mí es como una criatura gigante compuesta por múltiples partes. Y mientras yo anhelaba establecer una conexión más profunda con la naturaleza a gran escala, fue Swati quien me enseñó a conectar con los animales como individuos, uno a uno, cara a cara; algo que ella aprendió cuando era niña.

Swati creció rodeada de extraordinarios mentores y amigos de la familia, incluido el mejor amigo de su padre, discípulo del gran filósofo Jiddu Krishnamurti, que solía llevarla de excursión por la naturaleza. Tanto él como el padre de Swati creían firmemente en la inteligencia animal y en que todo animal es un individuo.

Uno de los recuerdos de infancia más indelebles de Swati es la vez que el perro salchicha de su vecina, un animal que por lo común era muy afable, la mordió. El mordisco fue lo bastante grave para tener que llevar a la niña al médico. Al regresar a casa, su padre quiso hablar con ella. Con cariño, la animó a analizar su actitud en aquel incidente: ¿había provocado al perro de alguna manera? En el fondo, el perro debió de tener alguna buena razón para morderla. Su padre le propuso que se disculpara con el perro.

Aquella historia me impresionó y cambió mi forma de interactuar con los animales. A medida que tales interacciones se volvían más profundas, yo también cambiaba. A veces equiparamos lo salvaje con lo feroz, y está claro que los animales salvajes son feroces. Tienen que serlo.

Sin embargo, por cada minuto que grabo de un animal en actitud depredadora, registro cientos de minutos del mismo animal descansando, cuidando de sus crías o contribuyendo a la supervivencia de su especie. A primera vista, si alguien ve estas imágenes pensará: «¡Qué aburrido, aquí no ocurre nada!».

Pero cuanto más te acercas a lo salvaje, mejor comprendes la inteligencia que subyace en esta actitud paciente: la sabiduría del que espera. Al bajar el ritmo y prestar atención a los momentos que hay entre las grandes batallas, mi conexión con estas criaturas —y con los misterios de lo salvaje— se volvió más profunda y empezó a florecer.

A OCÉANOS DE DISTANCIA

Conocí a Swati en un festival de documentales en Bristol (Inglaterra). Estaba sentado en una sala enorme llena de gente cuando una mujer llamó mi atención y atrajo mi mirada igual que un faro en un mar oscuro. Es difícil explicar por qué me sentí atraído por ella. No fue solo su aspecto, aunque su belleza no me pasó inadvertida. Tenía el pelo largo, brillante, los ojos amables y un aro de oro en la nariz. Su indumentaria era desenfadada pero elegante. Algo en mi interior la reconoció, como si hubiera estado buscando una respuesta sin saber que tenía una pregunta. Al verla, sentí como si toda la sala quedara en silencio.

Cuando nos presentaron un poco más tarde, aquel mismo día, y ella explicó el trabajo que estaba llevando a cabo con los tigres de Bengala en los bosques de la India, una parte de mi yo salvaje me susurró que quizá acababa de conocer a mi alma gemela. Swati atendía con sumo interés a lo que yo contaba de los métodos de rastreo san, y me habló de su propia experiencia con el rastreo auditivo en la jungla india.

Tras aquella presentación inicial intercambiamos información y nos mantuvimos en contacto cada día durante cinco meses entre Sudáfrica y la India. Después, a comienzos de la primavera, compré un billete de avión para ir a visitarla.

Tras un largo día de viaje, Swati vino a recogerme al aeropuerto de Delhi y me llevó al dúplex donde vivía con sus padres. Verla y hablar con ella después de tanto tiempo separados fue muy emocionante, como una llama que se prende e ilumina una cueva llena de maravillosas pinturas rupestres. Las pinturas siempre están ahí, incluso a oscuras, pero es la llama lo que hace que esas figuras estáticas bailen.

Pese a estar agotado por las catorce horas de vuelo y por el cambio horario, nuestra conversación fluyó con la misma facilidad que en nuestro primer encuentro y que a lo largo de los muchos días y noches en los que habíamos intercambiado mensajes de texto y llamadas telefónicas. Percibía la misma calidez y conexión profunda con sus padres, su tía y su tío. Aunque acabábamos de conocernos, nos sentíamos como si fuéramos parientes.

Pocos días después, Swati y yo tomamos un tren nocturno rumbo al Parque Nacional de Ranthambore, en Rajastán. Me sentía muy afortunado por contar con Swati como guía; ella había hecho aquel viaje un montón de veces y conocía bien al director del parque. Mientras me acomodaba para dormir en mi litera, en el pequeño compartimento del tren, miré cómo iba desfilando aquel paisaje desconocido y me sentí en casa y en paz.

UNA VISIÓN DIVINA

Durante siglos Ranthambore fue el coto de caza real de los marajás de Jaipur. Hoy es una reserva de fauna salvaje con una población de unos ochenta tigres de Bengala, además de leopardos, osos, mangostas y muchas otras especies. En el corazón del parque se alzan las ruinas del Fuerte de Ranthambore, un recinto de palacios reales, templos hinduistas y patios en los que hoy mandan los pájaros, los murciélagos y los monos.

El director del parque, Raghubir Singh Shekhawat, un hombre delgado y enérgico con un buen mostacho, se ofreció a llevarnos en coche por la reserva durante los días siguientes. Mientras nuestro anfitrión conducía el pequeño todoterreno

Gypsy por la jungla, Swati me explicaba que la densidad de los arbustos, la abundancia de enredaderas y el musgo oscurecían el terreno y dificultaban mucho el rastreo visual, aunque no lo imposibilitaban.

—Lo mejor cuando vas en todoterreno es buscar *pugmarks* —explicaba Swati, refiriéndose a las huellas de los tigres.

Pug significa «pie» en hindi, y *pugmark* es «marca de pie». Cada especie animal individual tiene su propia *pugmark*. En función del aspecto y la dirección de las huellas se puede intuir cuánto tiempo hace que el animal ha pasado por allí y en qué dirección se desplazaba.

Mientras nos íbamos adentrando en la jungla, la suave luz difusa del sol jugueteaba sobre los troncos plateados de los árboles *dhok*, y las flores escarlatas encendían las copas de los árboles *chilla*, conocidos como la «llama del bosque». El polvo del camino levantaba una bruma rojiza a medida que íbamos dejando atrás una serie de pequeñas lomas. La pista de tierra roja estaba flanqueada a ambos lados por banianos antiguos, cuyas raíces aéreas formaban una espesa cortina leñosa. A nuestro alrededor se oía el canto de los pájaros, y yo intentaba distinguir sonidos familiares: el vivo parloteo de una bandada de periquitos, el tac-tac-tac de un pájaro carpintero y el silbido de un miná. Mientras el todoterreno avanzaba dando tumbos, Swati escudriñaba el terreno en busca de indicios.

Shekhawat nos explicó que nos hallábamos en un tramo boscoso cercano al lago donde vivía la tigresa más famosa de la India, Machali, cuyo nombre significa «pez» en hindi; se llama así por las marcas que tiene en el rostro.

Swati asintió con entusiasmo. A lo largo de los siete años en los que había visitado el parque, había forjado un estrecho vínculo con aquella magnífica felina, conocida como la Reina Madre de los tigres. No solo defendía ferozmente su territorio de otros tigres, sino que también era una prolífica procreadora que había llenado el parque con sus cachorros. En el transcurso de un año de sequía en el que escaseaban las presas, perdió dos caninos en una pelea que duró horas con un cocodrilo que intentó invadir su territorio; un combate que Machali ganó.

Swati me contó que estar en presencia de esa mítica tigresa era como experimentar un *darshan*, una visión divina. Busqué la palabra en un diccionario y comprobé que literalmente significaba «oportunidad de ver a una persona santa o a una deidad».

Las historias en torno a Machali dispararon mi imaginación, pero no vimos ni una sola *pugmark* en la carretera. Swati me aseguró que eso no era obstáculo para que siguiéramos rastreando.

—Si no puedes ver el rastro físico, tienes que escuchar a la jungla —me dijo.

—ESCUCHAR A LA JUNGLA INDIA ES EN REALIDAD MUY SENCILLO —dijo Swati—. Existen tres sonidos principales que debes tener en cuenta cuando rastreas a un depredador como el tigre. —Señaló el dosel arbóreo—. El primero es un mono llamado langur. Los langures detectan a vista de pájaro todo lo que ocurre en la jungla, y poseen una llamada de alarma muy específica. Cuando suena la alarma de los langures, es señal de que un gran depredador anda cerca.

Atendí a cada una de sus palabras. De mi tiempo con los san había aprendido lo importantes que son los sentidos para rastrear. Lo que Swati estaba describiendo era algo como «ver con el sonido». Cada sonido es como una gota de agua que cae en un estanque en calma. ¡Nqate detectó una vez a un leopardo que pasaba junto a nosotros fuera de nuestra vista. Unos instantes después me mostró sus huellas, bien frescas. Al principio pensé que tenía alguna capacidad sobrenatural, hasta que me di cuenta de cómo prestaba atención a las llamadas de alarma de los pájaros.

Caía un sol abrasador. Echamos mano de nuestras cantimploras y bebimos ruidosamente. Swati y yo nos habíamos puesto bandanas alrededor de la cara para protegernos del polvo rojizo que todo lo cubría.

Después de deliberar con Shekhawat, Swati prosiguió con su lección sobre cómo ver a través del sonido. Justo cuando nos estaba hablando de dos especies de ciervos que son muy importantes en el rastreo auditivo —el pequeño y nervioso chital y el sambar, más voluminoso, que solo se alarma ante grandes felinos— oímos un sonido muy fuerte.

—Es un chital —dijo entusiasmada—. Pero podría tratarse de una falsa alarma.

Acababa de decir eso cuando oímos el chillido de un langur.

—¡No puedo creerlo! —exclamó—. ¡Es de libro! Puede ser un leopardo o un tigre, pero hay algo por aquí cerca.

Shekhawat ya iba conduciendo en la dirección de donde venían las llamadas de alarma; pisó el acelerador, y el todoterreno dio un salto, moviéndose veloz por la pista de tierra.

Y entonces oímos una llamada más profunda y grave, como una mezcla del sonido de una tos y el claxon de un coche.

—El sambar —dijo Swati, en referencia al imponente ciervo, de entre ciento treinta y trescientos kilos, que no se alarma fácilmente—. Es un tigre, seguro.

Swati señaló hacia un punto que quedaba por delante, donde la carretera se dividía en dos caminos.

—Mira a tu izquierda cuando lleguemos a la bifurcación.

Al trazar la curva, las llamadas de alarma se volvieron más intensas y ruidosas. Cuando el todoterreno se detuvo, la espesa vegetación se abrió y una enorme tigresa emergió entre la maleza.

Contemplamos al animal enmudecidos por el asombro. Era Machali, la tigresa más legendaria del mundo. Puede que fuera por las sensaciones percibidas con el rastreo auditivo, pero sentí como si hubiera abandonado mi cuerpo: aquel animal parecía irreal, como un tapiz naranja, blanco y negro flotando en el paisaje.

Miré la cara de Swati mientras me invadían diferentes emociones, alegría e incredulidad mezcladas. Swati es siempre como una luz en la oscuridad, pero en aquel momento su espíritu era más bien una llama viva: sus ojos y su cara brillaban en presencia de aquella tigresa a la que estaba unida por un vínculo poderosísimo.

Entonces comprendí el significado de *darshan*.

UN AMOR DIFERENTE

Aunque procedíamos de continentes y culturas diferentes, Swati y yo nos encontramos el uno al otro a través del amor que los dos compartíamos por la naturaleza y el rastreo, y yo me sentía mucho más cerca de ella que de cualquier otra persona que hubiera conocido en mi vida. Antes de abandonar la India ya estaba pensando en cuándo volveríamos a vernos.

Dos semanas después de aquel viaje la llamé por teléfono y le pregunté qué planes tenía.

—Me gustaría ir a verte en junio o en julio —contestó.

—No, me refiero al resto de tu vida.

Y poco después empezamos a planificar su traslado a Sudáfrica, porque ella sabía lo importante que era para mí poder vivir en el mismo lugar que Tom, y a finales de aquel año le propuse matrimonio. Tiempo después me confesó que no tuvo que pensárselo dos veces. Yo tampoco.

Reflexioné mucho sobre nuestra conexión con la naturaleza y sobre el amor que compartíamos por ella mientras yo mismo fabricaba el anillo de compromiso con el cuerno de *springbok* que habíamos encontrado juntos en el Cabo Septentrional. Lo pulí hasta dejarlo brillante y luego lo bañé en plata. Bonito y duradero, era el anillo salvaje perfecto para nuestra boda. Lo sostuve en la mano, inspeccionando mi trabajo, y sentí cómo el pasado y el futuro se fundían igual que el dibujo estriado del cuerno del *springbok*, retorciéndose y curvándose en una estampida de recuerdos y sueños.

FLUIR

Swati me ha ayudado a ver que cuando me abandono a «la sensación terrible» corto toda conexión no solo con la naturaleza, sino también con el mundo que me rodea, incluidas las personas a las que quiero.

Uno de los primeros rodajes que hicimos juntos fue en Namibia, adonde fuimos a grabar la danza en trance de los san como continuación del documental *The Great Dance*. Era emocionante ir a rodar con ella, aunque tuve que modificar mi forma de trabajar. Para entonces Damon y yo estábamos tan acostumbrados a rodar juntos que éramos como una unidad indisoluble. Podíamos comunicarnos sin necesidad de hablar, mientras que con Swati aún no había tenido tiempo de alcanzar aquel ritmo tan instintivo.

La noche de la danza no tardé mucho en dejarme llevar por la intensidad de lo que estábamos experimentando. Rodamos hasta altas horas de la noche a medida que la ceremonia se intensificaba. La cadencia rítmica de las mujeres cantando y batiendo palmas alrededor de la higuera subía y bajaba en una inquebrantable urdimbre de sonido. Los bailarines llevaban atadas a los tobillos sonajas hechas de capullos de mariposas nocturnas y rellenas de trocitos de cáscara de huevo de avestruz, y yo podía sentir las vibraciones de sus pies al impactar contra el suelo.

No quería perderme ni un segundo de aquella experiencia, así que cada vez que a una cámara se le acababa la cinta, me apresuraba a cambiarla. Swati y yo enseguida pillamos el ritmo: yo sacaba la cinta llena y se la pasaba, y ella me daba una nueva. Todo iba muy rápido, estaba oscuro, y ante nosotros se desplegaba aquella danza increíble.

Y entonces, en el momento álgido de la ceremonia, cuando el chamán entraba en trance tras horas bailando, le entregué una cinta a Swati, pero se le resbaló de la mano y cayó en la arena.

—¡Dios mío! —exclamé llevándome las manos a la cabeza, con el pánico apoderándose de mí.

Aquella cinta atesoraba una experiencia de la que habían sido testigos tan solo un puñado de seres humanos. ¿Se habría roto? ¿La arena la habría estropeado? ¿Habíamos perdido para siempre aquellos momentos insustituibles de la historia?

Consumido por la tiranía de mi musa, solo podía pensar en que se me había concedido una oportunidad extraordinaria y la acababa de echar a perder. Mi cabeza era presa de un frenesí de pensamientos. Tenía el corazón a punto de explotar.

El horrible hechizo se rompió en cuanto Swati recogió la cinta del suelo y nos dimos cuenta de que no había pasado nada. Coloqué la cinta nueva en la cámara y continuamos rodando.

Al cabo de unos días, y después de que yo hubiera echado una cabezada, Swati y yo hablamos de lo ocurrido. Estaba avergonzado por haber sucumbido al pánico delante de ella.

Swati me miró fijamente sin decir nada. Después dijo:

—Si vamos a estar juntos, no puede ser de esta manera.

Quizá fue la primera ocasión en que logré salir de mi propia experiencia y vi cómo mi estado en aquellas situaciones afectaba a la gente de mi alrededor. Mi actitud frenética estaba a punto de ahuyentar a Swati. Podía decirme a mí mismo que era cosa de mi flujo creativo, pero sabía que mi musa maníaca tenía algo incontrolable, rígido y en absoluto sano. Al fin y al cabo, aquel había sido mi primer rodaje con Swati. ¿Cómo iba a esperar que el nivel de comunicación con ella fuera igual que el que había alcanzado con Damon después de veinte años rodando juntos?

Pero el problema era mucho más grande.

Mi frenética forma de trabajar —febriles subidones de energía seguidos de inevitables bajones de agotamiento— tenía que cambiar. Swati me estaba diciendo que debía encontrar una manera de rodar documentales sin volverme loco durante el proceso; sin agotarme hasta la extenuación para poder lidiar con algo tan trivial como una cinta que se cae al suelo.

Si quería abrirme para establecer una conexión más profunda con cuanto me rodeaba, incluidos los animales salvajes que tanto anhelaba comprender, necesitaba domar a mi tiránica musa. Quizá mi energía creativa estaba tan desequilibrada precisamente a causa de esta desconexión con la naturaleza.

Swati abrió un sinfín de nuevas dimensiones en mi vida. Me enseñó a no tomármelo absolutamente todo tan en serio, a despojarme de mi necesidad de alcanzar una perfección absoluta, a liberarme de mi obsesión por rodarlo todo una y otra vez hasta quedar convencido de que había conseguido la toma buena. Con su apoyo, y al abrazar la estabilidad en mi trabajo y en mi vida, fui abandonando poco a poco aquellos patrones de comportamiento tan crueles que me habían dominado durante tanto tiempo. Y cuando me deshice de mi vieja forma de rodar descubrí que mi trabajo mejoraba. Rodando menos, todo fluía más.

Aquello me ayudó a equilibrar al científico-investigador que llevaba dentro y que siempre andaba en busca de respuestas; me permitió estar más presente ante los misterios de la naturaleza y las múltiples ocasiones de deleite que me brindaba.

Una vez, nos íbamos a sentar a comer después de pasarnos el día buceando cuando un babuino intrépido apareció por detrás de nosotros y se llevó nuestro táper lleno de dátiles, queso y galletas. Mientras yo me ponía en pie de un salto para perseguir al ladrón, Swati se reía a carcajadas al verse burlada de aquella manera. Me sentí ridículo por haberme enfadado, aunque fuera solo por un momento.

Sentíamos un amor similar por la naturaleza, aunque nuestros caminos habían sido diferentes. En mi caso, me enamoré primero del ecosistema, empezando por mis inmersiones en las frías aguas del Bosque Marino junto a mi madre y mi padre; después llegó mi deseo por rastrear. Aprender el idioma de la naturaleza me ayudó a conocer mejor el bosque de algas y a todos sus habitantes. Sin embargo, tras observar cómo se comportaba Swati con los animales, comenzó a florecer mi amor por cada vida individual.

Y era un amor que ansiaba compartir con mis compañeros de rastreo.

JUGAR AL ESCONDITE

En cierta ocasión estaba buceando con Jannes cuando vimos un pez desconocido. Tenía el cuerpo rechoncho, los labios carnosos y los ojos saltones. Durante una semana vimos cada día a nuestro pez misterioso más o menos en la misma zona.

Al principio era muy esquivo y no dejaba que nos acercásemos lo suficiente para fotografiarlo. Pero poco a poco se acostumbró a nosotros y permitió que nadáramos a su lado. Finalmente, Jannes lo identificó como un sargo narigón, uno de los peces más emblemáticos de Sudáfrica. La sobrepesca ha hecho que esta especie desaparezca de False Bay, por eso estábamos entusiasmados y dispuestos a aprender todo lo posible sobre él.

Todos los sargos narigones nacen hembras y más adelante se convierten en machos. Mi imaginación rastreó aquella joven hembra hasta sus progenitores, que probablemente eran enormes: este pez alcanza el metro y medio de largo, puede llegar a pesar treinta y cinco kilos y vive unos cuarenta y cinco años. Posee una potente mandíbula capaz de triturar presas con cascarón, como erizos de mar, bivalvos, cangrejos y estrellas de mar. ¿Era posible encontrar sargos narigones adultos en False Bay? Yo esperaba que sí, pero las larvas también podían haber llegado hasta allí por cortesía de la veloz y poderosa corriente de las Agujas.

Poco a poco el pez se fue dando cuenta de que no éramos una amenaza y nos permitió tomar algunas imágenes preciosas. Un día observamos admirados cómo daba vueltas sobre sí mismo en torno al eje vertical, apuntando hacia un punto en la arena. Nosotros allí no veíamos nada, pero de repente el pez se abalanzó y enterró el morro en la arena hasta los ojos.

Salió escupiendo arena mientras movía la mandíbula: masticaba un puñado de gusanos.

A LO LARGO DE LAS SEMANAS, JANNES DESARROLLÓ UN VÍNCULO EXTRAORDINARIO CON AQUEL PEZ. Esperaba con entusiasmo el momento de sumergirnos para ir a verlo. Aunque el pez sentía curiosidad por él, al principio se mantenía a una distancia prudencial. Lo vigilaba desde lejos, y cuando Jannes se aproximaba a él, se escondía.

Jannes observó cómo el pez se alimentaba en la arena y se dio cuenta de que le gustaba esconderse entre las sombras y de que podía nadar hacia atrás y hacia delante. Mientras mi amigo estudiaba su comportamiento y rastreaba los escondites favoritos de los que se servía el pez para evitar a los depredadores, el animal ayudó poco a poco a Jannes a recuperar su propia conexión ancestral con la naturaleza.

Como resultado del tiempo que pasó con aquel pez, Jannes sintió que su fuerza dentro del agua aumentaba, que su vínculo con la naturaleza se iba desperezando. Empezó a modificar su forma de nadar para volverse más cuidadoso, aprendió a moverse para no asustar al pez, a respirar bajo el agua sin soltar burbujas.

Pasaron días y semanas, y el sargo narigón atraía a Jannes cada vez más.

Cuando regresaba a casa después de bucear, se ponía a repasar las imágenes que había grabado, analizaba el comportamiento del pez y buscaba información en libros especializados. Incluso los días en los que estaba agotado por quehaceres de su vida diaria, se acercaba al mar a última hora de la tarde para bucear una hora más junto a aquel pez, maravillado ante su ingenio para jugar al escondite.

Jannes comenzó a notar un sutil cambio de energía que dio un vuelco a su relación con aquel animal. Ya no tenía que salir en busca del pez cuando buceaba sobre el bosque de algas donde vivía. ¡Ahora era el pez el que lo buscaba a él! Se ponía a nadar a su lado y lo seguía entre las algas.

Jannes me contó que estar en compañía del sargo narigón hizo que experimentara un amor y una gratitud indescriptibles por cada momento. «Siempre que estoy con él mis sentidos se avivan —confesó—. Ahora mismo no hay sitio para nada más.»

UN VÍNCULO ANCESTRAL

¿Por qué un pez como aquel sargo narigón —o cualquier otra criatura salvaje— tolera la presencia de un ser humano? Quizá los animales reconocen en nosotros lo mismo que nosotros vemos en ellos: un parentesco. Recuerdo cómo aquel cocodrilo del Nilo, uno de los depredadores más formidables del planeta, aceptó nuestra presencia en su guarida subacuática; cómo yacía en el fondo del río mientras nosotros rodábamos. La nutria del Cabo —un animal por lo común muy precavido— que conocí durante mi fase de exposición al frío no solo toleró mi presencia, sino que incluso pareció gustarle. Machali, la tigresa matriarca de Ranthambore, era famosa por su actitud relajada ante los seres humanos: prácticamente posaba para las fotos y dejaba que la gente estudiara su comportamiento de cerca.

¿Cómo pueden explicarse estos encuentros mágicos si no es a través de nuestra historia compartida? Quizá los animales salvajes, en algún recóndito rincón de sus adentros, nos recuerdan tal y como éramos en otro tiempo: nómadas, salvajes, libres. Tal y como fuimos los seres humanos durante generaciones antes de domesticarnos.

Los rastreadores san que conocí en el Kalahari eran muy conscientes de este vínculo ancestral entre seres humanos y animales. Yo había visto a Karoha entrar en un estado de trance en el que las mentes se fusionaban, en el que él y el animal se convertían en un único ser, y aquello no solo le permitía seguir el rastro de aquella criatura, sino también quitarle la vida de una forma que honraba el sacrificio del animal y el intercambio de energía. Aquella capacidad me maravillaba y hacía que me preguntara qué sentía Karoha cuando se sumía en aquel estado.

Hasta que un día lo comprendí un poco mejor.

Mientras rodábamos en medio del Karoo, una zona muy aislada de Sudáfrica, conocimos a un joven granjero que había criado a un *springbok* huérfano de nacimiento. Ahora que ya era adulto, el animal había regresado a su entorno natural, pero volvía a visitar al granjero y se acercaba a él casi tanto como para concederle un abrazo.

Aquella relación de confianza nos brindó la oportunidad de colocar una pequeña cámara en el *springbok*. La esposa de Damon, Lauren, terapeuta ocupacional, fabricó un arnés especial para la cámara que nos proporcionaba un plano en gran angular de las patas y pezuñas del animal golpeando el suelo mientras corría y saltaba. Pero lo verdaderamente extraordinario sucedió cuando mostramos el vídeo a los rastreadores san.

—¡Eso es lo que vemos nosotros! —exclamó Karoha mientras señalaba la imagen de las pezuñas del *springbok* levantando polvo—. Eso es lo que vemos cuando nos metemos en la mente del animal.

En el arte rupestre abundan imágenes que sugieren la sensación de poseer el cuerpo de un animal y estar dentro de su mente. Esas pinturas aluden a una época en la que los animales desempeñaban un papel muy importante, y no solo como fuente de alimento. Las representaciones san de teriántropos —figuras con cuerpo humano y cabeza de ciertos animales, como el antílope, el elefante, el babuino, el leopardo o algunas aves— podrían representar la capacidad del chamán para transformarse en una criatura salvaje durante el trance.

Aquellas hermosas imágenes me hicieron reflexionar sobre el significado de tener una mente salvaje, de contemplar las diferencias y similitudes entre la mente humana y la mente animal, y apreciar lo que los animales pueden enseñarnos sobre nuestros estados interiores del ser.

Compartí aquellas reflexiones con mis amigos, y un día, tras una gélida zambullida, Pippa confesó algo turbada que una vez había experimentado la sensación de entrar en la mente de un agama de roca meridional. Se trata del famoso lagarto de cabeza azul endémico del Cabo Occidental de Sudáfrica. Solo los machos presentan ese intenso color turquesa, que destaca especialmente en época de apareamiento. Muestran su arrojo haciendo flexiones para impresionar a las hembras, que son de color gris pardo. Cuando su mente se fusionó con la del agama, Pippa se sintió completamente presente, vacía tanto de cualquier recuerdo como de cualquier preocupación por el futuro, y dominada por una aguda conciencia de ciertos depredadores del entorno, como serpientes y águilas. Fue una sensación liberadora.

Sus ojos oscuros me miraron fijamente cuando dijo: «¡Me sentí como si yo misma estuviera haciendo las flexiones, Craig!». Pippa es una mujer muy seria y reflexiva que elige las palabras con sumo cuidado. Yo sabía que lo que me contaba era una experiencia auténtica.

Inteligencia animal

Tantos años rastreando, observando y fotografiando animales salvajes me han enseñado que, de la misma manera que cada ser humano es único, cada animal también lo es. Si bien algunas especies de reptiles o de anfibios pueden parecer a primera vista unidimensionales, en realidad todos los animales son muy complejos; y la inteligencia no es una jerarquía en la que los seres humanos ocupamos la parte de arriba y las bacterias más básicas, la de abajo.

Para entender la complejidad de la inteligencia animal basta con pensar en uno de mis animales favoritos, el pulpo. Si comparamos la inteligencia de un pulpo con la inteligencia humana, tal vez creamos que el pulpo se halla varios peldaños por debajo de nosotros, hasta que nos fijamos en su maravillosa locomoción y en su sistema nervioso descentralizado: dos tercios de sus procesos cognitivos se dan fuera del cerebro, en sus ocho brazos, que pueden moverse con total independencia.

Imaginemos cómo sería intentar mover dos mil dedos como las dos mil ventosas de un pulpo, cada una de ellas con su propio sentido del gusto y un poderoso agarre.

O igualar el color y el brillo de nuestra piel con los de nuestro entorno.

O aplicar a ciegas la geometría mientras perforamos veinticinco especies diferentes de moluscos.

Más allá de todo esto, cada individuo de cada especie posee una personalidad única. He conocido cientos de pulpos, y cada uno de ellos parece distinto al resto, los hay muy extrovertidos y simpáticos, y los hay tímidos y miedosos.

Y también los hay traviesos, por supuesto.

Una mañana, Swati y yo estábamos rodando en el bosque de algas. Había marea baja y ella llevaba puesto el traje de neopreno. Mientras observábamos el Bosque Marino nos dimos cuenta de que no estábamos solos: un pequeño pulpo nos observaba con curiosidad. Aunque esto ocurrió años antes de que yo estableciera un vínculo especial con un pulpo que cambiaría nuestras vidas para siempre, ambos sentíamos una tremenda admiración por estas criaturas tan inteligentes.

Vi que el pulpo se pegaba a un pie de Swati. Acto seguido la soltó y se le pegó en un brazo. Le hice señas a Swati para que permaneciera muy quieta mientras el pulpo se enrollaba en su brazo, después en su cintura y, de nuevo, en el brazo, como si estuviera bailando con ella. Swati no se movió ni un ápice, dejando que el pulpo la investigara. Al cabo de cinco minutos el pulpo se marchó.

Y no fue hasta que aquel pulpo curioso se hubo marchado cuando Swati se percató de que no se había ido de vacío: se había llevado su anillo de boda, el que yo tallé con tanto esmero a partir de aquel cuerno de *springbok*. Tras el disgusto inicial, nos reímos un buen rato. A fin de cuentas, nos pareció un intercambio justo por todo lo que el océano nos había regalado.

MENTES, PERSONALIDADES, SENTIMIENTOS

De nuestros gatos aprendí mucho sobre la personalidad única de cada animal. Para ser sincero, a mí no me entusiasmaba la idea de tener gatos ni ningún otro animal doméstico, pero sabía que eso haría feliz a Swati. Nunca les hice mucho caso, y ellos no me impactaron mucho... hasta que llegó Leon.

Leon era un gato grande y con carácter, pero también una deliciosa mezcla de osadía y dulzura. Cuando yo contraía aquellas infecciones respiratorias después de mi combate con la malaria, Leon se tendía sobre mi pecho y ronroneaba. Si alguien en casa estaba enfermo, Leon enseguida iba a hacerle compañía. Siempre sabía cuándo alguien necesitaba consuelo.

Un día teníamos mucha prisa por salir de casa, y antes tenía que sacarlo de debajo de la cama y dejarlo en la otra habitación. Me contorsioné todo lo que pude por debajo de la cama, pero Leon se alejaba cada vez más. Así que lo agarré por la única parte que tenía a mi alcance —las patas delanteras— y tiré de él. Me soltó un bufido, y en aquel momento supe que podía haberme hecho trizas la cara con las uñas y los dientes; pero permitió que lo agarrara y lo llevara a la otra habitación.

Fue muy conmovedor ver cómo un animal tan grande y fuerte se contenía. Leon era muy indulgente.

Pese a que nunca imaginé que pudiera llegar a forjar un vínculo como aquel, mi experiencia con Leon me recordó que los animales domésticos también tienen su punto salvaje, igual que tú y que yo. Después de pasar décadas trabajando en plena naturaleza, mi amiga Jane Goodall siempre ha dicho que uno de sus grandes maestros fue Rusty, el perro de su infancia, del cual escribió: «Me demostró que los animales tienen mente, personalidad y sentimientos».[16]

Y, por supuesto, los animales tienen sus propias experiencias vitales, que se suman a sus personalidades innatas para alterar su actitud y su comportamiento general. Poco después de que Swati y yo construyéramos nuestra piscina natural, conocí a una rana de río del Cabo que se había mudado allí y vivía entre los juncos que habíamos plantado. Sospecho que llegó con algún pájaro cuando era solo un huevo.

Esta rana grandota es la presa favorita de muchas aves marinas, como las garzas, y suele zambullirse en el agua ante el más mínimo movimiento que la altere. Sentado en el borde de la piscina junto a la rana, me sentí un privilegiado por poder formar parte de su mundo anfibio. Cuando me bañaba en la piscina, a veces ella nadaba muy cerca de mí, sin miedo. Me encantaba escuchar cómo croaba al anochecer, cuando buscaba compañía con la que compartir aquel estanque.

Un día llegué a casa y me encontré a la rana tumbada boca arriba junto al comedero del gato, medio muerta. Horrorizado, la recogí y la devolví al agua. Por algún milagro sobrevivió, pero su personalidad había cambiado por completo. El ataque del gato le causó un trauma y ya no volvió a acercarse a mí nunca más.

ENAMORADO DE UNA MOSCA

Una cosa es enamorarse de criaturas que consideramos majestuosas, inteligentes o dulces, y otra muy distinta apasionarse por aquellas que hemos aprendido a ahuyentar.

Nunca me han gustado las moscas, sobre todo después de una experiencia que tuve hace años en el río Gariep, que va de Sudáfrica a Namibia. En aquella época había empezado a probar el arte terrestre después de interesarme por la obra de Andy Goldsworthy. Al principio me las vi y me las deseé para encontrar mi propio estilo; se trataba de colocar en el suelo objetos naturales como huesos, piedras, conchas y algas siguiendo ciertos patrones y después fotografiarlos inmersos en el paisaje.

Poco después de llegar a la zona, millones de diminutas moscas que acababan de reproducirse se congregaron en enormes enjambres. La mayoría de la gente abandonó el lugar a la espera de que desaparecieran, pero yo estaba decidido a sufrirlas, desesperado por llevar a cabo mi arte. Me picaron por todas partes y nada me sirvió para ahuyentarlas.

Aunque al final opté por ponerme una mosquitera en la cabeza, era muy difícil soportar aquellas moscas, que a veces incluso oscurecían el sol. Lo único bueno es que tenía todo aquel paraje para mí solo.

Así que ni se me había pasado por la cabeza que me pudiera enamorar de una mosca. Pero todo eso cambió cuando tuve ocasión de ver cómo viven. Todo empezó una tarde en que Jannes y yo habíamos salido a pasear. Detecté un diminuto rastro sobre una roca de granito en la zona alta intermareal del océano, aquella que solo se moja cuando sube la marea. Pregunté a Jannes qué creía que eran aquellas señales que parecían pequeños garabatos, y dijo que quizá se trataba de restos de sal que habían quedado en las grietas. Seguimos andando, y volví a verlas.

Por aquel entonces yo ya estaba muy centrado en el rastreo y me había acostumbrado a reconocer patrones. Algo me decía que aquellas señales no eran cosa de la sal. Jannes y yo nos agachamos para verlas más de cerca.

Al hacerlo vimos unas pequeñas carcasas coriáceas que habían atraído minúsculas partículas de arena.

—¡Dios mío, son larvas! —exclamó Jannes de repente.

A nuestro alrededor, totalmente escondidos en lo que parecía roca, había cientos de animales. No teníamos la menor idea de qué eran, porque todavía se hallaban en estado larvario.

—¿Un escarabajo? —se preguntó Jannes.

Yo lo desconocía por completo. Enviamos las fotografías al profesor Charles Griffiths, de la Universidad de Ciudad del Cabo, que se había convertido en mi mentor de confianza para todo lo relacionado con la biología marina. Contestó que podían ser larvas de mosca marina.

«Los insectos marinos son muy raros —añadió—. Por favor, intentad descubrir qué criatura sale de ahí en cuanto la larva se transforme, ¡podría ser un animal nuevo para la ciencia!»

Esto es lo que más me gusta del rastreo: convertirme en un detective de la naturaleza.

Así que empecé a visitar aquel lugar a diario. Con la ayuda de Pippa, encontré carcasas vacías de animales, y ella dio con una mosca bastante rara pegada todavía a la carcasa, con las alas plegadas y enroscadas.

Esperé a ver si detectaba algún movimiento, pero aquel día no hubo suerte. Descubrí que muchas larvas estaban bajo el agua, en pozas poco profundas. Era un insecto marino, seguro.

Cuando me puse a indagar en el ciclo de vida de aquella humilde mosca, descubrí algo fascinante. La mosca pone huevos, de los que nacen larvas. Estas larvas son muy voraces, las grandes compostadoras de la naturaleza, ya que transforma la materia inerte en nutrientes. Sin embargo, la parte más interesante se produce cuando la criatura llega al final de su estado larvario, justo antes de convertirse en mosca adulta. Yo siempre había pensado que a la larva le crecían las alas y se transformaba en mosca, pero resulta que el proceso es muy diferente.

Primero, la larva se convierte en un líquido, y ese líquido, de alguna manera, sabe cómo crear una criatura que desafíe la gravedad y vuele. Sus átomos se redistribuyen para producir una pequeña y perfecta máquina voladora.

Si entregáramos mil millones de dólares a un puñado de las mejores mentes científicas de nuestro mundo para que creasen una mosca desde la nada, difícilmente podrían lograrlo.

La naturaleza no tiene precio.

Una semana más tarde, Jannes y yo salimos en busca de nuestra mosca misteriosa. Era pleno invierno, soplaba un viento helado y yo no tenía muy claro que la fuéramos a encontrar. Buscamos por todas partes, y cuando ya estábamos a punto de rendirnos, en la última poza hallamos una mosca perfecta que reposaba sobre un alga. En cuestión de segundos puse la cámara en macro y conseguí un par de instantáneas antes de que la mosca levantara el vuelo con el viento.

¿Cómo es posible que un animal hecho de un material más suave que el papel sobreviva y prospere en un entorno tan hostil para las criaturas tan pequeñas, con olas enormes que se estrellan contra las rocas, temperaturas que fluctúan salvajemente y multitud de depredadores?

Después de tan solo una semana siguiendo a aquella mosca plateada y patilarga, alcancé a ver su magnificencia y su magia.

Creía que era imposible, pero me acababa de enamorar de una mosca.

El empujoncito

El mar puede parecer un lugar misterioso y extraño, habitado por criaturas con un aspecto y una forma de actuar muy diferentes de los nuestros; y, sin embargo, cuanto más tiempo paso en el océano, más me doy cuenta de que todas las criaturas son una manifestación de la vida: cada una de ellas es un fragmento de la resplandeciente totalidad de la naturaleza, o de Dios, si alguien prefiere llamarlo así. Todos los seres que habitamos la Tierra —seres humanos, perros y ranas, pepinos de mar y sargos narigones, plátanos y banianos, incluso la mosca común— descendemos de un ancestro común que vivía en el mar. Todos estamos hechos de la misma sustancia, movidos por la misma fuerza vital.

Enamorarse del planeta vivo que nos rodea —entregarnos a él por completo— es una buena forma de empezar a conocer su carácter primordial. No podemos forzar los vislumbres afortunados ni los descubrimientos, pero sí mantener viva nuestra curiosidad, y a menudo eso es lo que da el empujoncito necesario para abrir la puerta. A mí me ha ocurrido tantas veces que no puedo negarlo. Experimentar este misterio hace que sea más profundo mi amor por el mundo natural.

Entender los comportamientos sutiles de nuestros hermanos y hermanas animales me llena de sentido y asombro; provee a mi mente primitiva de un alimento que nutre una honda pulsión evolutiva. Cuando conoces íntimamente otras especies, también sabes cómo encontrar alimento, y eso te permite ser autosuficiente, te da un sentido de lugar, de pertenencia. Si no conoces las especies de tu propio jardín, no perteneces al mundo que te vio nacer.

La naturaleza es nuestra primera madre y somos inseparables de ella. Nos dio la vida igual que nuestra madre humana, y estamos entrelazados con ella, estamos hechos de sus huesos y su sangre. La asimilamos al respirar, al beber, al comer. Ha nutrido a nuestros ancestros más lejanos y nutre a nuestros semejantes animales, así como a nosotros en cada segundo de nuestras vidas.

A medida que conozco el Bosque Marino de manera más íntima, siento que mi cuerpo y mi mente se funden con él, se enamoran de él a niveles más profundos. Siento como si unos zarcillos ingrávidos se desplegaran de mi ser en busca de la naturaleza y palpitaran de vida con las enseñanzas de criaturas y lugares. La Gran Madre pronuncia mi nombre; no el nombre que yo conozco, sino un nombre que es antiguo y misterioso, difícil de entender. Debo escuchar con atención para poder oír sus susurros y seguir sus hilos.

CAPÍTULO 5

GENEALOGÍA

Una mañana salí a navegar en kayak por un tramo agreste de la costa cuyos acantilados están llenos de cuevas marinas. Es un lugar de gran belleza, pero también peligroso. La mayoría de los días, el viento y las olas son demasiado fuertes para nadar o navegar en kayak, y el agua es tan profunda que ballenas y tiburones nadan al pie de los acantilados.

Estaba más cerca de la orilla de lo habitual y, cuando me disponía a remar alrededor de un promontorio, encontré una cueva que nunca había visto.

El mar estaba bastante tranquilo, lo cual me permitió cabalgar una pequeña ola y manejar el kayak hasta las rocas que había delante de la cueva. Desembarqué y arrastré mi embarcación hacia la parte más alta de las rocas. Me acerqué a la boca de la cueva y me agaché para entrar; tenía el ancho justo para poder pasar con comodidad. La arena y las conchas crujieron bajo mis pies. Los muros estaban llenos de moluscos.

Un rayo de luz iluminaba el lugar desde la entrada, y empecé a examinar las conchas, preguntándome qué historias podían contarme sobre los animales que allí vivían. Al arrodillarme para verlo todo más de cerca, descubrí el inconfundible contorno de un cráneo humano que sobresalía entre los moluscos y los huesos de foca.

Toparse con un esqueleto es una experiencia extraña. Todos tus sentidos se ponen en alerta máxima. Observé aquellos huesos despacio, con cuidado de no desbaratar nada. Podía ver el cráneo y la mandíbula inferior en dos montoncitos a poca distancia el uno del otro. Cuando miré más de cerca, vi también un fémur y unas costillas.

A primera vista todo parecía bastante reciente, quizá fueran los restos de un pescador que se había ahogado, pero entonces los observé con más detenimiento: los dientes presentaban un desgaste plano, propio de los cazadores-recolectores, que comían alimentos crudos con arena y preparaban el cuero masticándolo. No había marcas de caries, lo cual era indicio de una dieta sin azúcar.

Aquella persona había vivido en plena naturaleza.

Los huesos no daban ninguna pista de la causa de la muerte. Calculé que aquel esqueleto podía tener entre quinientos y mil años de antigüedad, si no más. Pero estaba bien conservado gracias al limo de los moluscos.

Alrededor del cuerpo había vestigios de lo que pudo ser la última comida de aquella persona: montones de moluscos y huesos de foca. Me llamó la atención lo difícil que era llegar a la cueva. Aquel individuo debía de ser muy hábil nadando y buceando.

Contemplé las cuencas vacías de los ojos de la calavera y pensé en cómo sería la vida de aquella persona. Nuestros ancestros vieron cosas que nosotros no podemos ni imaginar, la naturaleza en su máximo esplendor. Durante cientos de miles de años forjaron una estrecha relación con el mar, la tierra y sus respectivas criaturas. La naturaleza les daba la vida, la sustentaba y se la quitaba, y el ciclo volvía a empezar.

La idea me golpeó con la fuerza de un maremoto: cinco mil generaciones de personas habían habitado ese paraje. Como casi todo en arqueología, es imposible asegurarlo, pero, que yo sepa, no hay ningún otro lugar de la Tierra donde los seres humanos hayan mantenido una relación tan duradera con la costa y el mar. Empecé a temblar al pensar que, de algún modo, había entrado en contacto con aquel magnífico ancestro nuestro: ahí estaba yo, contemplando aquel linaje salvaje. Me marché sin tocar nada. Sentí que debía dejar aquellos huesos tal y como los había encontrado, aquella persona había de permanecer allí, inalterada.

Cómo me habría gustado poder pasar un día con aquel individuo. Seguro que me habría enseñado más en un solo día que cuanto yo pudiera aprender en toda mi vida.

Pero estos ancestros habían desaparecido, junto con generaciones de sabiduría natural.

¿Hay forma de restablecer la conexión?

HILOS ROTOS

Al profundizar en la práctica del rastreo, las piezas del rompecabezas que flotaban en mi mente empezaron a encajar, y la imagen que se iba formando me conectó con los primeros seres humanos. Podía percibir una parte de mí encendiendo hogueras en cuevas hace miles de años, buscando comida por tierra y por mar. Comencé a sentir que pertenecía a este lugar, que mi vida estaba engarzada en la naturaleza.

Sin embargo, pese a cuanto estaba aprendiendo sobre el mundo natural en el aquí y el ahora, había muchas cosas que todavía desconocía de la gente que habitó esta costa hace miles de años, aquellos seres indómitos que se zambulleron por primera vez en las aguas que me habían curado desde mi niñez. Si hubiera nacido mil años antes, se me habría legado la sabiduría atesorada por aquellos ancestros, pero esa conexión se había roto, y muchos conocimientos se habían perdido.

Para los san, esta conexión se compone de «hilos». Mientras rodaba *Cosmic Africa* [África cósmica] en el nordeste de Namibia, conocí a los chamanes Kxao Tami y |Kunta Boo, que podían percibir esos hilos durante los rituales que los conducían a estados alterados de la conciencia. |Kunta Boo describió la experiencia como algo parecido a trepar por una telaraña brillante hasta sus ancestros en un lugar resplandeciente.

El terapeuta y escritor Bradford Keeney pasó varios años en Namibia con este grupo y luego relató sus experiencias en el libro *Ropes to God* [Cuerdas hacia Dios]. Los chamanes, muy generosos, iniciaron a Keeney en sus ceremonias sanadoras, y él alcanzó estados de trance que le permitieron percibir parte de aquella conexión.

Hay personas que nunca han perdido esta conexión, pero hoy en día la mayoría de los seres humanos —sobre todo aquellos que no viven en sus tierras ancestrales o dentro de sus comunidades ancestrales— sienten la creciente necesidad de remendar esos hilos rotos. Es algo que he visto en gente de todas las edades y procedencias, que me preguntan cómo pueden reconectarse con el mundo natural.

Un ejemplo es mi amigo Gaz, un biólogo marino formado en un sistema educativo occidental en Sudáfrica. Me contó que se sentía perdido, desconectado de la religión de sus padres, y que anhelaba hallar un significado más profundo a cuanto lo rodeaba. ¿Cuál era su lugar en este mundo? ¿Cómo encajaba él en el marco general de las cosas? Intentaba dar una dimensión espiritual a su vida que tuviera sentido para alguien formado como científico.

Todo comenzó a encajar cuando Gaz empezó a aprender cosas sobre nuestros ancestros salvajes y el modo en que los seres humanos han vivido la mayor parte del tiempo en este planeta.

Estábamos rastreando la costa cuando descubrimos un yacimiento de conchas de la Edad de Piedra, un lugar donde la gente primitiva comía y desechaba restos de moluscos y huesos de animales. Le mostré un hueso de antílope eland que alguien debía de haber partido para extraer el tuétano y comérselo. Entre aquellos montones de huesos y conchas tan antiguos, Gaz encontró tres cuentas de huevo de avestruz pertenecientes a un collar que quizá tenía varios miles de años.

Las cuentas de huevo de avestruz son uno de los ornamentos humanos más antiguos que existen. Es probable que estos pequeños discos blancos los lucieran diferentes personas a lo largo de diversas vidas. Al sostener una cuenta usada por una persona salvaje hace miles de años, la conexión se hizo real para Gaz.

No era algo que se pudiese ver en una película o en un museo; estábamos allí, de pie, en el crisol que nos había convertido en seres humanos. Intentábamos resolver los mismos misterios de rastreo a los que se habían enfrentado aquellos primeros seres humanos. Podíamos percibir el mismo olor a algas en descomposición, a aire salobre y a ozono metálico que ellos. Nos zabullíamos en el mismo océano. De repente, Gaz dejó de sentirse tan perdido. Tenía algo a lo que aferrarse. Podía sentir a sus ancestros caminando junto a él.

Encendimos una pequeña hoguera en la playa y cocinamos nuestra comida sobre las llamas, contándonos historias y chistes, y allí pasamos a formar parte de la gran historia humana.

Al conocer un poco a nuestros ancestros —sus vidas, su tecnología y su conexión con otros seres vivos— podemos comprender mejor quiénes somos como especie y hacia dónde vamos.

LAS PRIMERAS ALMAS ANFIBIAS

Con nuestros ancestros en mente, abandoné la cueva del esqueleto y me sumergí en el agua, disfrutando de la sensación de ingravidez. Nadar y bucear son actividades muy primitivas; nuestro origen anfibio se remonta a la prehistoria.

Es muy probable que los neandertales ya nadaran en las costas de Italia hace unos noventa mil años.[17] Los arqueólogos han hallado pruebas de que podían bucear hasta profundidades de unos cuatro metros con el fin de recolectar almejas para alimentarse y fabricar herramientas en sus cuevas. En algunos cráneos neandertales se ha detectado exóstosis auditiva, una dolencia también llamada «oído del surfista» —yo la padezco en ambos oídos— que indica que pasaban mucho tiempo nadando y buceando en agua fría.

Los seres humanos modernos de ascendencia europea solo tienen entre un 2 y un 4 % de genes neandertales, por lo que no me siento muy próximo a estos seres sofisticados que antaño rondaban por Europa pero se extinguieron hace cuarenta mil años. Me siento más cerca de mis ancestros *Homo sapiens*, que vivieron en el extremo sur de África. Las evidencias de que nuestra especie se alimentaba de marisco se remontan a más de cien mil años atrás, y yo mismo he encontrado cientos de asentamientos a lo largo de nuestra costa llenos de restos de los moluscos y crustáceos que comían.

Si los neandertales ya buceaban en Italia hace noventa mil años, es muy posible que también nuestra especie empezara a bucear en los relativamente apacibles bosques de algas de África hace más de cien mil, un período en torno al cual se estima que se produjo un notable auge de la cognición. Los artefactos arqueológicos de esa época ponen de manifiesto que fue por entonces, mientras nuestro pensamiento comenzaba a evolucionar poco a poco, cuando despertamos como especie.

Nuestro vínculo con el mar quizá se estrechó en algún momento de hace cien mil o ciento veinte mil años, cuando los seres humanos se volvieron curiosos y desarrollaron un gran ingenio. Para una mente tan inquieta, el agua debía de resultar imponente a la par que irresistible.

También había razones muy prácticas para aventurarse en el agua. El alimento debió de ser una de las grandes motivaciones para lanzarse a nadar y bucear, pero la capacidad de cruzar ríos y estuarios seguro que también hacía que la vida fuera más fácil. Saber nadar suponía una gran ventaja evolutiva si una ola gigante atrapaba a una persona que recogía moluscos en la playa, algo que en absoluto debía de ser infrecuente.

Y, por supuesto, no hay nada mejor que un refrescante chapuzón en un día caluroso. Los primeros seres humanos tenían mucho tiempo para jugar, aprender y experimentar, porque solo necesitaban unas horas al día para conseguir comida y refugio. Cuesta creer que el enorme cerebro humano no se fijara en los animales que nadaban ni pensara que aquello era algo que valía la pena probar. He visto babuinos que, cuando aprieta el calor, no dudan en zambullirse en el bosque de algas; algunos incluso bucean a más de cuatro metros de profundidad. Las pozas de roca poco profundas, protegidas por bosques de algas, y los estuarios de la costa sudafricana, con su clima templado, debieron de ser un lugar ideal para que los seres humanos aprendieran a flotar, nadar y, por último, bucear.

LA CÁPSULA DEL TIEMPO MÁS ANTIGUA DEL MUNDO

Para comprender mejor nuestro origen salvaje salí en busca de la sabiduría del arqueólogo sudafricano Christopher Henshilwood, que a principios de la década de 1990 hizo historia al hallar pruebas muy bien conservadas de presencia humana primitiva en la cueva de Blombos, en la costa del Cabo Meridional. Christopher, cuya familia ha vivido en Sudáfrica desde hace varias generaciones, y su compañera, la arqueóloga Karen van Niekerk, han descubierto el dibujo abstracto y el recipiente de pintura (fabricado con una concha de abulón) más antiguos que se conocen —tienen setenta y tres mil y cien mil años respectivamente—, así como las herramientas de piedra tallada a presión más arcaicas. En suma, han hallado evidencias de que nuestros antepasados prehistóricos innovaban a un nivel muy sofisticado hace entre sesenta mil y cien mil años.[18]

Antes de verme con Christopher estaba un poco nervioso. El tipo mide dos metros y tiene una profunda voz de barítono, pero lo que le otorga una presencia formidable son su aguda inteligencia y sus extraordinarios descubrimientos sobre los orígenes humanos modernos. Al percatarse de mi afición por el estudio de nuestros ancestros salvajes nos hicimos amigos y empezó a asesorarme cuando, junto con Damon y el arqueólogo Petro Keene, comencé a trabajar en documentales y exposiciones sobre sus hallazgos.

Una tarde Christopher me invitó a visitar el mismísimo santuario, la cueva de Blombos, que es como la meca de la especie humana. La cueva no está abierta al público, solo es accesible para estudios científicos, y los visitantes deben tener mucho cuidado para no alterar el entorno.

Atravesamos a pie una reserva natural en dirección a los acantilados costeros en los que se encuentra la cueva. El paisaje era escarpado y un arco gigante de roca señalaba la empinada entrada de la cueva.

En el interior de la cueva reinaba el silencio —las gruesas paredes de roca no dejaban pasar el sonido del viento— y, pese a que era verano y fuera hacía bastante calor, la temperatura se mantenía fresca. A nuestro alrededor había científicos trabajando en silencio, casi con veneración. Ataviados con mascarillas y guantes, recogían y embolsaban artefactos, a la vez que anotaban información en sus tabletas digitales. Uno de ellos escaneaba con láser las paredes de la cueva para registrar la ubicación exacta de cada objeto y determinar el período temporal de cada estrato de hallazgos.

Yo iba con mucho cuidado para ver dónde pisaba, consciente de que si resbalaba y me apoyaba con las manos para no caerme podía destruir un pedazo de prehistoria humana. Aquello era terreno sagrado, una especie de Biblioteca de Alejandría de la arqueología. Aquel lugar poseía la clave de todo.

Christopher me condujo hasta uno de los muros de la cueva. Llevaba un par de anteojos de aumento, como un dentista, y una serie de instrumentos diminutos que le permitían cepillar meticulosa y lentamente la capa de roca para revelar lo que había debajo sin dañarlo. Él y su equipo llevaban treinta años retirando con sumo cuidado las varias capas de superficie rocosa, pelando el tiempo para que después nosotros podamos contemplar el pasado y desentrañar los grandes secretos de nuestra especie.

Los seres humanos primitivos que usaban aquella cueva eran nómadas, me dijo.

—Cuando un grupo de gente llegaba a la cueva, pasaba aquí unas semanas y después se marchaba —explicó—. Luego entraba la arena, movida por el viento, y cubría y conservaba lo que aquellos individuos habían dejado, hasta que, meses o incluso años después, llegaba otro grupo.

Hace unos setenta mil años la cueva se llenó de arena de las dunas y quedó sellada como una cápsula del tiempo. Aquello impidió que el oxígeno desgastara los dibujos de las rocas y los artefactos incrustados en cada estrato. Así, al excavar cada objeto, es como si hubiera ido a parar allí sólo unos días antes.

—Mira esto —dijo Christopher—. Esta piedra parece que la tallaron ayer. Y esta concha tiene cien mil años, aunque uno no le echaría más que unos pocos.

Mientras me mostraba una concha de abulón incrustada en un estrato de tierra de hace cien mil años, perfectamente conservada por las extraordinarias condiciones de aquella cueva, me di cuenta de que estaba contemplando una cápsula del tiempo de vida real. Aquellos hallazgos abrían una ventana desde la que contemplar las vidas de nuestros antepasados de la Edad de Piedra Media, incluso nos permitían vislumbrar su forma de pensar.

La cueva también alberga pruebas de la química más antigua de la Tierra: dos conchas de abulón llenas de pintura, herramientas para pintar con restos de una mezcla de ocre rojo, carbón vegetal y hueso molido. En ese momento reparé en lo sofisticados que éramos tanto tiempo atrás, y aunque es difícil demostrarlo de manera científica, aquello tenía pinta de ser un ritual. Culturas de la Edad de Piedra de todo el mundo han utilizado esa mezcla de rojo, blanco y negro en sus ceremonias, y una muy similar, con los mismos colores, fue hallada en el interior de una pirámide de Egipto. Incluso las agencias de publicidad de hoy en día saben bien que esos tres colores tan potentes son los que tienen un mayor impacto en la psique humana.

Los hallazgos de Christopher y Karen cuentan la historia de cómo nuestra especie empezó a registrar información fuera de la mente humana: cómo empezamos a utilizar símbolos. La colección de la cueva de Blombos incluye un fragmento de roca con un patrón de cruces hecho con un lápiz de ocre: se trata del dibujo abstracto más antiguo trazado por una mano humana.[19] Junto con el resto de los hallazgos, ese dibujo es en cierta manera comparable al primer ordenador o al primer libro, porque marca el principio del ingenio humano, un lenguaje simbólico capaz de almacenar información acumulada y transmitirla de generación en generación. Estos descubrimientos dieron un vuelco a nuestra concepción de la prehistoria humana. Si bien en un principio los arqueólogos creían que Europa era el epicentro de la cognición humana moderna, ahora se da por hecho que las innovaciones más creativas llegaron a producirse en el sur de África.

Lo que vi en Blombos fue suficiente para alimentar mi alma anfibia durante semanas; pero lo que me permitió ahondar en mi comprensión de lo salvaje fue algo que Christopher y Karen descubrieron no muy lejos de allí, en la cueva de Klipdrift, en la Reserva Natural de De Hoop: un avance humano que amenazaba con cortar el vínculo que nos une a nuestros parientes salvajes pero, a la vez, quizá albergue la promesa de la reconexión.

El nacimiento del arco y la flecha

Tenía en mis manos enguantadas uno de los artefactos más preciados del mundo. Sellado en tres recipientes de plástico consecutivos, envuelto en un papel especial sin ácido y protegido por plástico de burbujas, desenvolver cada caja era como abrir un juego de matrioskas.

Casi me quedo sin aliento al quitar la última capa protectora y descubrir los objetos que guardaba: dos piedras en forma de media luna, bellamente talladas, que, datadas hace sesenta y seis mil años, eran las puntas de flecha más antiguas jamás descubiertas.

La tecnología de aquella arma era extraordinaria. La punta de la flecha estaba constituida por dos pequeñas piedras en forma de media luna unidas por el lomo y pegadas con una masilla similar al pegamento. Al impactar, las dos piedras se soltaban y la punta de la flecha se abría como una bala expansiva. En otras cuevas de la costa sudafricana se han encontrado puntas de flechas parecidas a esta y de la misma época, lo cual demuestra que la gente salvaba largas distancias y compartía tecnología.

Detengámonos a pensar en cómo afectó la creación de armas de proyectil a nuestra relación con los animales y al lugar que ocupamos en la naturaleza.

Disparar desde lejos cambia toda la dinámica entre el cazador y la presa. Imaginemos un gran depredador, como un león o un leopardo, que ataca a un ser humano. Aunque este empuñe una lanza, el gran felino tendrá la oportunidad de salir airoso de la pelea.

Sin embargo, en cuanto los seres humanos inventaron el arco y la flecha, aquel león o leopardo tenía que detectar los proyectiles que volaban hacia él desde cincuenta metros de distancia. Y bañar las puntas de flecha con veneno concedía a los seres humanos una ventaja aún mayor.

El ser humano se volvió letal.

Pertrechados con armas que nos permitían matar a distancia, los seres humanos dimos la vuelta a la cadena alimentaria y nos convertimos en el depredador más temible del planeta.

El tiempo que pasé con los san dotó de una dimensión más profunda a mi conocimiento de aquel avance tecnológico y del poder del que gozamos gracias a las herramientas que creamos y utilizamos. Yo he tenido la suerte de salir a cazar con Xhloase, el cazador arquero. Me enseñó cómo preparaba las flechas, fabricadas con trozos de alambre de cercado aplastados sobre una roca que después fijaba a unas varillas de juncos valiéndose de un anillo especial de madera. Los arcos san parecen delicados y ligeros, pero las puntas envenenadas de sus flechas los convierten en un arma letal incluso para animales tan grandes como una jirafa.

Un antropólogo que conocí tenía la teoría de que los rastreadores san no fabricaban arcos más grandes porque temían que estos restaran confianza a su habilidad rastreadora y cambiaran su relación con la naturaleza. Para mí, eso era una genialidad: que alguien, a propósito, limite su tecnología para conservar la estrecha conexión que mantiene con el mundo natural.

Fui testigo de algo similar cuando filmaba en el Kalahari. Un día vimos a un grupo de jóvenes cazadores que se preparaba para adentrarse en la jungla, con los perros dando brincos de impaciencia a su alrededor, ansiosos por captar el rastro de alguna presa. Mi maestro san !Nqate me miró a los ojos y me dijo:

—¿Ves a esos jóvenes de ahí? ¿Ves que usan perros para el rastreo? Nunca permitas que el olfato del perro destruya tu capacidad de rastrear.

Cazar con perros se había convertido en algo habitual entre los san, pero algunos maestros rastreadores rechazaban la ayuda de los canes por esa razón.

Lo que aprendí de toda esta sabiduría es que las herramientas y los instrumentos están muy bien y son de gran utilidad, pero si terminas por depender demasiado de ellos, te apartan de tu propia inteligencia y habilidad.

FABRICAR HERRAMIENTAS

Me encanta fabricar herramientas: usar las manos para elaborar utensilios me parece una forma esencial de conectar con un largo linaje de rastreadores. Viva donde viva, siempre procuro tener un pequeño rincón donde montar un taller. Allí guardo trozos y pedazos de alambre, acero, hueso y piedra para fabricar marcos, herramientas, artilugios, joyas y obras de arte.

Unos años después de mudarme al Bosque Marino fabriqué una pequeña multiherramienta a partir de un trozo de metal. Su uso principal era el de trípode —había taladrado un agujero por el que enroscar un tornillo para encajar la cámara—, pero también la llevaba colgada del cinturón como lastre para poder filmar cerca del lecho marino.

Cuando estoy en mi taller fabricando herramientas con Tom, siento que estamos conectados con nuestros primeros ancestros humanos, los que inventaron mejores maneras de hacer las cosas usando sus propias manos y los materiales que encontraban en la naturaleza. ¿Hay algo más humano que el impulso de inventar, innovar, fabricar, reparar y trastear?

Cuando Tom era un niño fabricamos juntos un sable a partir de un muelle viejo de coche que hallamos bajo el agua, en el bosque de algas. Ahora él es mucho mejor que yo construyendo cosas. Es más meticuloso.

Un día fabricó un cuchillo impresionante con una reja de arado y le hizo una preciosa funda de cuero. Le enseñé cómo trabajar la parte metálica de la herramienta y le ayudé a dibujar la forma que quisiera darle. Después le eché una mano para cortar la hoja con una radial que soltaba un montón de chispas. Luego, Tom la pulió con arena y papel de lija, y, por último, se puso a trabajar la empuñadura de madera, tallándola para adaptarla a su mano. Durante los días siguientes continuó puliendo la hoja del cuchillo hasta que la tuvo lista para afilarla.

Nuestras herramientas no las usaría un herrero profesional, pero cada vez que utilizo mi trípode siento una enorme satisfacción por haber fabricado algo con mis propias manos.

Y, sin embargo, procuro no depender demasiado de estas herramientas para no ignorar el poder de mis sentidos.

CONECTAR CON LOS HILOS

A veces, cuando doy los últimos retoques a alguna herramienta que me recuerda a mis rastreadores san, me viene a la memoria algo inquietante que vi hace años en el Kalahari. Durante una pausa del rodaje vi cómo un joven sacerdote, recién salido del seminario y recién llegado al continente africano, pues aún no tenía las orejas quemadas por el sol, sermoneaba a un grupo de chamanes san.

Me sorprendió que un europeo cuyo saber se limitaba a dos o tres años de estudios sobre la Biblia pretendiera instruir a aquel grupo de ancianos africanos que comprendían perfectamente la compleja naturaleza de la conciencia múltiple y habían visitado el otro lado del universo un sinfín de veces. Desde una edad muy temprana, esos hombres habían experimentado estados alterados de la conciencia y de la naturaleza de la realidad. Y habían desarrollado una estrecha conexión con sus dioses y sus antepasados. Pero ahí estaban, sentados con una actitud que yo interpreté como indulgente mientras aquel sacerdote les leía la Biblia.

He sentido una humildad infinita ante la generosidad con la que tantísimos maestros indígenas han compartido conmigo sus conocimientos de sabiduría ancestral, una sabiduría que tiene el potencial de asegurar la supervivencia de muchas especies, incluida la nuestra.

Me siento especialmente honrado por cuanto he aprendido de una antigua compañera muy querida, Charmaine Joseph Gwaza, que me abrió las puertas de la cultura espiritual de su familia y su gente, y compartió conmigo sus rituales y sus prácticas. Visitamos juntos Zululandia, donde nos alojamos varias semanas en las tradicionales cabañas de adobe y paja de su familia y pasábamos los días recogiendo plantas medicinales.

La vida en Zululandia me hizo ver lo que era posible en el mundo. La gente cubría casi todas sus necesidades de alimentación, cobijo y utensilios dentro de la comunidad local; hasta donde yo pude ver, solo importaban el azúcar y el aceite. Entre el monte, el ganado y la agricultura, disfrutaban de unas buenas y saludables condiciones de vida. Se respiraba alegría y un ritmo tranquilo. Reían con facilidad.

En comparación, la vida en un *township* de Ciudad del Cabo, a miles de kilómetros de allí, bajo el régimen del Apartheid, era muy dura. Durante un tiempo residí en un *township* con Charmaine, y ella practicaba la medicina tradicional en una cabaña cerca de la casita donde vivíamos. Muchos niños de las casas vecinas nunca tenían comida suficiente para alimentarse, y el ruido del *township* era ensordecedor y constante. Todo ello era un recuerdo diario desgarrador y exasperante del legado del *apartheid* y del colonialismo.

En el transcurso de los tres años que viví con Charmaine compartimos experiencias profundas con los animales salvajes. Charmaine tenía un vínculo muy estrecho con Mdau, el espíritu del agua. La misteriosa práctica de la «llamada al agua» en ocasiones hacía que los animales se comportaran de una manera que yo no lograba entender.

Una mañana muy fría en que nos encontrábamos en Pringle Bay, un pueblo costero al este de Ciudad del Cabo, vi como

Charmaine se hacía un corte en el brazo con una cuchilla de afeitar y extraía un poco de sangre. Acto seguido se sentó en la orilla, encendió un montoncito de *imphepho* —un tipo de salvia africana— y empezó a rezar a la esencia del agua marina.

Dejó caer la sangre en mi mano derecha y me pidió que la llevara hasta el agua. El mar estaba muy tranquilo, y avancé lentamente hasta que el agua me llegaba al pecho. En la mano izquierda llevaba un escorpión vivo que iba a tener que llevar de vuelta a tierra. Charmaine me dijo que debía rezar al océano y derramar la sangre como muestra de nuestro agradecimiento.

Seguí sus instrucciones y regresé a la orilla, donde solté con cuidado al escorpión; pero de repente oí un chapoteo a mi espalda.

Me di la vuelta y me quedé boquiabierto: una nutria del Cabo flotaba en la zona menos profunda. Charmaine ni se inmutó, pues su fe era innata y había visto muchas cosas insólitas a lo largo su vida como curandera tradicional. Nos acercamos despacio a la nutria, y entonces vi algo que nunca había visto hasta entonces y que nunca he vuelto a ver: era como si una fuerza invisible estuviera reteniendo al animal. La nutria chapoteaba, gruñía y mantenía el contacto visual con nosotros sin alejarse. Charmaine me hizo una señal para que me sentara junto a ella en el agua, donde no cubría. Mientras la nutria seguía chapoteando y salpicándonos, Charmaine formuló una serie de largas frases dirigidas a Mdau, dándole las gracias al espíritu del agua. Acto seguido, la nutria se alejó nadando a toda prisa.

Mi mente occidental no encontraba ninguna explicación a lo ocurrido aquel día, pero yo sentía que acababa de experimentar algo muy potente y asertivo, una sensación que no ha hecho sino afianzarse a lo largo de los años tras varios encuentros inexplicables con este animal.

Si bien la mayoría de las prácticas de las que he sido testigo pertenecen a culturas distintas de la mía, cada día intento vivir de forma que honre al espíritu de lo que me han enseñado. Mi inmersión diaria es mi ritual más importante, porque me conecta con mis ancestros y con el lugar del que provengo. Dar las gracias a nuestra Gran Madre y pedir al océano que comparta conmigo su inteligencia salvaje me aparta del mundo domesticado y me conduce al reino de las maravillas. Cada noche antes de acostarme visualizo a mis maestros, a gente como Charmaine y !Nqate, ambos ya fallecidos, y les doy las gracias por haber compartido conmigo sus vidas y su sabiduría.

EL PODER DEL RITUAL

Aunque Jannes y yo hemos hablado de muchos aspectos de la sabiduría indígena, porque forma parte de nuestro mutuo interés por la biología marina y el rastreo, debo admitir que me sorprendió cuando me pidió que le preparara un ritual, una especie de rito de paso a la madurez, algo presente en todas las culturas indígenas pero de lo que carece la cultura alemana, en la que él se crio.

Jannes, un biólogo marino con un profundo interés por la investigación y la ecología, se doctoró con una tesis sobre los cangrejos ermitaños y desarrolló una creciente predilección por el cangrejo de roca del Cabo. Teniendo esto en cuenta, le preparé un ritual que reflejaba la experiencia de un cangrejo de roca del Cabo en el período de muda, con métodos que aprendí durante los años compartidos con Charmaine.

Al crecer, a los crustáceos la concha se les va quedando pequeña, del mismo modo que a los seres humanos se nos queda pequeña la ropa. Y como la concha no crece, el cangrejo se deshace de ella y fabrica una nueva más grande. Durante el período de muda, este animal es extremadamente vulnerable: su cuerpo permanece blando hasta que el nuevo caparazón se endurece. Los depredadores, que no podían hacer nada contra él cuando estaba pertrechado con su caparazón y sus amenazantes pinzas, ahora pueden zampárselo en un instante. Por eso, durante la muda, el cangrejo se esconde en una grieta profunda dentro de una cueva o se entierra bajo la arena mientras regenera en secreto su caparazón protector.

Nos pareció natural que el ritual girara en torno a este cangrejo que continuaba mostrándose presente ante nosotros de múltiples maneras: habíamos observado el rastro que deja al comer, su habilidad para nadar rápido gracias a sus patas con forma de pala, su destreza para evitar a los pulpos —su depredador natural— desplazándose entre las algas en marea baja, y su milagrosa capacidad para incubar sus patas y hacer que vuelvan a crecer en caso de que las pierda. Sus garras especiales le permiten sujetarse a las rocas cuando el mar está embravecido, y tiene un agarre cuatro veces más fuerte que el de la mayoría de los cangrejos de su mismo tamaño.

Acompañé a Jannes a una cueva abandonada junto al océano. Allí pasó toda una noche sin comida y dedicó el día a recorrer solo la orilla, donde encontró un zapato viejo cuya marca, curiosamente, coincidía con el nombre de quien fue su mentor científico en Estados Unidos.

Al día siguiente fui a recogerlo y lo traje a casa. Swati; Anja, la madre de Jannes; Harold, la pareja de esta, y yo mismo le cantamos mientras yo le perforaba la piel con una pinza de cangrejo de roca y luego le frotaba los cortes con caparazón de cangrejo molido. Lo abrazamos con fuerza y él tuvo que desembarazarse de nosotros lentamente, como si fuera un cangrejo que hace la muda, desprendiéndose de la piel vieja para emerger nuevo y brillante.

Pusimos fin al ritual al día siguiente, nadando hasta nuestra cueva marina favorita, que Jannes y yo cruzamos a nado a oscuras y sin máscara de buceo hasta salir a plena luz del día.

Jannes y yo regresamos a aquella cueva dos semanas después, pero esta vez como parte de nuestro trabajo científico en busca de nuevas especies. Mientras nadábamos adentrándonos en la cueva, dos cangrejos de roca del Cabo se desprendieron del techo. Un grupo de buceadores acababa de pasar por allí y había levantado una enorme nube de limo que hacía difícil poder ver a los cangrejos.

Cuando el limo se asentó y el agua volvió a verse clara, me di cuenta de que en realidad se trataba de un solo cangrejo que intentaba mudar de caparazón. Al caer sobre el lecho marino, aquel frágil cangrejo sin concha consiguió liberarse de su vieja piel y refugiarse en un lugar seguro.

Me quedé mirando al cangrejo fijamente. Estaba anonadado. En treinta y cinco años de buceo nunca había visto un cangrejo de roca del Cabo mudar de piel, y poco después del ritual por el que Jannes se desprendía de su caparazón y entraba en una nueva etapa de su vida, veíamos un cangrejo en plena muda.

Cuanto más tiempo pasamos en la naturaleza, más a menudo nos adentramos en el reino de lo misterioso. He hablado con muchos directores de documentales de naturaleza que han compartido experiencias similares que no son solo atribuibles al sesgo de atención. Cuanto más profundamente conecto con la naturaleza, más consciente soy de que se trata de una inteligencia inmensa con la que interactuamos. No sabemos muy bien qué ocurre, pero es mucho más vibrante e interactivo de lo que creemos.

No hay más que echar un vistazo al universo: ¿qué probabilidades hay de que el universo diera a luz a la Tierra, a nosotros y a todas estas otras maravillosas formas de vida por accidente? Las probabilidades se me antojan muy muy remotas.

Para alguien educado en un marco mental científico occidental, estos hallazgos fortuitos pueden parecer inverosímiles. En ocasiones nuestra mente estadística sale a escena e intenta calcular las probabilidades, pero la mayoría de las personas indígenas que he conocido nunca cuestionarían algo así. Saben que es el patrón de la vida: la naturaleza está viva, es inteligente y recíproca, y los animales que queremos conocer a veces parecen estar buscándonos.

El cangrejo de roca que mudó de piel no era la primera experiencia compartida por Jannes y por mí que desafiaba toda coincidencia. Un día, mientras entrábamos en calor en la sauna tras pasar toda la mañana nadando, le pregunté qué opinaba sobre ese extraño fenómeno por el cual a menudo uno halla las respuestas a sus preguntas de la forma más curiosa y en los lugares más inesperados.

—Es un poco como enamorarse —dijo.

Me pareció una buena analogía. El amor es muy impredecible y misterioso, pero responde a una fórmula extraña y escurridiza. Implica estar en el lugar adecuado en el momento preciso y ser lo bastante vulnerable para permitir que surja una conexión.

Es como desprenderse de nuestro caparazón protector, por muy aterrador y peligroso que pueda resultar.

ANCESTROS ANIMALES Y MINERALES

Recuerdo una mañana que anduve veinte minutos por un sendero de montaña que ascendía hasta una pequeña presa llena de agua teñida de un color marrón rojizo a causa del *fynbos*. Iba a visitar a Pippa en su nuevo hogar, en la punta de África; ya no era posible ir más al sur. Por el camino vi una tortuga y una araña grande y preciosa con su telaraña, así como espléndidas rocas de arenisca esculpidas por el viento y el agua durante millones de años. En la presa me recibió la deliciosa banda sonora del mundo anfibio, la de las ranas.

Envidio a las ranas por su capacidad de saltar por los aires desde tierra firme y porque pueden aguantar la respiración bajo el agua durante cinco horas. Las envidio porque pueden ver los colores en la más negra oscuridad, donde yo ni siquiera alcanzo a distinguir las formas, y por cómo absorben agua a través del «parche» que tienen entre la zona pélvica y el abdomen.

Como especie, las ranas tienen trescientos cincuenta millones de años, mientras que nuestra especie solo cuenta trescientos mil años. Han sobrevivido a cinco extinciones masivas, y ahora la sexta, provocada por los seres humanos, amenaza muy seriamente a varias especies de ranas.

Sumergido en el agua hasta el cuello, caminé despacio sobre el lecho de la presa, sintiéndolo bajo mis pies, con cuidado para no hacerme daño con las rocas. Una gran larva de libélula pasó nadando y contemplé el incipiente par de alas en su lomo y la impresionante estructura de su boca, con la que aplasta a sus presas. Esa criatura de los tres reinos (agua, tierra y aire) se deslizó hasta mi mano, me mordió —el dolor fue intenso, pero no sangré— y regresó al agua oscura.

Seguí el sonido de las ranas y me alegré al encontrar un hueco en lo más profundo de la orilla arbolada. Allí conté ocho ranas de río del Cabo, con sus grandes ojos clavados en mí. Intenté no mostrar un aspecto amenazador y me aproximé a ellas muy despacio. Me sentí agradecido de que me permitieran acercarme tanto a su refugio. No sé por qué no saltaron al agua para esconderse; permanecían quietas, moviendo sus gargantas moteadas, mirándome con aquellos ojos que eran como galaxias doradas, rojas y negras, y con sus musculadas patas a punto para saltar.

Y en aquel instante, suspendido en el abrazo del agua mientras contemplaba ocho pares de ojos que no parpadeaban, sentí algo muy simple y a la vez muy profundo: la tortuga, la araña, las ranas no solo eran semejantes míos; también eran mis *ancestros.*

No había duda de que yo había nacido de su milenario manantial de vida. Es más, todos hemos nacido de la sustancia de la que están hechas las rocas gigantes del camino que yo acababa de recorrer. Los mismos minerales de los que se componen esas rocas están en el interior de nuestros cuerpos.

No es una idea fantasiosa que se me ocurriera aquel día, sino que se inspira en el trabajo de Brian Swimme, un brillante escritor y profesor de cosmología evolutiva del Instituto de Estudios Integrales de California.

Conocer a Brian a través de mi viejo amigo el profesor Louis Herman resultó de lo más inspirador. Fue como conocer a un compañero de aventuras que se ha pasado la vida buceando, pero no en un pequeño tramo del Bosque Marino, sino en el universo entero. Me sorprendió descubrir que muchas de las enseñanzas que he recibido de los animales y la naturaleza eran inquietantemente parecidas a las ideas que Brian había extraído de su profundo estudio de las galaxias y las estrellas en explosión.

En su libro *Cosmogenesis* [Cosmogénesis], Brian expone una epifanía: nuestras mentes son la creación de todas las mentes que han existido antes que nosotros. «Las ideas de Galileo, Newton y Einstein dan forma a mis percepciones diarias —escribe—. Si esto lo llevamos más allá, significa que nuestros ancestros crearon todas las mentes humanas que hay en el planeta en la actualidad. Pese a que considero que mi mente es mía, el hecho es que otros la han construido.»[20]

Así que, en cierto modo, somos actualizaciones vivientes de nuestros ancestros, tanto animales como humanos.

Las ideas de los genios africanos que inventaron unos símbolos y los dejaron en la cueva de Blombos hace varios miles de años dan forma a mis ideas y sentimientos diarios. Casi puedo sentir cómo aquella mano ancestral pintada de ocre rojo guía mis dedos mientras escribo estas palabras. Las partes más primitivas de mi mente —como la que percibe el peligro— fueron modeladas por mis ancestros animales. Otras partes de mi mente las modelaron los antiguos homínidos. Cuando cocino al fuego, como hago cada semana, esa parte de mi mente se inspira en mis ancestros *Homo erectus* de hace medio millón de años. Cuando fabrico herramientas sofisticadas, mis manos están guiadas por mis ancestros *Homo sapiens* de hace cien mil años.

Como bien dice Brian, todo el universo está dentro de nosotros y nosotros estamos dentro de él.

Agachado en aquel pequeño refugio de ranas, me sentí estrechamente conectado con todas las criaturas vivientes, fueran animales o plantas, y con la tierra y los elementos que nos sostienen. Todos estamos hechos de la misma sustancia, por eso en momentos de lucidez me siento tan unido a todo ello. Me siento rana, me siento libélula y, si voy más allá con mi mente, incluso me siento roca.

Soy una rana-roca-araña-libélula. Soy una galaxia, y tú también lo eres.

LA ALDEA DE LOS PULPOS

Después de muchos meses con pocos avistamientos de pulpos, empecé a verlos por todas partes. Cómo y por qué regresaban todos a los bajíos a principios del verano continuaba siendo un misterio. Hay quien dice que, con la edad, los pulpos se marchan mar adentro y regresan para el apareamiento.

Jannes cree que a los pulpos no les gusta el agua revuelta, porque llena sus madrigueras de arena y las destruye. Quizá por eso, cuando llegan los meses más duros del invierno y hay más tormentas, se trasladan a vivir a zonas de mayor profundidad, donde todo está más tranquilo, y en verano, cuando ya no hay tormentas, regresan a las zonas poco profundas. He observado que prefieren las bahías resguardadas, porque allí sus madrigueras no necesitan tanto mantenimiento, algo que reafirma la idea de que se inclinan por las aguas en calma.

Un buen día iba yo nadando por la superficie en busca de presas de pulpo. Llevaba más de un kilómetro y medio avanzando en línea recta, entre el bosque de algas, con brazadas fuertes y cómodas. Había desarrollado una técnica para nadar que minimizaba las ondas de presión en el agua para no molestar a los animales: introducía las manos con cuidado, sin salpicar, y no batía los pies.

Encontré restos de presas de pulpo por todas partes. Era como si me estuvieran mostrando todos los animales que viven en cada tramo del Bosque Marino: quitones y abulones en los bajíos con más vegetación; cangrejos nadadores en las zonas arenosas abiertas del oeste; navallones en las zonas arenosas del este; bivalvos pardos en las zonas más profundas de arena y algas; y caracoles casco militar en zonas rocosas concretas, llenas de erizos de mar con nódulos arenosos circundantes.

Resulta extraordinario lo versátiles que son los pulpos. Cada individuo acecha la presa más abundante de su zona y piensa cuál es la mejor forma de capturarla, lo que lo convierte en un especialista. Mientras nadaba de madriguera en madriguera, iba dibujando en mi mente un mapa llamado la «aldea de los pulpos» que mostraba dónde eran más abundantes aquellos animales ocultos.

Jannes y yo detectamos un tiburón pijama subadulto que olfateaba algo bajo una roca. Al acercarnos vimos que su presa era un pulpo pequeño. Los tiburones pijama subadultos son muy peligrosos para los pulpos jóvenes, porque pueden meter el hocico y los dientes en las grietas más diminutas.

Entonces vimos algo sorprendente. El tiburón estuvo a punto de atrapar al pulpo, pero el astuto cefalópodo se las arregló para introducirle en la boca un trozo de alga dura, parduzca y resbaladiza. Mientras el tiburón engullía el alga, el joven pulpo dispuso de unos segundos preciosos para cavar bajo la arena y escapar. Enseguida asistimos a la retirada del tiburón «vegetariano», que se marchó nadando, burlado por el pulpo que se iba a zampar.

De pronto recordé que la semana anterior había visto, sobresaliendo de su guarida, un pulpo que masticaba un trozo de alga. Picado por la curiosidad que me despiertan estos animales, me acerqué para verlo mejor. El pulpo soltó el alga, que se alejó flotando, pero alcancé a ver unas marcas de mordiscos que encajaban con la forma y el tamaño del pico del cefalópodo. Hasta donde yo sabía, los pulpos no comen algas. En aquel momento me pregunté si aquel pulpo no estaría aburrido o si aquella alga no tendría algún valor nutricional o medicinal.

Ahora lo veía de otra manera. ¿Lo hacía por algún otro motivo? ¿Era posible que el pulpo estuviera utilizando aquella alga como una *herramienta*?

Estos trozos de alga masticada tenían la misma textura gomosa y el mismo aroma que la carne de pulpo. Podían usarse como herramientas de defensa, para confundir a depredadores cortos de vista como los tiburones, que se guían por el olor, el sabor y las texturas.

Era asombroso que un pulpo fuera capaz de utilizar una herramienta, sobre todo si se trataba de un trozo de alga. Los pulpos se envuelven el cuerpo con algas a modo de armadura protectora, pero si mi presentimiento era correcto, lo que acababa de presenciar era algo mucho más extraordinario: ¡un sofisticado subterfugio!

Esta criatura no deja de enseñarme cosas y expandir mi mente.

Entusiasmado, compartí mi hallazgo con Jane Goodall, cuyos descubrimientos sobre el uso de herramientas entre los chimpancés transformaron nuestra concepción de la inteligencia y el comportamiento de los animales. Antaño se creía que la capacidad de fabricar y utilizar herramientas era exclusiva de los seres humanos, pero en 1960 Jane observó cómo un chimpancé al que ella llamaba David Greybeard empleaba una pajita para extraer termitas de un nido y metérselas en la boca.[21]

A este descubrimiento le siguió una oleada de otros hallazgos sobre el gran ingenio de nuestros semejantes animales, desde los delfines, que usan esponjas para protegerse el hocico cuando buscan comida, hasta los cuervos, que construyen ganchos con ramitas, pasando por los métodos de los elefantes para construirse abrevaderos (cavan un agujero con los colmillos, usan bolas de corteza de árbol masticada para taparlos y luego los cubren de arena para evitar que el agua se evapore y poder volver al lugar más tarde para beber).

No puedo dejar de pensar en si los descubrimientos en torno al uso de herramientas por parte de los pulpos podrían cambiar nuestra concepción sobre la inteligencia y las capacidades de este animal, igual que los hallazgos de la cueva de Blombos trastocaron nuestra concepción sobre las capacidades cognitivas del *Homo sapiens* de la Edad de Piedra Media.

UN ÁRBOL ANFIBIO

Desde la entrada de una cueva en lo alto de un acantilado con vistas al mar embravecido, veía el viento azotar la gran bahía y levantar extensas lenguas de espuma de mar. Nubes oscuras y chubascos a lo lejos componían el telón de fondo de pedazos de océano plateado donde el sol intentaba colarse.

El suelo de la cueva estaba lleno de conchas, la última comida de las personas salvajes que antaño vivieron en esta costa. Con cuidado de no aplastarlas, trepé por un saliente y me arrastré en dirección al exterior. Las ráfagas de viento a mi alrededor me provocaron una sensación extraña: activaron mi sentido de la presión, algo que suelo percibir a menudo bajo el agua, pero rara vez en tierra firme.

Salí a rastras de aquel espacio angosto y caminé hacia tres pequeños alcanforeros silvestres. A diferencia de otros alcanforeros que había visto, estos tenían un tronco muy peculiar, grueso y bulboso, con ramas pequeñas que brotaban de sus bases, lo cual les daba un aspecto parecido al de los bonsáis.

¿Acaso la gente que vivió en esta cueva había roto esas ramas? Pasé las manos por la masa de ramas y sentí en mis adentros aquellas manos antiguas llenas de callos. ¿Era producto de mi imaginación o estaba conectando con recuerdos ancestrales de la estrecha conexión entre la humanidad y aquellos árboles?

El alcanforero era un árbol muy importante para los primeros seres humanos, ya que tanto sus hojas como su corteza poseen propiedades medicinales.[22]

Este árbol tenía tantas utilidades para los recolectores que no me sorprendería que la gente de antaño le confiriera un estatus espiritual. Me resultó muy significativo que los árboles crecieran en la entrada de la cueva, porque los cazadores-recolectores empleaban los penachos de los frutos en flor como yesca para el fuego.

¿Era posible que aquellos árboles fueran tan antiguos como para haber sido esculpidos por manos ancestrales? Me asaltó un recuerdo. Mi amigo Tony Cunningham, un brillante etnobotánico, me explicó una vez que los árboles pueden sobrevivir miles de años gracias a un proceso llamado «rebrote clonal».[23]

En lugar de reproducirse por dispersión de semillas, envían esquejes para reproducirse y así pueden sobrevivir milenios: en el norte de Escocia hay un tilo que, gracias a este método, ha alcanzado la friolera de cuatro mil años de edad.

¿Tenía ante mí el rastro de manos ancestrales en las formas nudosas y retorcidas de aquellos alcanforeros? ¿O su singular patrón de crecimiento se debía a la manera de recoger leña de los pescadores modernos?

Cuando se lo pregunté a Tony, me confirmó que el alcanforero silvestre es un rebrotador clonal, y que aquellos árboles que vi podían ser muy muy antiguos. Alentado por sus palabras, decidí investigar más sobre aquella especie concreta de alcanforero, el *Tarchonanthus littoralis.*

En cierto modo, es un árbol anfibio: está adaptado para vivir junto al mar. Su fruta, cerosa y esponjosa, contiene las semillas, que vuelan por la costa con la ayuda del viento y solo sobreviven porque no se hunden. Su pelusa cerosa impermeable es como un barquito que navega millas y millas a lo largo del litoral hasta quedar depositada en la parte alta y fértil de la zona de las algas, donde la semilla da lugar a otro alcanforero, resistente a los vientos y a la sequedad del paraje.

En mi cabeza, el alcanforero silvestre adquirió un estatus casi mítico, y cada vez que visitaba aquella cueva ansiaba ir a saludar a aquellos árboles tan robustos y recordar a nuestros ancestros que vivieron en esta orilla, quienes, gracias a un sinfín de experiencias a base de prueba y error a lo largo de varias generaciones, conocían bien el comportamiento de los animales y las plantas.

Incluso hice un par de experimentos con yesca de alcanforero junto a Tony, pero siempre nos faltaba algo. La yesca de alcanforero es un magnífico soporte para un carbón incandescente, pero sin la ayuda de un acelerante no prende. Luego encontré en la orilla el cráneo de un zifio de Gray arrastrado por el mar. ¿Acaso la grasa de ballena era el ingrediente que faltaba? Decidí poner a prueba mi fantasiosa teoría. Conseguí recoger un pequeño frasco de cera de ballena de aquel cráneo, y lo mezclé con yesca de alcanfor. Deposité la mezcla en una concha de abulón y contuve la respiración mientras golpeaba la piedra de sílex. Como a cámara lenta, las chispas rozaron la yesca embadurnada de cera de ballena y prendieron al instante. Al observar cómo ardía la yesca entre llamas vivas durante varios minutos, me sentí muy cerca de mis antepasados más antiguos.

Mi pasión es recordar sus ingenios y, con la ayuda del rastreo, recuperar algunas de sus historias y costumbres. Sueño con el vaho blanco de aquellas gargantas ancestrales, con sus risas, con sus titilantes ojos y con las semillas anfibias que flotan en el manto de la conciencia humana a la espera de alcanzar suelo fértil y continuar rebrotando en el futuro remoto.

EMERGE UNA HISTORIA

Cuanto más asombrosas resultaban mis experiencias con herramientas y tradiciones ancestrales, y más profunda era mi conexión con los animales, plantas y minerales que llevan millones de años en este mundo, más me convencía de que la tecnología del mundo domesticado es una maldición, una distracción que nos aleja de la naturaleza y la forma de vida de nuestros ancestros.

Pero también soy consciente de que gracias a la tecnología dispongo de herramientas que han transformado mi práctica del rastreo. La cámara me proporciona memoria fotográfica y el ordenador me ayuda a analizar lo que veo. Acelero mi aprendizaje como rastreador creando vídeos que puedo visionar una y otra vez, descubriendo nuevas pistas de misterios sobre los que llevo años investigando.

La tecnología moderna también me facilita conectar con un equipo de expertos para amplificar la sabiduría colectiva. Puedo comentar cada nuevo enigma biológico con Jannes y Charles, o lanzar nuevas teorías sobre los primeros *Homo sapiens* con Christopher y Karen, y obtener respuesta en cuestión de días, a veces horas.

A menudo me dejo llevar por este orden de ideas cuando me despierto a las cuatro de la mañana, que es la hora en la que pienso mejor. Otras mañanas me sumerjo en investigaciones fascinantes o repaso imágenes grabadas de mis encuentros con la vida salvaje, maravillado ante lo que me enseña el mundo natural.

Durante años utilicé la cámara más como un rastreador que como un director de documentales. No era más que una herramienta muy sofisticada que me ayudaba a comprender mejor el ecosistema. Las imágenes que acumulaba eran impresionantes, pero después de años sumergiéndome en cuerpo y alma en las aguas sanadoras del Bosque Marino, lo último que quería era despertar de nuevo a la musa con otro proyecto cinematográfico.

Sin embargo, todo eso cambió cuando, tras cuatro o cinco años de encuentros prodigiosos con las criaturas del Bosque Marino, empecé a ver señales de que allí estaba emergiendo una historia increíble.

CAPÍTULO 6

MIEDO

ALGO REDONDO LLAMA MI ATENCIÓN. ME ALEJO DEL LADO DE MI PADRE y me sumerjo a mayor profundidad para echarle un vistazo.

Es una criatura del tamaño de un plato que se desliza lentamente sobre el lecho marino, aleteando con delicadeza al moverse.

Siento un impulso irrefrenable de tocarla.

Alargo el brazo...

Me arrepiento al instante, cuando la electricidad me recorre todo el cuerpo.

MÁS DE CUARENTA AÑOS DESPUÉS, MI PRIMERA EXPERIENCIA CON LA RAYA ELÉCTRICA DEL CABO sigue muy presente en mi memoria. Las rayas eléctricas pueden generar hasta doscientos veinte voltios de electricidad, y el chispazo que me llevé aquel día fue como el que habría recibido si hubiera metido el dedo en un enchufe. Pasaron años hasta que fui capaz de volver a acercarme a aquel animal.

Sin embargo, aquello no impidió que sintiera atracción por otros animales que son peligrosos para el ser humano. Hasta donde puedo recordar, siempre me he adentrado en la naturaleza sin pensar apenas en el riesgo. Para bien o para mal, en mi caso el deseo de estar cerca de lo salvaje siempre ha ido por delante del miedo.

Durante años alimenté ese deseo no solo con mis inmersiones diarias en el Bosque Marino, sino también con visitas regulares al Santuario de Vida Salvaje de Jukani, antaño situado a cuatro horas en coche de Ciudad del Cabo. A la sazón el santuario estaba especializado en el rescate y cuidado de animales que habían nacido en cautividad y eran incapaces de sobrevivir en el medio salvaje.

No estaba permitido que los visitantes interactuaran con los grandes felinos, pero tras dedicarme a documentar su trabajo durante años, los entonces propietarios del santuario, Jurg y Karen Olsen, me concedieron el exclusivo privilegio de rodar en grandes recintos donde vivían algunos de aquellos animales.

De todos los grandes felinos del santuario, ninguno me cautivó más que el jaguar. Una tarde me acompañaron al amplio y verde hábitat por donde rondaba un jaguar hembra. Lo que más me llamó la atención de aquel animal fueron su cuerpo musculoso y sus enormes ojos dorados.

No pasó mucho tiempo antes de que se presentara un peligro: la cola de la jaguar se había quedado atrapada en un trozo de rama. Los grandes felinos son agresivos, y yo sabía que el dolor podía llevarla a arremeter contra mí.

Mientras la jaguar bufaba y gruñía con enfado, me quedé inmóvil. Estaba hipnotizado por el tamaño y el grosor de sus caninos, que tenían forma de cono y se veían afilados como cuchillas. El jaguar es el felino que tiene la mandíbula más fuerte: su potencia de mordida es prácticamente el doble que la del tigre. A diferencia de otros grandes felinos, que agarran a sus presas por el cuello o la columna, los jaguares las matan mordiéndoles el cráneo.

Yo estaba aterrorizado.

No obstante, ya había vivido situaciones igual de temibles. Mi mente trabajó deprisa. Por mi experiencia con depredadores salvajes como el cocodrilo o la mamba negra, sabía que cualquier movimiento que yo hiciera podía irritarla más, así que permanecí muy quieto.

No era nada fácil.

Estaba a pocos centímetros de ella, y el rugido que emergía de lo más profundo de su garganta parecía retumbar por todo mi cuerpo. Recé para salir sano y salvo, pero dentro de mi plegaria había una especie de aceptación. Sabía que no tenía ningún control sobre lo que hiciera aquel animal y que debía plegarme a la situación.

Y entonces ocurrió algo asombroso. La cola se le soltó, su mirada se suavizó y la tensión eléctrica que le recorría todo el cuerpo desapareció. El jaguar dejó de bufar y aquel momento de pausa me dio la oportunidad de hacerme pequeñito y ponerme a su nivel. Al hacerlo, colocó las zarpas sobre mis hombros, en un gesto sorprendentemente amable. Era diez veces más fuerte que yo y podía aplastarme el cráneo en un segundo, y aun así apoyó las zarpas sobre mis hombros con toda la ligereza del mundo.

Por norma nunca toco a un animal a menos que él establezca el primer contacto, pero aquel día, de manera instintiva, le devolví el abrazo. El cuerpo me temblaba levemente a causa de la impresión. Sentí muchas cosas en aquel instante: sobrecogimiento, gratitud, asombro.

No fue muy diferente a la primera vez que buceé entre grandes tiburones blancos. Cinco de aquellos animales, famosos por la película *Tiburón*, habían estado nadando en círculos a mi alrededor, pero de cerca no eran nada monstruosos, sino que se veían imponentes y bellos. Pesaban cada uno más de novecientos kilos, sus ojos eran enormes y de color azul oscuro, y tenían unas inmensas aletas dorsales. Se movían despacio, deslizándose por el agua como si los propulsara una fuerza invisible.

Al cabo de un rato, uno de los cinco tiburones abrió la boca en un gesto que se conoce como «bostezo». Aquello era la señal inequívoca de que ya se habían cansado de mi presencia; se trataba de una primera advertencia por las buenas. Retrocedí poco a poco y salí del agua.

Ya en tierra firme, mi conciencia del miedo había disminuido tanto que incluso me resistí a ponerme el cinturón de seguridad en el coche. Cada vez que te enfrentas a un nuevo miedo primario, tus otros miedos se atenúan.

Esto puede ser transformador, sí, pero también bastante peligroso.

LOS QUE DAN VIDA

Para mí, gestionar el miedo —cualquier miedo, pero en especial el que despierta lo salvaje— consiste en conocer bien su causa. También, en conocer tus límites. A fin de cuentas, casi siempre nos da miedo lo que desconocemos.

Algunos de los miedos más comunes de nuestra especie están enraizados en la inteligencia: un brillante mecanismo de supervivencia que ayudó a los seres humanos y los animales salvajes a sobrevivir. Pensemos en el miedo al agua profunda: el mar puede ser muy peligroso hasta que lo conoces bien, por eso aproximarse a él con cautela es señal de sabiduría.

Sin embargo, cuando ya conoces bien sus idas y venidas, puedes tomar decisiones teniendo en cuenta la fuerza del viento y las mareas, la temperatura del aire y del agua, así como tu propia fuerza y tu nivel de energía. Lo que antes parecía funesto se convierte en un poderoso aliado al que tratas con respeto y precaución.

El miedo a bucear en un lugar donde nadan tiburones es muy tangible y común; yo mismo lo he experimentado, naturalmente. A mí, lo que me ha ayudado a superarlo es valorar de manera racional el riesgo que entraña. Los animales rara vez son agresivos si no se les provoca o acorrala. De hecho, es mucho más probable que nos hagamos daño con una tostadora, una silla o un coco que cae de un cocotero. Incluso ir en coche hacia la costa es miles de veces más peligroso que los tiburones.

Pero el miedo atávico a estos depredadores está muy arraigado en nuestra mente.

Nuestros miedos nos conectan con nuestros semejantes animales, los cuales experimentan miedo y peligro de manera constante. Los miedos primarios dan vida, incluso a través de las cosas que tememos que nos la puedan arrebatar. La gran ironía es que las fuerzas de la naturaleza —el frío, la oscuridad, los grandes depredadores— son precisamente lo que necesitamos para revitalizar nuestro ser.

Tanto si el peligro es real como si solo *se siente* real, el miedo forma parte de nuestra condición de seres vivos. Y una parte crucial de experimentar la vida salvaje es no rehuir lo que nos asusta o nos desafía, sino entregarse a este proceso biológico natural, a las partes de la vida que no podemos controlar, aprendiendo a sentarnos junto al miedo, a respirarlo, a honrarlo.

El mundo domesticado quiere controlarlo todo, pero la naturaleza no es controlable.

La naturaleza es algo que podemos conocer mejor, pero no con la idea de dominarla, sino con la de formarnos a nosotros mismos para experimentarla con toda la claridad y la calma de las que seamos capaces. Por eso el frío puede ser una herramienta tan poderosa. Asusta y es peligroso, pero lidiar con él de una manera segura es relativamente fácil: podemos acostumbrarnos al frío con baños de hielo o breves chapuzones en el océano seguidos de ropa de abrigo y baños calientes.

Nuestro sistema nervioso central no conoce la diferencia entre el frío controlado y el frío sin control. Ante ambos sigue respondiendo de la misma manera en que lo haría ante una situación que pusiera en riesgo nuestra vida; de este modo, cuando salimos sanos y salvos de nuestro encuentro con el frío, nuestra relación con el miedo parece haber cambiado.

Cuando cedemos al pánico o nos estresamos mucho, o cuando respiramos con dificultad por la boca, el cortisol entra en escena. La activación de esta hormona primaria del estrés puede provocar insomnio y ansiedad, pero con tiempo y paciencia, respiración a respiración, podemos familiarizarnos con miedos tan primarios como el que nos causan el frío, la oscuridad y las aguas profundas para que nuestro cuerpo reconozca la sensación y responda con calma.

Nunca me he considerado una persona temeraria. Pese a todas las situaciones peligrosas en las que me he visto envuelto a lo largo de los años, todavía llevo en mi interior a aquel niño temeroso de las cosas que oía y veía en la oscuridad. Ese niño me ha acompañado en grandes aventuras, y pensé mucho en él cuando mi hijo Tom se enfrentó en la infancia a sus primeros miedos.

El niño de mi interior vio cómo me sumergía más y más profundamente en la oscuridad, igual que un soñador contemplando su sueño.

Hasta que una noche inquieta se despertó.

LAS SEMILLAS DE LA INSPIRACIÓN

Cuando inicié el periplo para reconectar con mi alma anfibia, estaba seguro de una cosa: nunca volvería a rodar otro documental. Haber realizado tres documentales sobre cocodrilos, junto con las décadas de viajes y edición, y el inevitable bajón después de cada filme, me habían pasado factura. Aquellos años parecían emborronarse formando un cuadro de agotamiento y desgaste profesional.

«Hasta aquí. Ya he tenido suficiente», me dije.

Todo lo que quería era sumergirme en la naturaleza.

Los primeros años tras mi regreso al Bosque Marino descubrí otras formas de disfrutar de la sabiduría y la naturaleza de África. Me uní a un pequeño grupo de gente que pensaba como yo, y creamos una asociación llamada Sea Change Project, dedicada a la conservación y protección del Gran Bosque

Marino africano. Inspirados en la sabiduría indígena, combinamos la ciencia y la narración oral, y nos centramos en las experiencias vividas con la naturaleza como maestra.

Después de estas increíbles experiencias me di cuenta de que ya no era la misma persona que había llegado a esta costa años atrás, con el cuerpo y el espíritu hechos trizas. El rastreo en aguas frías había hecho que recobrara la salud y aguzara la mente. Mi relación con los animales del Bosque Marino me proporcionó un sentimiento de esperanza y una energía renovadas, incluso los días en los que más me angustiaban las amenazadoras crisis medioambientales.

A medida que pasaba el tiempo, mi opinión sobre la realización cinematográfica también empezó a cambiar. Cuanto más reflexionaba sobre mis vídeos, más sentía algo que me resultaba familiar: la semilla de la inspiración arraigando. Quería compartir las historias del Bosque Marino con los demás, mostrar a la gente aquel maravilloso ecosistema que había descubierto. En concreto, quería compartir la incipiente amistad que estaba forjando con un curioso pulpo que me enseñó muchas cosas sobre su mundo.

Una tarde mostré algunos de mis vídeos a mi amigo Roger Horrocks, el brillante realizador que me había ayudado a dar vida a los documentales sobre los cocodrilos. Roger estuvo de acuerdo conmigo: allí se intuían los cimientos de una historia extraordinaria.

El deseo de presentar las criaturas del Bosque Marino al mundo me parecía una evolución natural de mi exploración del mundo salvaje. Durante eones, nuestros ancestros se adentraron en la naturaleza para después regresar a su poblado con historias que compartir. Relataron en los muros de las cavernas, con ocre, las aventuras de sus cuerpos y sus espíritus. Aquellas imágenes han permanecido y las han contemplado nuevas generaciones de seres humanos. A mi manera, me siento partícipe de este largo linaje de artistas y narradores orales. Tras convencerme de que debía abandonar mi arte para recuperar el equilibrio y la estabilidad, surgía aquella historia tan cautivadora, y me sentí obligado a compartirla.

Sospechaba que el proceso podía ser muy diferente a los de mis documentales anteriores. Esta vez no iba a tener que abandonar ni mi hogar ni a mi familia para pasar semanas o meses en cierta localización. Ya contaba con miles de horas de rodaje y con un equipo brillante. Aunque Pippa carecía de experiencia cinematográfica, yo veía en ella una gran pasión por los animales y un don para contar historias.

Y precisamente fue Pippa quien tuvo la idea de que el documental no fuera una película sobre activismo conservacionista, sino que se limitara a contar la verdadera historia de una amistad salvaje. Roger mostró interés por ayudarnos a rodar con sus sofisticadas cámaras, y Swati siempre estuvo ahí, entre bastidores, guiándonos a todos por el buen camino con su sabiduría, su amabilidad y su inquebrantable fuerza.

Si albergaba algún temor por que, al embarcarme en una aventura como aquella, resurgiera la sensación terrible, ese miedo estaba bien sepultado.

Mientras tanto, mis amigos y yo continuamos enfrentándonos a nuestros miedos más primarios.

Un poco de magia

Cuando empecé a conocer a las criaturas del Bosque Marino ardía en deseos de que Swati me acompañara en mis inmersiones matutinas. Sin embargo, en los primeros años de nuestra relación la posibilidad de bucear juntos era impensable.

De niña, una instructora de natación la obligó a mantener la cabeza bajo el agua y Swati sintió que se ahogaba. Como resultado, nunca aprendió a nadar y durante mucho tiempo la mera idea de meter la cabeza bajo el agua le provocaba pánico.

Años después vivió una experiencia terrorífica en el océano. Doce años antes de conocernos, Swati estaba en Sri Lanka cuando un terremoto en la costa de Indonesia desató un tsunami que acabó con la vida de doscientas treinta mil personas, treinta y cinco mil de ellas en Sri Lanka. La despertó un estruendo como el de un tren de carga al atravesar un túnel. Miró por la ventana del hotel y vio que el océano era más alto que los árboles. El mar invadió su habitación y el agua le llegó hasta el cuello, pero luego, milagrosamente, se retiró. La mayoría de los hoteles de la zona quedaron destrozados, pocas personas sobrevivieron.

Yo comprendía bien su miedo, pero también quería hacer algo para ayudarla a sentirse mejor. Me ofrecí a enseñarle lo que había aprendido: a respirar despacio, a confiar en la flotación de mis pulmones llenos de aire. La animé a acompañarme los días en que el mar estaba más tranquilo, asegurándole que no me separaría de su lado para que así se sintiera más segura. Pero no daba el paso.

—Sé que lo haces por mí, Craig —me decía—, pero no lo comprendes porque tú nunca has sentido este tipo de miedo. Tú aprendiste a nadar antes de ser consciente de que estabas nadando.

Tenía razón. Yo no sabía qué era tener miedo del océano, porque estaba casi tan a gusto en el mar como en tierra firme; pero a Swati no la habían metido en el océano de recién nacida. Aquel lugar no había sido siempre su hogar como lo era para mí. Yo confiaba en que algún día Swati llegara a amar el Bosque Marino, pero no podía obligarla a ello. Su relación con el océano era cosa suya. Yo esperaba que esa relación prosperase a su debido tiempo y a su manera.

AL OTRO LADO DEL PELIGRO

Pese a que mantengo con el mar una relación de toda la vida, esta ha sufrido sus altos y sus bajos. De joven no siempre respeté mis límites, y tampoco conocía tan bien el océano como lo conozco ahora.

Una de mis experiencias más angustiosas con el océano sucedió hace tres décadas. Mi hermano Damon, mi mejor amigo del instituto, John, y yo estábamos buceando en el bosque de algas cuando el oleaje se volvió más intenso. Una ola se nos llevó por delante, y yo me hundí unos cinco metros antes de sujetarme a dos gruesos tallos de algas. La fuerza de aquella ola arrancó las algas del lecho marino y me lanzó hacia el arrecife. Oí un sonido extraño y me di cuenta de que las olas estaban removiendo las gigantescas rocas del fondo del mar.

De algún modo conseguimos alejarnos a nado de las olas. Sabíamos que la mejor opción era nadar en paralelo a la costa y salir del agua por una playa o una zona plana de rocas, pero nos topamos con una corriente muy fuerte. Durante una hora larga intentamos nadar contra la corriente, porque sabíamos que si nos dejábamos llevar por ella acabaríamos aplastados contra las rocas de los acantilados.

Éramos jóvenes y estábamos en forma, así que avanzamos bastante, pero el cuerpo tiene sus límites, y tras otra media hora empezamos a sufrir severos calambres en las piernas.

Dejamos de hablar y nos limitamos a nadar, una brazada tras otra. No teníamos fuerzas para pronunciar palabra, solo la determinación férrea de mantenernos vivos. Yo estaba aterrorizado y daba por hecho que no todos íbamos a sobrevivir. Los calambres se volvieron tan dolorosos que ya no éramos capaces de nadar en línea recta, y nos dimos cuenta de que si no llegábamos a la orilla nos ahogaríamos. Era una sensación horrible estar tan agotados y saber que en cualquier momento podíamos acabar estampándonos contra las rocas.

Entonces volví la vista atrás y vi una ola monstruosa, de casi seis metros de altura; toneladas de agua moviéndose a gran velocidad. Todavía siento el miedo del instante en el que aquella gigantesca ola se cernió sobre mí.

Nos levantó como si fuéramos ramitas. Recé a todos y a todo lo que amaba y me hice un ovillo, protegiéndome la cabeza con los brazos. En aquel momento, mientras yo permanecía encogido, la ola nos levantó por encima del acantilado hasta la ladera de la montaña y nos depositó en una acacia.

La masa espumosa de agua retrocedió, dejándonos colgados de las ramas de aquella acacia, a unos tres metros y medio del suelo, exhaustos y empapados, pero sanos y salvos de milagro. Demasiado impactados para hablar, descendimos del árbol, comprobamos que nuestras castigadas piernas aún nos sostenían y regresamos directos a mi coche y a la vida. Plenamente consciente de mi condición mortal, me abroché el cinturón de seguridad enseguida.

Los meses siguientes entraba en el agua algo temeroso, con prudencia y respeto. Evitaba el mar revuelto y las zonas en las que había fuertes corrientes. Usaba las algas más gruesas para protegerme. Aprendí a interpretar el tiempo y a percibir los cambios en la atmósfera que pueden afectar al océano. Y no dejaba de escudriñar el horizonte en busca de olas.

Aquel día conocí la fuerza bruta del océano y decidí que trabajaría con ella, no contra ella. El océano había ejercido su autoridad con total maestría, haciendo que mi cuerpo pareciera un pequeño corcho en un torrente embravecido, sin control, a su entera merced.

EL GOZO PRIMARIO

Fue durante una visita a Pringle Bay, donde viven mis padres, cuando Swati por fin resolvió enfrentarse a su miedo. Acabábamos de regresar del Kalahari, donde habíamos pasado dos semanas. Era invierno y el agua apenas superaba los diez grados, así que se puso un traje de neopreno, guantes y capucha, pero todavía tenía mucho frío. Vadeó con decisión la parte que no cubría, y luego se dio la vuelta y salió del agua.

—¡Nunca en la vida había sentido este dolor! —exclamó, casi sin aliento—. ¡Es como si me clavaran unos cuchillos!

Volvió a intentarlo un día más templado, dispuesta a vencer el frío y el miedo. Equipada con máscara de esnórquel para respirar mejor, chaleco salvavidas, traje de neopreno y aletas para aumentar la flotabilidad, me siguió. Yo intenté mantenerme cerca de ella en todo momento para ayudarla a flotar, aunque no demasiado, porque no quería estropearle la sensación de descubrir algo nuevo. Se sujetó bien la máscara y metió la cabeza en el agua por primera vez desde que era niña.

Los científicos empiezan a comprender de qué modo el cuerpo recuerda una experiencia traumática como la que vivió Swati. Sospecho que en aquel momento su inteligencia primitiva le gritaba que saliera del agua, que aquello era peligroso y debía escapar.

Pero aquel no fue el único mensaje que Swati recibió aquel día.

La máscara de esnórquel le permitió descubrir un mundo submarino que era totalmente nuevo para ella y en el que vivían sus semejantes animales. Desfilando debajo de nosotros, entre las algas, vimos imponentes tollos manchados, unos hermosos tiburones de casi un metro y medio de largo que no suponen ninguna amenaza. Estuvimos un buen rato observándolos, cautivados.

De vuelta en la orilla, Swati temblaba de manera incontrolable mientras yo la ayudaba a entrar en calor.

—¡Ha sido increíble! —decía, con los dientes castañeteando. Los tiburones le habían mostrado la magia de la que yo siempre le hablaba—. Pero una cosa está clara —añadió—, nunca habría podido hacerlo sin un traje de neopreno.

DESPUÉS DE AQUEL DÍA, SWATI VOLVIÓ AL AGUA MUCHAS VECES MÁS, y aprendió a flotar por su cuenta con máscara, tubo de esnórquel y aletas. Al principio solo se sumergía hasta donde podía mantenerse en pie o agarrarse a las algas. Con el tiempo, al ganar confianza, empezó a vivir experiencias que la motivaban a continuar. Mientras hubiera animales que ver, se sentía fuerte y quería estar más rato en el agua. Si no había animales, aquel viejo temor suyo volvía a aflorar.

Un día encontramos un grupo de rayas de cola corta, que son las rayas más grandes del mundo: alcanzan los cuatro metros de longitud.

El aguijón de la cola puede ser letal, pero la raya no es un animal agresivo y solo lo usa para defenderse. Siete de ellas flotaban gráciles a nuestro alrededor. Permanecimos en el agua toda la mañana observándolas. Después Swati me confesó que estaba tan maravillada que ni se acordó del miedo a ahogarse. Poco a poco, el gozo primario iba ocupando el lugar del trauma de su infancia.

ENFRENTARSE A LA OSCURIDAD

Pippa, Tom y yo caminábamos por uno de los senderos humanos más antiguos de la Tierra, un lugar por el que antaño se desplazaban nuestros primeros ancestros. En sus cuevas todavía se encuentran artefactos que se remontan a la Edad de Piedra. El sendero, estrecho y pedregoso, de color rojo por el ocre, recorre un enorme acantilado con vistas a False Bay. Parecía que anduviéramos suspendidos en el aire.

Esta magnífica bahía, el «Serengueti del mar», es frecuentada por ballenas, orcas, delfines y enormes bancos de peces. Por algún milagro de la fecundidad, es un lugar que sigue lleno de vida pese a trescientos años de pesca intensiva.

Yo había recorrido aquel sendero tan antiguo un montón de veces, pero aquel día era especial, porque una tormenta perfecta de acontecimientos nos permitía llegar hasta un rincón muy poco accesible, y estaba emocionado por poder compartirlo con mi hijo y nuestra amiga.

Descendimos hasta el cerúleo y cristalino océano por unos gigantescos escalones verticales de arenisca. Cada escalón era tan alto y empinado que teníamos que ayudarnos con las manos e ir con mucho cuidado, porque una caída podía ser fatal. Lanzamos las mochilas hacia abajo, ya que era más fácil bajar sin ese peso extra, y respiramos aliviados cuando llegamos a la orilla del mar.

El acantilado continúa bajo el agua y alberga un bosque de algas lleno de invertebrados. Caminamos por un pequeño cabo, y allí estaba: la cueva marina de los secretos.

La cueva se anunció con un estruendoso ¡*bum!* provocado por las olas y la liberación del aire que quedaba atrapado en su oscuro interior. Era una cueva grande y de aspecto siniestro, y yo conservaba el aterrador recuerdo de una vez que la visité cuando el mar no estaba tan calmado y salí despedido cuando intentaba escapar. Sufrí algunos rasguños y sangré, pero no me rompí nada.

Por lo general, el agua de la cueva está muy turbia: los sedimentos se acumulan y las fuertes corrientes los empujan hacia la masa de agua. El día en que Pippa, Tom y yo visitamos la cueva, sin embargo, estaba inundada por una poco habitual corriente de agua a doce grados de temperatura. Podíamos ver peces que subían a la superficie desde las profundidades a buscar comida.

—¡El agua está tan clara que puedo ver la jaiba de roca amarilla que hay en el fondo! —exclamó Pippa.

Yo nunca había visto el agua así, y sabía que rara vez gozaríamos de una ocasión como aquella.

—No creo que nunca nos vayamos a ver en otra como esta —les dije—. Deberíamos adentrarnos en la cueva marina.

Tom no decía nada. Sentí que, aun estando tenso, tenía curiosidad por penetrar en aquella oscura cueva.

Nos equipamos con lo básico. En mi caso, un pantalón corto con bolsillos para guardar una minicámara, unas lentes y mi potente linterna submarina; una máscara, una capucha y un tubo de esnórquel. Ni aletas ni traje de neopreno. Nos metimos en el agua, procurando no generar olas de presión que alertaran a los animales de las profundidades, y nadamos hacia la oscuridad de la boca de la cueva.

Es un lugar imponente en la punta de África. La cueva parecía viva, era como una criatura de edad incierta excavada durante milenios por el impacto de millones de olas en aquel altísimo acantilado. El intenso hedor a guano de cormorán se mezclaba con el leve aroma a pescado de los excrementos de nutria.

Estábamos inmersos en sensaciones primarias: el agua gélida, los olores salvajes y la visión de la boca de aquella gigantesca criatura-cueva hacia la que nadábamos. La luz se reflejaba en el lecho marino, y en la superficie danzaban cientos de medusas peine, cuyos cilios ofrecían un espectáculo de luz iridiscente.

Nos adentrábamos en un mundo de fantasía que, de algún modo, era real. Mi linterna parecía un sable de luz que rasgaba la oscuridad iluminando moluscos gigantes, anémonas y erizos de mar. Descubrí un enorme pasadizo submarino lo bastante grande para aparcar varios coches. Seguimos aquel túnel que se extendía bajo el acantilado y vimos que la entrada ya nos quedaba lejos. El techo abovedado brillaba con los reflejos del agua y de mi linterna, trazando sinuosas serpientes de luz.

Nos dimos la vuelta y nadamos hacia la zona profunda donde tuve un buen susto aquella vez. El agua estaba tan negra que apenas podía verme las manos.

Mi mente primitiva, hallándose en medio de aquella oscuridad, me gritó: «¡Sal de aquí!». En el pasado, sobre todo en los ríos, los grandes depredadores habrían empleado sus sistemas sensoriales superiores para «vernos» en el agua oscura y cazarnos como bayas maduras.

Noté mi miedo y le di las gracias a mi mente primitiva por la advertencia. Podemos hacernos amigos de nuestra mente primitiva y hablar con ella como lo haríamos con nuestro querido perro cuando ladra a una visita. «Gracias, pero hoy no hay nada de lo que preocuparse», le dije.

El agua estaba tan tranquila y transparente que no podía creer la suerte que habíamos tenido. En la oscuridad, mi linterna detectó un cuerpo grande y sombrío moviéndose grácilmente por el agua.

«Un depredador», me advirtió mi mente primitiva.

«Sí —pensé—, pero también un amigo.»

Era un tollo adulto, seguido de otro más joven. Tom y yo habíamos buceado con estos tiburones desde que él era pequeño; son como viejos amigos. También vi que había peces; sospeché que los tiburones iban a cazarlos acorralándolos al final de la cueva.

A medida que salíamos nadando de la oscuridad hacia la luz del día, el agua se iba volviendo de un azul plateado, y la superficie brillaba con la luz dorada del sol. La cueva nos había hablado, nos había contado sus secretos; la abandonamos cambiados, renovados, limpios tras habernos bañado en el caldero de la naturaleza.

Nos calentamos tumbados al sol, en el saliente de roca del borde de la cueva.

—Escuchad los tambores del agua —dijo Tom. Señaló hacia el acantilado y gesticuló—. Son olas pequeñas que atrapan aire bajo los salientes rocosos.

Hervimos mejillones frescos y nos dimos un festín. Después subimos por el acantilado y regresamos a casa por uno de los senderos más antiguos de la Tierra.

Estábamos extasiados ante la belleza de la naturaleza, profundamente agradecidos de que se nos hubiera brindado aquella ocasión perfecta para conocer por dentro a la criatura que es la cueva marina de los secretos.

Padres e hijos

Varias semanas después, Tom y yo íbamos de camino al mar, cerca de casa.

—Desde que fuimos a la cueva ya no tengo miedo de la oscuridad —anunció.

Me sorprendió un poco oírle decir aquello. Yo sabía que él de pequeño tenía miedo a la oscuridad, y a menudo habíamos hablado del asunto. Le conté que a mí a esa edad me pasaba lo mismo, que le entendía perfectamente.

Pero Tom nunca había dicho que, a los diecisiete, continuara batallando con ese miedo. Mi mente rebobinó hasta el día de la cueva marina, y recordé la tensión de su cuerpo cuando nos acercábamos a la oscura entrada de la cueva.

Sentí un torbellino de emociones encontradas: decepción conmigo mismo por no haberme dado cuenta de que mi hijo batallaba contra algo tan imponente; orgullo por él, por atreverse a sumergirse en la oscuridad, pero todavía más por el hecho de que hubiera compartido su miedo conmigo. Mi hijo crecía y se estaba convirtiendo en una persona maravillosa.

Yo quería que Tom sintiera que podía hablarme de cualquier dificultad a la que se enfrentara. Pensé en mi niñez y en cuanto me vi obligado a callar sobre mi miedo a la oscuridad, sobre mi timidez ante la gente.

Mi padre era tan fuerte que parecía inmortal. Yo quería que se sintiera orgulloso de mí, y siempre me mostré ansioso por seguirle hacia las olas rompientes, aunque estas se elevaran por encima de mi cabeza.

Yo también quería que Tom se sintiera orgulloso. Quería dar la cara por él siempre que lo necesitara.

Sin embargo, cada vez era más complicado por la presión a la que me sometía el documental. Algunas noches apenas dormía, y mi fuerza ya no era la de antes.

Aunque sabía que nuestra excursión a la cueva marina de los secretos era el tipo de experiencia que hace que la vida valga la pena, cada vez era más difícil encontrar el tiempo y la energía para ese tipo de aventuras.

INFIERNO

A través de la ventana trasera vislumbré un extraño cielo anaranjado. Tardé unos segundos en darme cuenta de lo que estaba ocurriendo: había un gran incendio en la montaña que se alzaba desde el mar. Enseguida el viento comenzó a transportar el humo hacia nuestro barrio; y con él, las llamas.

El fuego ya descendía por la montaña, era aterrador. Cuando llegó a nuestro barrio se oyeron cada vez más estallidos; supuse que eran tuberías explotando. Algunas partes de las casas de mi alrededor habían empezado a derretirse.

En un momento nuestro barrio estaba en llamas. La casa de Monica, junto a la nuestra, era un infierno. Bolas de fuego volaban por el aire. Los pinos estallaban. La casa de mis vecinos Mark y Liz prácticamente se volatilizó; de ella no quedaron más que los cimientos humeantes.

Varios helicópteros sobrevolaban la zona arrojando sobre las llamas agua del mar con cubos gigantes, pero el fuego continuaba avanzando. Enseguida vimos que debíamos evacuar la zona. Swati recogió nuestros tres gatos, nuestros pasaportes y nuestras filmaciones submarinas y se marchó en coche hasta la orilla del mar, despejando la carretera para que pudieran pasar los camiones de bomberos. Por suerte, aquel día Tom estaba en casa de su madre.

Me sentía ligeramente fuera de mí, en un estado de hiperalerta, mientras me tapaba la boca con un pañuelo para reducir la inhalación de humo. Al contemplar las llamas que consumían nuestro barrio me asaltó un extraño pensamiento: «Esto suena y se siente como un dragón». La visibilidad era tan mala —se parecía a estar bajo el agua— que los sonidos de las llamas rugiendo, la madera resquebrajándose y las tuberías explotando esbozaban en mi cabeza la forma de esa fantástica criatura. Reparé en que el incendio era descomunal y en que los camiones de bomberos tardarían en acudir en nuestra ayuda.

Noté que una extraña sensación de calma se apoderaba de mí, y entonces tomé la decisión de quedarme junto a mi vecino y compañero de buceo André, un tipo duro y alegre con el que en una ocasión navegué a remo por el río Gariep. Entre los dos echamos abajo la puerta de la casa de Monica, que estaba en llamas, para ver si había algo que pudiéramos hacer, pero enseguida nos dimos cuenta de que era absolutamente imposible hacer nada.

Estábamos totalmente rodeados por el fuego, y el calor del infierno que era la casa de al lado resultaba insoportable. Nuestra casa era un edificio vulnerable de madera; lo que la salvó fueron los depósitos de agua de lluvia. Todas las tuberías municipales habían explotado, pero nuestros depósitos sobrevivieron, lo cual me permitió apagar las llamas y las pequeñas bolas de fuego que amenazaban con quemar nuestro hogar.

Fue casi un milagro que nuestra casa se salvara y nadie sufriera daños.

Cuando Swati regresó a casa ese mismo día, hablamos de lo ocurrido y consolamos a los gatos, que estaban aterrorizados. Swati me contó que habían estado muy quietos y callados en el coche, como si supieran que aquello era un asunto de vida o muerte.

Me parece que los dos estábamos sumidos en un estado de incredulidad. Llevé la bolsa con las filmaciones de vuelta al estudio, y Swati preparó un té. Íbamos a permanecer despiertos toda la noche para vigilar que el fuego no se reavivara.

Mientras veíamos cómo las brasas echaban chispas y se encendían cada dos por tres, volví a pensar en el poco control que tenemos sobre la naturaleza salvaje.

La sensación realmente terrible

Tardamos casi tres años en editar las filmaciones del pulpo. Había acumulado un montón de imágenes extraordinarias años antes de saber que íbamos a rodar un documental, y cuando la historia empezó a cobrar forma entraron en escena Pippa, Roger y un cineasta muy talentoso llamado Warren Smart. Mi vieja amiga y colaboradora Ellen Windemuth se incorporó como productora ejecutiva y trajo consigo a James Reed, un dinámico cineasta británico. Completaban el equipo la brillante asesora de edición Jinx Godfrey; Sara Edelson, de Netflix, una auténtica fuerza de la naturaleza para el proyecto; y Swati, que me ayudó guiándome cada día a su manera especial.

El proceso de filmación y edición fue una maravilla, a pesar de que muchas horas extraordinarias de metraje quedaron fuera de la versión final. Realizar aquel documental fue una experiencia muy gratificante. Si bien pasamos horas y horas editándolo, mantuvimos el protocolo de bucear y rastrear cada día, lo cual nos ayudaba a conservar nuestra energía y nos permitía trabajar mejor. Al final terminé agotado, pero conseguí no sucumbir a la sensación terrible que me había acechado en proyectos anteriores: di un paso al lado y dejé que aquel equipo de primerísima clase terminara el documental.

Lo que el pulpo me enseñó cosechó un éxito que sobrepasó todas nuestras expectativas. Después de décadas rodando documentales sobre las personas y los animales de África que raras veces conseguían una audiencia amplia, de repente nuestro pequeño documental se estrenaba en casi doscientos países. Llegaban elogios, los medios nos pedían entrevistas, y empezaron a circular rumores de premios y galardones.

Y justo cuando estaba experimentando el mayor éxito profesional de mi carrera, apareció la sensación realmente terrible.

CONTRA MI NATURALEZA

A todos nos aterra algo. Quizá tu mayor miedo sea el fuego, o caer desde una gran altura. El de Swati es ahogarse, y yo pronto iba a descubrir el mío. Tras décadas filmando, me había colocado al otro lado de la cámara. Y ahora me veían millones de personas.

Estaba bajo los focos, escrutado desde todos los ángulos, como una criatura marina en una placa de Petri. No tenía caparazón ni medios de camuflaje. A diferencia del pulpo que tanto me enseñó, no podía taparme con conchas, cambiar de color o de forma, ni cubrirme con un trozo de alga.

Me he enfrentado a enormes muros de agua que se cernían sobre mí, he sentido el espeluznante bufido de un gran felino dispuesto a atacarme, he echado abajo la puerta de una casa en llamas y me he sumergido en la guarida de uno de los depredadores más peligrosos del planeta, pero el miedo que sufrí en cada uno de aquellos momentos palidecía en comparación con lo que experimenté durante las semanas y meses que siguieron al estreno de nuestro documental, cuando sentí la mirada de millones de personas clavada en mí.

DURANTE CASI TODA NUESTRA EXISTENCIA, LA MAYORÍA DE LOS SERES HUMANOS vivimos en grupos de unas treinta personas. Está claro que, hoy en día, la vida es bastante diferente, con las redes sociales conectándonos con cientos, miles, millones de personas que en realidad no conocemos. Sin embargo, en toda la historia de la humanidad, la capacidad de conectar con decenas de miles de desconocidos y dejarse ver por ellos no ha existido más que durante un período equivalente a un parpadeo.

Una gran parte de nuestra evolución profunda la hemos vivido en sociedades parecidas a las de los cazadores-recolectores san de épocas recientes. En estas comunidades igualitarias, todo el mundo está considerado un igual. Conceder un premio al mejor rastreador o al mejor cazador de una comunidad san sería impensable. Distinguir a un individuo para que reciba montones de elogios se tomaría por algo contrario a la naturaleza fundamental de la humanidad.

Aquello parecía ir en contra de mi naturaleza. Muchos de los momentos más felices de mi vida son los que viví de niño paseando por la orilla, encontrando tesoros y sintiéndome totalmente seguro y protegido en mi burbuja dentro del mundo salvaje. Cuando, ya adulto, necesité curarme, regresé al Bosque Marino.

No creo que nadie esté preparado de verdad para el efecto que la fama tiene sobre la mente, y como yo nunca he buscado ni la fama ni el reconocimiento, y mucho menos si viene de la noche a la mañana, aquello me afectó mucho.

Había vivido aquellas experiencias tan íntimas y vulnerables —casi sagradas—, y ahora las consumían millones de personas. Era como si mi alma se hubiera roto en millones y millones de pedacitos que flotaban en los televisores de todo el mundo, solo que ninguno de esos pedacitos era realmente yo.

Y, sin embargo, por mucho que quisiera apartarme del foco, me sentía obligado a hablar en defensa de los animales que no tienen voz, por nuestra Gran Madre. Me sentí atrapado entre dos poderosos deseos: por una parte, mi propia necesidad de una comunión silenciosa con lo salvaje y, por otra parte, una llamada imperiosa a despertar en mis semejantes el amor por la naturaleza.

Un estado alterado

Cuanto más brillaba el foco, más me costaba dormir por las noches; estaba exhausto, pero era incapaz de conciliar el sueño. Me levantaba de la cama dando tumbos y deambulaba por un hogar que a mis ancestros, incluso a los de unas pocas generaciones atrás, les habría parecido ajeno. Mis sentidos agudizados luchaban por anular los sonidos y las señales del mundo domesticado que antaño eran ruido blanco: el zumbido de la nevera, las luces de la cocina, tan frías en comparación con la sensación del sol sobre la piel desnuda.

Era un animal cuyo hábitat natural había sido destruido para dar paso a un mundo artificial construido para satisfacer todos mis deseos y necesidades; y pese a todas aquellas comodidades, era incapaz de dormir.

Transcurrieron cuatro meses enteros durante los cuales a veces solo conseguía dormir diez minutos por la noche. El insomnio es aterrador porque, si no se duerme lo suficiente, la mente empieza a desintegrarse. Al principio oscilaba entre noches movidas y días de irritabilidad, pero después de muchas semanas deseché toda esperanza de dormir y empecé a experimentar estados alterados.

Existe un motivo por la cual la privación del sueño es un método de tortura común: cuando nos arrebatan una necesidad tan básica como es dormir, las personas empezamos a disociar y a sufrir alucinaciones. Cuesta saber qué es real y qué no lo es. Algunas noches caía rendido y lograba dormir media hora, pero muchas otras me veía abocado a un abismo horrible de oscuridad y sonidos extraños. A veces veía destellos de movimientos que me recordaban a las extrañas figuras que vislumbraba en mi dormitorio cuando era niño, y los recuerdos de mis miedos infantiles se mezclaban con la paranoia de aquellos días.

Lo que me salvó fue haber estudiado durante años los procesos de sanación por medio de estados alterados de la conciencia. Había danzado con curanderos san y experimentado estados alterados en mi propia piel. Había trabajado técnicas de visualización que me hacían sentir que abandonaba mi cuerpo. También había estudiado la conexión entre el arte rupestre y los estados alterados de la conciencia con la arqueóloga

Janette Deacon. Hay evidencias de que las formas mitad animal, mitad persona de este arte representan experiencias que las personas vivían en estados de trance. En el arte rupestre se aprecian a menudo patrones geométricos similares a los que pueden verse en las primeras fases de experiencias de trance.

Así que cuando de noche veía y oía criaturas extrañas, cuando la pared se descomponía en formas geométricas de lo más peregrinas, asociadas a estados alterados de la conciencia, yo estaba todo lo seguro que podía estar acerca de lo que ocurría a mi alrededor.

Pese a todo esto, el sufrimiento era profundo. Durante meses apenas era capaz de moverme con normalidad, por lo que me veía obligado a pasar la mayor parte del tiempo en casa mientras Swati se ocupaba de mí y de todas las responsabilidades de nuestro hogar. No podía conducir ni montar en bicicleta. Y las inmersiones diarias que tanta alegría y salud me habían procurado se volvieron un suplicio.

En el punto álgido de mi entrenamiento podía aguantar cinco minutos sin respirar bajo el agua, más todavía si el mar estaba en calma. Ahora respirar era una batalla incluso fuera del agua. Había llegado a nadar dos horas seguidas en aguas gélidas, mientras que ahora no habría aguantado ni cinco minutos.

Andaba muy decaído. Era como si se me hubiera concedido un superpoder y después me lo hubieran arrebatado. Estaba más débil que nunca. Los reveses físicos y mentales pueden ser devastadores, pero resultan especialmente desafiantes cuando llegan después de que hayas hecho un serio esfuerzo por cambiar tu vida: es como si nada de lo que hayas hecho importe, como si todos tus denuedos por transformarte no fueran más que una broma cósmica.

No me sentía como alguien que había trabajado duro para aprender el idioma de la naturaleza. Mas bien me sentía como el niño asustado que había sido muchos años atrás; el niño que buscaba las criaturas del mar porque le daban menos miedo que las de la tierra.

De niño tenía miedo de lo que se ocultaba en la oscuridad.

De mayor sabía que lo que se ocultaba en la oscuridad era yo.

DESTROZO

Una mañana la temperatura del mar había caído hasta los trece grados, y salí a bucear por el Bosque Marino. Mientras me sumergía en sus profundidades vi algo extraño: un cangrejo nadador de tres manchas en el dosel del bosque de algas. Aquel animal estaba fuera de su hábitat usual, puesto que vive bajo la arena del lecho marino.

Había visto curiosidades así antes, como un murciélago revoloteando a plena luz del día alrededor de nuestro barco el día que buceé entre cocodrilos en el delta del Okavango. Este fenómeno —cualquier disrupción en el tejido normal de la naturaleza— era bien conocido por los rastreadores y chamanes indígenas con los que había trabajado a lo largo de los años: significa que va a ocurrir algo importante.

Al mismo tiempo que mi cerebro me decía que aquel cangrejo estaba fuera de lugar, mis ojos no terminaban de discernir el porqué. Experimentaba una especie de ceguera ante cuanto sucedía delante de mis narices en el mundo natural. Mi capacidad para reconocer patrones en la naturaleza estaba desgraciadamente mermada.

Era una sensación terrible después de toda la experiencia rastreadora acumulada con los años.

Y este no fue el único momento extraño que recuerdo de aquel período tan lúgubre de mi vida. Toda mi experiencia del Bosque Marino parecía estar cambiando. Ahora, cuando me sumergía en el agua ya no veía todas las cosas hermosas que estaba acostumbrado a ver. Solo veía palomas mensajeras muertas, basura y manchas de petróleo.

La naturaleza entera era un espejo, y mi mente estaba destrozada.

ESTO ES TEMPORAL

Durante aquellas largas noches sin dormir me preocupaba no poder volver a rastrear como antaño. Temía que mi salud nunca llegara a ser tan robusta como apenas un año antes.

Temía que mi cuerpo y mi mente quedaran dañados de forma irreversible.

Y, pese a todo, todavía me creía capaz de mantener una conexión con lo salvaje. Iba al mar unos minutos cada día. Poco a poco, día a día, aumenté ese tiempo, dejando que gradualmente el sistema salvaje me trajera de vuelta.

Una de las sensaciones más perturbadoras era mi incapacidad para inhalar suficiente aire a través del tubo de esnórquel, lo que me obligaba a sacar la cabeza del agua para respirar. Estaba tan débil que tenía que agarrarme a las algas. Había perdido tanto peso que toda mi ropa me quedaba grande, y sin la camiseta me sentía cohibido. Siempre me he esforzado por mantener la línea, y ahora era raro verme tan delgado.

Swati tuvo un papel primordial en mi recuperación. Cuando te estás rompiendo, que alguien te recomponga es un regalo maravilloso.

—Todo va a ir bien, Craig. Esto es temporal —me decía una y otra vez, con cariño.

Nunca dejó traslucir que estuviera preocupada; solo sonreía y me abrazaba. Se mostró tan fuerte y segura de sí misma que una pequeña parte de mí la creía a pies juntillas, pese a estar hecho pedazos.

Empecé a visitar a una científica especialista del sueño, la doctora Dale Rae, que me propuso una serie de ejercicios de respiración. Me puse en sus manos e hice todo lo que me dijo. Uno de los ejercicios que más me ayudó era una práctica de respiración sencilla pero potente de cinco-siete-cinco respiraciones. La comparto aquí:

 Toma aire por la nariz, despacio y de forma ininterrumpida, mientras cuentas hasta cinco en silencio.

Aguanta la respiración tres segundos.

Suelta el aire, despacio y de forma ininterrumpida, mientras cuentas hasta cinco.

Repítelo cinco veces.

 A continuación, respira contando hasta cinco como antes.

Aguanta la respiración contando hasta tres.

Después suelta el aire mientras cuentas hasta siete.

Repítelo cinco veces.

 Toma aire contando hasta siete, aguanta la respiración contando hasta tres y espira contando hasta siete.

Repítelo cinco veces.

 Toma aire contando hasta siete, aguanta la respiración contando hasta tres y espira contando hasta cinco.

Repítelo cinco veces.

 Por último, toma aire contando hasta cinco, aguanta la respiración contando hasta tres y espira contando hasta cinco.

Repítelo cinco veces.

 Vuelve a respirar con normalidad, de forma relajada y tranquila.

En total, el ejercicio solo dura unos doce minutos, y es sorprendente lo mucho que conseguía calmarme cada vez que lo hacía. Si me despertaba en plena noche, con el corazón y la mente disparados, lo ponía en práctica y, en cuestión de minutos, todo mi sistema nervioso se calmaba.

Debo mi vida a Dale.

Si bien las enseñanzas del mundo salvaje eran importantes, por sí solas parecían insuficientes para ayudarme a superar aquel obstáculo. Ya no podía confiar en un reto físico o mental para recuperar mi salud; ya no podía lanzarme de cabeza al peligro como forma de salvación.

En lugar de eso, tuve que aprender la humilde práctica de rendirse.

Me tomé un respiro del trabajo para centrarme de nuevo en la naturaleza. Cada noche continuaba con mis rituales: rezar a mis maestros y practicar mi respiración. Cada mañana me levantaba, me preparaba té y paseaba hasta el Bosque Marino. Acepté que los límites de hoy no son los mismos límites de ayer.

Poco a poco, los cinco minutos que pasaba en el agua se convirtieron en seis. Los seis, en siete. Los siete, en ocho.

Me rendí al proceso de sanación, a la gente que se preocupaba por mí, a la vida misma.

Tomar aire, soltar aire, volver a tomar aire.

Este gesto de rendición me ayudó a concederme un espacio en aquella etapa tan difícil, a verla no como una recaída permanente, sino como una especie de rito de paso. Por muy confusos que fueran los estados alterados que experimenté en el pico del insomnio, parecían darme acceso a la maquinaria interna de mi mente de niño.

Era como si hubiera hackeado el sistema para entrar en mi mente y pudiera ver cómo las neurosis habían arraigado en ella muchos años atrás. Me di cuenta de que podía curar aquellos antiguos miedos e inseguridades colmándolos de perdón y comprensión.

Y en cuanto lo hice empecé a sentir que recobraba mis fuerzas.

En mi proceso curativo también me ayudó recibir miles de mensajes de gente de distintas culturas de todo el mundo. Todas ellas me contaban historias de reconexión con la naturaleza inspiradas en nuestro documental. Muchas personas me decían que las había salvado del suicidio, que había hecho que se sintieran mejor o que, de algún modo, les había cambiado la vida. Estaba asombrado y agradecido, y aquellas historias brillaron como faros durante aquellas noches oscuras y aciagas.

Mi historia ya no solo era mía, sino que resonaba con fuerza para mucha gente.

Mi alma volvía a mí, más fuerte, más sana, menos sola.

VOLVER

Swati y Pippa caminaban junto a mí en dirección al Bosque Marino. Cuando entré en el océano, una alegría inmensa se apoderó de todo mi ser. Me maravilló sentir el agua y contemplar la belleza de las algas. Por el rabillo del ojo vi cuatro nutrias del Cabo que seguían todos mis movimientos.

Desde hace algún tiempo, estos animales tímidos pero juguetones son mis guías en el mundo salvaje. Puedo pasar meses sin verlos, y de repente, en los buenos momentos, hacen acto de presencia. Las nutrias siempre me recuerdan a Charmaine y a la misteriosa experiencia que compartimos en Pringle Bay hace años, mientras celebrábamos la ceremonia de la «llamada al agua». En África las nutrias son un poderoso símbolo espiritual para muchas culturas, porque se mueven con fluidez entre los reinos de la tierra y del agua.

Vislumbré cuatro cabezas con bigotes y cuatro colas largas y gruesas. Se me acercaron por la espalda, como lo haría un buen depredador, y entonces vi que tenía una nutria nadando a cada lado, como si me escoltaran de vuelta a mi vida anfibia. Son animales jóvenes, llenos de curiosidad y de energía.

De pronto, dos de ellas se marcharon nadando y las otras dos se quedaron atrás.

Una en concreto se mostró muy atrevida y curiosa. Se acercó tanto que empezó a tocarme los pies. Pippa y Swati no pudieron resistirse, y se metieron en el agua con nosotros. Las dos nutrias nadaban a nuestro alrededor, dejando un rastro de burbujas, ondas de magia invisible. La más osada, que tenía una pequeña herida en una pata trasera, no dejaba de tocarnos los pies y las piernas, y después me tocó la cara con una pata, que es como una manita con cinco dedos peludos. Su gesto no era en absoluto agresivo, sino que denotaba pura curiosidad.

Durante más de diez minutos las nutrias estuvieron jugando con nosotros; la experiencia fue increíble. Y luego se marcharon, fundiéndose con el paisaje como si fueran fantasmas.

Me sentí pletórico, como si flotara en el aire. Me había entregado a la naturaleza y ella había respondido de la forma más profunda en que podía hacerlo.

LA GRACIA DE LA NATURALEZA

No hace falta adentrarse en aguas peligrosas para estar a merced del océano. Puede que no siempre nos demos cuenta, pero solo respiramos por obra y gracia de la naturaleza. Hay unas plantas marinas microscópicas, llamadas fitoplancton, que convierten la energía del sol en el oxígeno que hace posible la vida en la Tierra. El océano mantiene estable nuestro clima y refresca la tierra.

¿Qué otra opción tenemos sino rendirnos ante este poder asombroso?

En cuanto a nuestros miedos primitivos, no creo que podamos quitárnoslos de encima o negarlos, de la misma manera que no podemos impedir que las olas sigan rompiendo en la orilla ni pretender que un gran felino no se enfade cuando su cola queda atrapada en una rama.

Pero podemos aceptar estos miedos que dan vida; conocerlos, honrarlos, hablar con ellos. Es una forma de hablar a través del tiempo con nuestros ancestros, los cuales conocieron peligros a los que nosotros nunca nos enfrentaremos, pero también experimentaron un tipo de vida que nuestro mundo domesticado ha intentado borrar.

Cuando establecemos esta conexión —cuando nos damos cuenta de que formamos parte de la naturaleza, de que no estamos separados de ella—, vemos todo lo que sí controlamos. La naturaleza nos exige superar nuestros límites sin que olvidemos quién manda. El mundo natural precisa de nosotros dos cosas en apariencia opuestas: aceptar que estamos a merced de su impresionante poder y afrontar el reto de proteger la naturaleza salvaje a toda costa.

CAPÍTULO 7

CONECTAR

Jannes, Swati y yo buceábamos en aguas poco profundas cerca de la orilla cuando descubrimos algo muy poco habitual en esa zona del bosque de algas: una ballena franca austral.

Aquel día el agua estaba muy turbia, de modo que solo divisábamos la cola de la ballena; el resto de su cuerpo quedaba oscurecido por la neblina. Sin embargo, podíamos intuir su colosal tamaño: aunque todavía era joven, aquella criatura debía de medir unos nueve metros de largo.

¿Qué hacía aquella ballena tan cerca de la costa?

Una ballena tan joven debe de conservar recuerdos recientes del tiempo compartido con su madre, y quizá todavía le susurre cosas entre las sombras acústicas. Tal vez el movimiento constante de las olas próximas a la costa le resultó familiar, incluso reconfortante.

Los tres nos quedamos muy quietos mientras la ballena empezaba a frotarse las aletas caudales y un costado de su cuerpo con las algas. No se veía ningún percebe ni piojo de ballena que pudiera querer quitarse, así que me pregunté qué estaría haciendo.

¿Acaso le reconfortaba el tacto liso de las algas, que no es muy distinto a la textura de otra ballena?

Dado que parecía que la criatura no se había dado cuenta de que estábamos allí, Jannes y yo la seguimos a una distancia prudencial mientras se alejaba hacia una zona más profunda. Se deslizaba despacio y sin detenerse, hasta que se topó con una roca que le bloqueaba el paso.

Casi todas las ballenas que he visto a lo largo de los años se han mostrado siempre muy afables, y ninguna de ellas parecía intimidada por mi presencia. Pero aquel día el estado del mar no era el idóneo: había menos visibilidad en la zona profunda que junto a la orilla. También detecté unos rasguños en su lomo, quizá por algún encontronazo reciente con un depredador o con un barco.

Tal vez la joven ballena se sintió acorralada por aquella roca y se asustó al vernos, igual que tú y yo nos asustaríamos si un ratón o una serpiente nos rozara los pies. Posiblemente esto explica por qué, de repente, soltó un chillido atronador que nos sacudió enteros —no en vano, es el equivalente al barrito de un elefante— y segundos después intentó hacerme papilla de un feroz coletazo.

No me cabe duda de que, si llega a alcanzarme, aquel coletazo me habría dejado inconsciente o incluso me habría matado. Por suerte, falló por un par de metros. Aun así, la mera fuerza del movimiento resultaba aterradora y bastó para empujarme cuatro o cinco metros hacia atrás.

La ballena rodeó la roca y se alejó nadando unos cincuenta metros.

Jannes nadó hacia Swati para asegurarse de que se encontraba bien mientras yo descansaba entre las frondosas algas, respirando hondo para bajar las pulsaciones. Estaba un poco asustado y me arrepentía de haber asustado a la ballena, así que emití una serie de sonidos fuertes y profundos bajo el agua con la esperanza de que la ballena supiera dónde estaba e interpretara que no quería hacerle daño.

Esperaba que se alejara nadando, pero entonces ocurrió algo extraordinario: regresó y se colocó justo a mi lado. Para mi sorpresa, repitió el gesto de frotarse contra las algas, lo cual me permitió captar preciosas imágenes fijas de aquel momento. Continué emitiendo sonidos suaves para que la ballena pudiera ubicarme. Se quedó allí unos diez minutos, completamente relajada ante mi presencia, y luego se alejó poco a poco.

Contemplar aquel comportamiento de la ballena con las algas fue todo un privilegio, y me pregunté si se habría observado o documentado alguna vez.

Pero también recordé que las ballenas pueden ser muy peligrosas, sobre todo cuando hay poca visibilidad. Si alguna vez vuelvo a coincidir con una, procuraré darle espacio. Y si se me acerca, empezaré a emitir sonidos profundos para hacerle saber dónde estoy y que no hay razón para temerme.

LO DOMÉSTICO COMO DEPREDADOR

A veces me preguntan si los animales salvajes se están volviendo más agresivos con los seres humanos, si la naturaleza se rebela contra la humanidad para castigarnos por todos los crímenes que hemos cometido contra nuestros semejantes salvajes y contra el planeta que es nuestro hogar. Informes recientes sobre orcas que golpean barcos, por ejemplo, hacen que algunas personas se pregunten si los animales no estarán «vengándose» de nosotros.[24]

Aunque entiendo que pueda parecer que estos animales toman represalias contra el depredador más letal del planeta, creo que no es más que una interpretación humana del comportamiento animal. De hecho, ciertos estudios científicos sugieren que lo que en realidad hacen esas orcas es jugar con los barcos.[25]

Yo mismo he sido testigo de comportamientos en animales que pueden definirse como agresivos. Lo vimos en Ciudad del Cabo cuando las nutrias del Cabo, que por lo general son tímidas, empezaron a acercarse a los seres humanos y, en algunas ocasiones, incluso los mordían.

Sin embargo, lo que a primera vista parece un aumento de la agresividad es la evidencia constante de que los animales se sienten cada vez más presionados por la intrusión humana en su territorio. Los seres humanos continuamos invadiendo y domesticando los últimos parajes salvajes que quedan en la Tierra, y con ello amenazamos la existencia de muchas especies; y esto puede exasperar a los animales. Tomemos como ejemplo las nutrias: en Sudáfrica, muchas de ellas se acercaron más de lo habitual al interior durante el confinamiento por la COVID-19, ya que había menos seres humanos en la zona. La situación cambió cuando se levantaron las restricciones y la gente regresó a los lugares en los que, hasta entonces, las nutrias campaban a sus anchas.

La naturaleza puede ser tan afable y maternal como feroz. Los animales cazan y matan. Protegen de manera instintiva sus hogares, sus fuentes de alimento y sus crías. Como los seres humanos, arrastran recuerdos de traumas, y, por descontado, cuando se reencuentran con el origen de un trauma, reaccionan.

Pero por mi experiencia sé que los animales etiquetados como «ballenas asesinas» son afables cuando tratan con seres humanos. No se han dado casos de orcas que hayan matado a personas en el medio natural.[26]

Sí se conocen, por supuesto, casos de orcas en cautividad que se han mostrado agresivas con los seres humanos.

Son episodios poco comunes que sirven como trágico recordatorio de lo que sucede cuando se fuerza la domesticación de criaturas salvajes, cuando se encierra y confina a los animales, en definitiva, cuando se les priva de su libertad y su independencia.

TACTO A DISTANCIA

Los peligros del mundo doméstico estaban muy presentes en mi mente el día antes de que Pippa viajara a Los Ángeles, un lugar que en muchos sentidos es diametralmente opuesto a nuestro mundo en la punta de África. Aunque Pippa estaba orgullosa de ser la representante de la Madre Océano en los Óscar, admitió sentir un poco de miedo por tener que viajar sola. Ya se notaba desconectada de la naturaleza después de más de seis meses de relaciones públicas y presión.

—¿Y si pierdo mi hilo salvaje, Craig?

Yo comprendía su inquietud. Había decidido no asistir a la ceremonia porque todavía me estaba recuperando tras aquel año de insomnio y ansiedad. Estaba muy agradecido a Pippa por embarcarse en aquella oportunidad única en la vida de hablar en nombre de las criaturas del Bosque Marino, y esperaba que, antes de su marcha, ambos pudiéramos compartir una experiencia que la ayudara a preservar su equilibrio y su innata naturaleza salvaje.

Fuimos al mar, a uno de nuestros rincones favoritos, una bahía salvaje al pie de una montaña gigante. A nuestra derecha el agua estaba cristalina, pero mi intuición me dijo que debíamos ir a la izquierda, hacia el agua oscura y llena de sedimentos. Nadamos unos cuatrocientos metros y nos vimos en medio de un banco de unas cincuenta musolas. De cuerpo largo y estilizado, algunos ejemplares adultos eran más grandes que yo, mientras que otros, los más jóvenes, medían poco más de un metro.

No me sentí amenazado por aquellos depredadores. Su lenguaje corporal no mostraba indicios de agitación o agresividad, solo pura curiosidad y cautela. Todos los pensamientos del mundo domesticado se desvanecieron, y me sentí totalmente presente entre aquellas gráciles criaturas.

Ver tal cantidad de depredadores en una zona tan poco profunda era muy alentador, ya que son señal de un ecosistema saludable, pero ¿qué hacían allí?

Ahora que mi capacidad rastreadora se afinaba, tuve un pálpito. Al principio pensé que aquellos tiburones quizá habían acudido a cazar utilizando sus potentes electrorreceptores o, en otras palabras, su habilidad para percibir minúsculas señales eléctricas de otros animales. Su destreza depredadora se ve reforzada por unos receptores que recorren todo su cuerpo longitudinalmente y generan una especie de mapa de presión del entorno. Esta capacidad para «ver» sin los ojos también se conoce como «tacto a distancia».

Sin embargo, tras meses rastreando la zona, sospeché que aquellos tiburones se estaban escondiendo de un depredador mucho más grande.

LOS CAZADORES DE TIBURONES

Dos días antes había avistado dos orcas que se dirigían a esta misma bahía. Era poco antes del anochecer, y con los prismáticos distinguí sus características manchas blancas y negras en una zona poco profunda del bosque de algas. Solo las vi desde la orilla, y no las conocía bien. La mayoría de las orcas salvajes tienen la aleta dorsal muy erguida, pero las de este par eran notablemente distintas. Quizá debido a alguna deficiencia nutricional, la aleta dorsal de una de las orcas caía hacia la izquierda, y la de la otra, hacia la derecha. La destreza cazadora de aquella pareja de orcas les había granjeado cierta reputación en la zona, donde se las conocía como Port [Babor] y Starboard [Estribor].[27]

Una orca nadó hacia la zona poco profunda para ahuyentar a los tiburones, mientras que la otra se dirigió a la parte más honda para atrapar a los que huyeran. Observé la zona de caza poco profunda y, por unos breves instantes, vislumbré el cuerpo de un tiburón debatiéndose en la boca de la orca. Después, la pareja de orcas desapareció.

Un encuentro meses antes arrojó más luz sobre lo que pudo atraer a aquellos tiburones musolas tan cerca de la orilla: Swati, Pippa, Tom y yo descubrimos los cadáveres de tres tiburones gatopardo en la orilla de una playa remota. Al inspeccionarlos de cerca vimos que a los tres les faltaba el hígado. Las aletas tenían marcas de dientes de orca; dientes romos, desgastados de roer la piel de los tiburones, que es como el papel de lija.

Estaba bastante seguro de que aquellos tiburones eran víctimas de Port y Starboard.

Visualicé el ataque: una orca sujeta al tiburón por una aleta y la otra por la opuesta, y ambas tiran con su prodigiosa fuerza; el pobre tiburón se parte por la mitad, y su enorme hígado queda flotando hasta que las orcas lo devoran.

Ni siquiera los grandes tiburones blancos están a salvo de estas especialistas en cazar escualos. Una orca pesa casi tres veces más que un gran tiburón blanco y nada un poco más rápido, por lo que el tiburón se halla prácticamente indefenso ante este enorme depredador mamífero.

Pese a saber que su muerte era necesaria para la supervivencia de las orcas, sentí lástima por los tiburones gatopardo, porque he pasado horas maravillosas buceando junto a estos animales. Para mí son como leones: miden y pesan casi lo mismo que los grandes felinos, y también son muy veloces. Cazan juntos y poseen una larga y poderosa cola que les permite acelerar a toda velocidad cuando lo necesitan. Pueden deslizarse en silencio para atrapar a una foca o un delfín, porque apenas generan ondas de presión.

El suyo es un ataque silencioso que termina con un impacto explosivo y letal.

Mi inmersión más memorable fue junto a un grupo de unos treinta tiburones. Había estado buceando con Tom, que entonces solo tenía once años. Imagina lo que es encontrarse en medio de un grupo de treinta leones con un niño pequeño y sentirte seguro. Todavía recuerdo con claridad los enormes cuerpos de aquellos tiburones pasando a nuestro lado. El agua estaba cristalina y todo a nuestro alrededor rezumaba tranquilidad mientras en la superficie caía una fuerte tormenta.

Los depredadores del océano como los tiburones son mucho más antiguos que los seres humanos; evolucionaron cientos de millones de años antes de que nosotros apareciéramos en escena. Como para ellos el extraño y desgarbado primate nadador que somos no es ni presa ni depredador, nuestra presencia rara vez desencadena una respuesta de ataque o huida. A veces les despierta curiosidad, mientras que en otras ocasiones prefieren evitarnos directamente.

La idea del sanguinario tiburón asesino, al acecho para atacar a un humano incauto, es una ficción que nos impide comprender su verdadera naturaleza, y divide el mundo en salvaje y domesticado, con los tiburones a un lado y los seres humanos al otro, cuando la verdad tiene muchos más matices.

EL SUPERDEPREDADOR QUE TODOS CONOCEMOS

Tras varios meses de rastreo de tiburones y orcas elaboré la teoría de que las musolas que Pippa y yo vimos aquel día se escondían de las orcas en una especie de sombra acústica en los bajíos cercanos a la orilla. Las orcas perciben a los tiburones gracias a la ecolocalización, pero los sonidos y los movimientos de las olas que rompen en las inmediaciones de la orilla les dificulta la tarea.

Pippa y yo emergimos de aquel mundo tan estimulante y regresamos a tierra firme cargando con el incómodo peso de nuestra condición bípeda, tan crudo después del vuelo ingrávido entre aquellas sombras plateadas.

Estábamos maravillados por la fuerza y la belleza de las que habíamos sido testigos. En cuatrocientos millones de años de evolución, estos tiburones apenas han cambiado. Su diseño es tan perfecto y eficiente que han requerido muy poca adaptación.

Sin embargo, ahora tienen que adaptarse a un peligro al que ningún animal marino se había enfrentado hasta ahora: una criatura a cuyo lado las orcas parecen no suponer amenaza alguna.

Este superdepredador tiene armas y un apetito de lo más voraz y derrochador.[28] Esta criatura ha olvidado de dónde viene, quién es y por qué está aquí.

No hace falta que diga el nombre de este superdepredador, porque todos lo conocemos.

Él es el culpable de que estos hermosos tiburones acaben en Australia, comercializados como *fish and chips*.

La bióloga marina Sylvia Earle dijo una vez: «¡Deberíais preocuparos si estáis en el océano y no veis tiburones!».[29] Necesitamos tiburones para que el océano esté sano, ya que mantienen a sus presas en forma. Por irónico que parezca, la ausencia de tiburones es peligrosa para nosotros; y, sin embargo, los tiburones y las rayas están en graves apuros, pues un tercio de esta subclase de peces —los elasmobranquios— se halla en peligro de extinción.[30]

Antes de que Pippa viajara a Los Ángeles, los dos recordamos lo importante que es contar todas estas historias para que los miembros de nuestra olvidadiza especie recuerden nuestros orígenes salvajes y aprendan más sobre la magnificencia de nuestros semejantes animales.

Los depredadores como los tiburones son los guardianes de nuestros mares: regulan el ecosistema del océano y resultan fundamentales para su bienestar. Esto significa que también son los guardianes de cada bocanada de aire que respiramos. Gracias a ellos vivimos y prosperamos. Si somos conscientes de ello, haremos todo lo posible por cuidarlos, amarlos y apreciarlos.

Querer a las criaturas de los mares es querernos a nosotros mismos.

¿NOS NECESITA LA NATURALEZA?

Este planeta de tierra y océano es muy antiguo. Está entretejido con una profunda inteligencia biológica que mantiene sus extremadamente complejos ecosistemas en un equilibrio exquisito. Ni todos los superordenadores del mundo juntos podrían igualar la comunicación entre las múltiples especies de plantas y animales, hongos, bacterias y virus. Nuestra mejor tecnología espacial palidece en comparación con la tecnología natural que permite a un insecto o a un pájaro volar con una minúscula gota de combustible de néctar.

Esta inteligencia natural se esfuerza por conservarse a sí misma, por crear biodiversidad y mantener los niveles de temperatura y humedad dentro de unos límites aptos para la vida.

Y, pese a ello, nuestra pueril especie parece olvidar que todos formamos parte de este delicado equilibrio, lo cual está teniendo un impacto devastador en la biodiversidad y en las funciones vitales que hacen de nuestro planeta un lugar habitable para nosotros y para las generaciones venideras.

Los líderes empresariales e industriales, en particular, y los funcionarios que los apoyan parecen haber olvidado que la base de sus actividades es, en realidad, la propia naturaleza, que ella es la que permite que sus empresas funcionen. Obsesionados por el beneficio a corto plazo, consumen y saquean recursos irreemplazables, los bosques y humedales ancestrales de nuestro planeta, sus ríos y océanos salvajes. Si la biodiversidad colapsa, todas sus inversiones futuras no valdrán nada. Como dijo el mentor de Swati, Bittu Sahgal, fundador de la revista de ecología *Sanctuary Asia*, «a menos que los ecosistemas se nutran para que recuperen su carácter biodiverso, la plantación de millones, miles de millones o billones de árboles no servirá para frenar el cambio climático ni las pandemias causadas por el mal uso humano de los ecosistemas de nuestro planeta». Nuestra especie debe dejar que la naturaleza se regenere para que podamos respirar y vivir de su biodiversidad.

Los seres humanos no podemos vivir sin el mundo natural.

Pero ¿nos necesita la naturaleza?

Mientras me afanaba en recuperar mi respiración, me formulé esta pregunta un montón de veces. Era duro ver trozos de plástico entre las hojas de las algas, o leer noticias sobre episodios climáticos extremos y temperaturas al alza en todo el planeta, y no caer en un pesimismo y una desesperación muy hondos. Cualquiera que se preocupe por las criaturas salvajes sin duda habrá sentido el peso de pensamientos parecidos a los que me atormentaron en mis días más difíciles.

Si los seres humanos se extinguieran, este planeta reviviría. Todos los ecosistemas y todos los animales estarían mucho mejor. La Tierra prosperaría.

Hay mucha verdad en esta idea, y cuesta ser testigo de la continua destrucción medioambiental que nuestra especie inflige al planeta y no pensar que está claro que la naturaleza no nos necesita. Estaría mejor sin nosotros.

Sin embargo, creo que esta gran pregunta tiene una respuesta más compleja.

Aprender a regenerarse

Todos los animales del Bosque Marino —los peces y los tiburones, las lapas y los briozoos, incluso las orcas— se nutren del viento.

El viento, que se combina combinado con el efecto Coriolis de la rotación de la Tierra, empuja mar adentro grandes masas de agua superficial más cálida. Este movimiento también arrastra las aguas profundas hacia los bajíos. Cuando la luz del sol entra en contacto con esta agua profunda y fría, repleta de nutrientes, la vida comienza a prosperar en una cascada milagrosa de billones de fitoplancton, que es la base de la cadena alimentaria.

Un día vi que el viento había arrastrado miles de medusas aguamar, conocidas como «acalefos radiados», desde la amplia y profunda zona pelágica hasta los bajíos. Esas medusas, traslúcidas y de color rojo brillante, terminaron sirviendo de festín a las criaturas del Bosque Marino.

Observé cómo una falsa anémona de ciruela atrapaba a las medusas y las engullía. Después vi cangrejos nadadores de tres manchas que salían de la arena y se comían las medusas caídas. Incluso los erizos de mar las atrapaban y las devoraban poco a poco con sus largos y puntiagudos dientes blancos.

La técnica del sargo hotentote es un poco diferente: agujerea las medusas. Cuatro años antes descubrí que este pez va en busca de un delicioso tentempié que vive dentro de las medusas: los anfípodos hiperídeos. Son unos pequeños crustáceos parásitos que habitan en el interior de las medusas y se alimentan de ellas sin dañarlas. Me pregunté si acaso el sargo recordaría aquella exquisitez, o quizá esta había quedado grabada en su memoria instintiva. No obstante, tras una inspección minuciosa de las medusas, me di cuenta de que no había rastro de anfípodos.

Entonces Jannes señaló algo extraordinario: muchas de las medusas reparaban los grandes agujeros que el sargo había hecho en sus cuerpos. Allí donde antes había agujeros se veía claramente tejido cicatrizado, y calculé que aquel proceso regenerador se desarrollaba con rapidez, en cuestión de unos pocos días.

Me fascinó la capacidad regeneradora de aquellas criaturas, y la forma en la que la naturaleza siempre consigue ofrecerme un espejo para mi propia experiencia humana. Yo había pasado por un intenso proceso de curación y regeneración; unos pocos meses antes era casi incapaz de meter la cabeza bajo el agua, y ahora ya podía volver a aguantar la respiración varios minutos y soportar el frío prácticamente como de costumbre.

Sigo sin comprender el funcionamiento interno de este espejo tan enigmático. Lo que a primera vista parece un reflejo tiene un trasfondo misterioso. En esencia, yo estaba atravesando el espejo con la mano y descubriendo que la barrera entre la naturaleza y yo mismo no era más que una ilusión.

Descubrir el poder regenerador de aquellas medusas —y el mío propio— me da esperanzas de que nuestra especie sea capaz de regenerar aquellas partes de nosotros mismos que tanta gente ha perdido. Por medio del rastreo, nuestros sentidos y nuestra intuición se agudizan. Esto resulta más atractivo que las comodidades del mundo domesticado, que tan fácilmente se compran y se desechan después en un vertedero. Lo que ganaremos reparando este hilo hará que nos sintamos más fuertes, más valientes, más plenos.

Necesitamos esta sensación de plenitud como individuos y como especie, y las apuestas nunca han sido tan elevadas. Si no trabajamos juntos para recuperar este hilo roto, me temo que nuestra especie seguirá el mismo camino que las estrellas de mar espinosas que hace poco han empezado a congregarse en False Bay. Su historia podemos interpretarla como una fábula.

Una historia de equilibrio

A medida que se acercaba el verano me di cuenta de que las estrellas de mar espinosas habían tenido un año especialmente fecundo. Si antes lo normal era ver diez estrellas de mar en un pequeño tramo del Bosque Marino, ahora las había a centenares. Su azarosa estrategia de desove había generado masas incontables. Con miles de brazos espinosos y patas tubulares moviéndose a cámara lenta, eran como una gigantesca alfombra viviente de color amarillo y naranja. Me asombró ver una ola de estas criaturas desplazándose muy despacio por el lecho marino, diezmando todo lo que encontraba a su paso. Cada una de ellas necesita comer para sobrevivir, y con tantos estómagos por alimentar, aquello era una carnicería.

Años atrás había visto como los caracoles Tectus rompían sus caparazones para ahuyentar a sus depredadoras, las estrellas de mar. Por lo general, este tipo de defensa las mantiene a raya.

Pero aquel año la historia fue muy diferente.

Las primeras estrellas huyeron ante la defensa del caracol, pero al final este se cansa: cierra su opérculo, su trampilla, y deja que la estrella lo envuelva.

Entonces la estrella saca el estómago del cuerpo.

Imagina que eres un caracol Tectus encerrado en tu casita, sano y salvo. Al otro lado de la puerta está el estómago de una estrella de mar, que acaba de rociar con ácido la puerta.

Esperas y esperas, pero te cansas, tienes hambre y se te empieza a acabar el oxígeno. Al cabo de un día o dos, ya no aguantas más. Abres la puerta y el ácido entra y te mata, y la estrella te sorbe como si fueras un batido.

¡Qué depredador tan temible! Miles de animales marinos de False Bay estaban siendo devorados por aquella masa de estrellas de mar. Ni siquiera los pulpos, tan listos ellos, se libraban: aunque una estrella de mar no puede matar a un pulpo, sí es capaz de causarle serias molestias. Contemplé atónito cómo un joven pulpo intentaba una y otra vez librarse de una estrella de mar que acechaba su madriguera, hasta que al final tuvo que rendirse.

Parecía que nada podía detener aquella horda mortal, excepto un milagro de la profunda inteligencia de la naturaleza. Durante días observé cautivado cómo las estrellas de mar empezaban a flaquear tras haber desarrollado serias lesiones en los brazos a causa de una enfermedad de desgaste natural. En un intento por aliviar sus lesiones, se contorsionaban en formas extraordinarias para cubrirse las laceraciones con las extremidades.

Pero el trabajo estaba hecho. La cantidad de estrellas de mar disminuyó de manera considerable, y la inteligencia biológica del Bosque Marino recuperó su equilibrio.

Las pobres estrellas marinas han sido en mi experimento mental las malas de la película, pero en realidad no se diferencian de cualquier otro animal vivo, que nace, crece, se reproduce, se alimenta y, finalmente, muere. He sido testigo de lo que ocurre cuando otras especies tienen temporadas de cría muy prolíficas, y también de cómo el Bosque Marino actúa para recuperar el equilibrio.

Lo más probable es que a nosotros nos suceda lo mismo, aunque a una escala mucho mayor, porque la Madre Tierra es quien dirige esta película, no nosotros.

¿Hay alguna forma de escapar a este destino?

UN DEPREDADOR PARANOICO

A menudo me pregunto por qué tantos miembros de nuestra especie son tan pesimistas sobre nuestro futuro y están tan desconectados de nuestro pasado, y la respuesta siempre me lleva a la colosal conmoción que se produjo hace diez mil años.

Durante unos trescientos mil años estuvimos viviendo como cazadores-recolectores libres. La tierra y el mar eran nuestra despensa natural, cazábamos o recolectábamos los alimentos que precisábamos. No había necesidad de almacenar riqueza o provisiones. Nuestra habilidad para rastrear y conseguir comida nos mantenía vivos, y teníamos muchas horas para descansar y jugar a lo largo del día.

Con la revolución agrícola, nuestro mundo dio un vuelco.

Nuestro sistema de seguridad central —la conexión con la naturaleza salvaje— se vio interrumpido. Los insectos y el tiempo se volvieron enemigos a los que conquistar o controlar. Ya no podíamos aventurarnos en la naturaleza salvaje y darnos un festín con su rica biodiversidad. Debíamos esperar el momento de cosechar nuestros cultivos y defender a nuestro ganado de los depredadores. Nuestra salud se deterioró porque nuestra dieta dejó de ser tan diversa como antes, y nuestro cerebro y nuestro cuerpo ya no funcionaban tan bien.[31]

Que nadie se equivoque: el estilo de vida nómada de los cazadores-recolectores era muy duro, y es fácil entender por qué algunas personas quisieron pasarse a la agricultura. Cuando he hablado con ancianos san que habían sido nómadas y les he preguntado qué estilo de vida preferían, la mitad de ellos echaba de menos el estilo de vida de antes y la otra mitad estaban encantados con las comodidades de una vida más sedentaria. Ambas modalidades tienen sus pros y sus contras, solo que nosotros hemos llevado lo doméstico al extremo, y eso es peligroso.

Durante esta parte de nuestra historia humana, cuando el acceso al alimento estaba relacionado con los ciclos de siembra y cosecha, se impuso una especie de paranoia. Los rituales y las divinidades relacionados con la siembra y la cosecha en muchas culturas demuestran el gran temor que infunden las malas cosechas.[32]

La revolución industrial nos distanció aún más de nuestras fuentes de alimento y agua, y trajo consigo una implacable concepción del trabajo que no necesariamente se traducía en una mayor sensación de seguridad alimentaria: los cazadores-recolectores solían dedicar unas tres horas diarias a conseguir cuanto necesitaban, mientras que ahora la gente trabajaba diez o más horas al día, e incluso los niños se veían obligados a realizar tareas peligrosas.[33]

La naturaleza ya no estaba considerada como la madre dadora de vida, sino como un medio que usar y explotar. La calidad de los alimentos y del agua se deterioró cada vez más con el desarrollo de la agricultura mecanizada y el uso de pesticidas.

Somos criaturas salvajes diseñadas para alimentarnos directamente de la Madre Tierra. Hemos perdido la conexión con nuestro sentido primario de estabilidad y bienestar, las habilidades que nos infundían confianza para alimentarnos a nosotros mismos y a nuestras familias. Tiene sentido, pues, que sintamos la pulsión de acumular cuanta más riqueza, mejor.

Todo vale para superar la sensación de desconexión, paranoia y escasez.

Mientras continuamos socavando nuestros orígenes salvajes y amenazando los sistemas vivos de la Tierra, erosionamos el tejido mismo de lo que somos.

Pero es posible encontrar el camino de vuelta a la naturaleza y a la libertad.

LUZ EN SUS OJOS

Igual que nuestros ancestros seguían las lluvias, las plantas que florecían y las manadas, yo seguía a los grandes rastreadores modernos, iba tras sus pasos.

Un día estaba particularmente eufórico porque iba a recibir al equipo del gran navegante Nainoa Thompson en las costas de mi país. Me sentí honrado por tener la oportunidad de conocer a aquella tripulación de robustos hombres y mujeres polinesios que habían surcado los océanos sin ningún material de navegación moderna. Sus ojos tenían luz: eso es ser plenamente humano. En los mares agitados, que se convirtieron en su hogar durante meses, y en las estrellas que guiaron su viaje sin instrumental hallaron amor y un significado muy profundo.

Partimos juntos rumbo a la punta de África, Cape Point. La tripulación del *Hōkūle'a* se mantuvo cerca mientras yo rastreaba la zona intermareal, mostrándoles la riqueza del ecosistema de un bosque de algas. El agua estaba fría, pero nos sumergimos sin traje de neopreno, y ellos, pese a que venían de una isla tropical, se adaptaron enseguida. Estaban en plena forma y bien curtidos después de meses expuestos a vientos lacerantes y a la espuma del océano abierto.

Nainoa me contó la historia de cómo su maestro, Papa Mau Piailug, comenzó a aprender a orientarse con solo cinco años. Cuando las olas se acercaban y levantaban la canoa, el niño solía marearse. Para ayudar al pequeño Mau a superarlo, su abuelo lo lanzó por la borda. Aunque parezca un método cruel, el abuelo sabía que aquello ayudaría al niño a conectar con el océano y a la larga le proporcionaría seguridad en el futuro.[34]

Papa Mau contaba aquella historia con un gran amor y un profundo respeto por su abuelo.

«Mi abuelo me ató las manos y me lanzó al agua por la borda de la canoa, me arrastró tras la canoa [...]. Cuando me adentro en el océano, puedo meterme en una ola. Cuando me adentro en la ola, me convierto en la ola, y solo cuando me convierto en la ola consigo ser un navegante.»[35]

Nainoa había vivido tanto tiempo en el océano que se había entregado por completo a su forma anfibia. Su gran amor, el Pacífico, tiene unos ciento sesenta millones de kilómetros cuadrados; ¡más del 30 % de la superficie terrestre![36] Él lo llama «el país más grande del mundo».

El navegante debe encontrar, sin ayuda de instrumental, pequeñas islas desperdigadas por esta gran extensión acuática, confiando tan solo en su íntimo conocimiento del mundo natural.

—No hay separación entre el ave, la ola, la nube, el relámpago, la lluvia, la estrella, el sol o la luna y quién eres tú como navegante —explicó Nainoa—. Formas parte íntegra de todo esto. Y solo eres navegante si te entregas a todo ello.

Para mí, sus palabras fueron como una estrella guiándome en la oscuridad: tal vez preguntarnos si la naturaleza necesita a los seres humanos sea una pregunta errónea, porque niega lo entretejidos que estamos en el tapiz de la vida.

Un vínculo recíproco

Una mañana, mientras la llovizna daba paso a una tormenta que agitaba el mar, busqué refugio en una cueva de la Edad de Piedra con vistas al bosque de algas en el que había buceado con Nainoa y la tripulación del *Hōkūle'a*.

La cueva estaba hecha de roca de duna, esculpida por los elementos. Era un santuario protegido del viento y la lluvia, y tenía el tamaño de una sala grande. Huellas de roedores y excrementos de murciélago informaban de lo sucedido la noche anterior.

Al contemplar la tormenta, mi mente viajó hacia el norte, a los extensos y sinuosos paisajes del Cabo Septentrional, donde comencé a aprender cosas sobre la lluvia con mi amiga Janette Deacon, la especialista en arte rupestre que también es una autoridad mundial en la Colección Bleek y Lloyd: once mil páginas de texto en lengua san /Xam escritas en la década de 1870 por Wilhelm Bleek y Lucy Lloyd.[37]

A pesar de que todavía hay descendientes de los hablantes /Xam, los cuales habitan la región del Karoo del norte, en Sudáfrica, por desgracia la lengua /Xam se ha extinguido. La mayoría de los descendientes desconocen a sus ancestros porque su historia no se explica en la escuela, a la que muchos de ellos ni siquiera han asistido por haber trabajado desde niños como jornaleros. La mayoría de lo que sabemos hoy sobre las enseñanzas de sus ancestros proviene de las páginas de esta colección.

La reciprocidad con la naturaleza era la base de su cultura. No tomaban nada de la naturaleza que no fueran a devolver después. Un hombre /Xam llamado //Kaboo describe cómo recoger las raíces y los tallos de una planta concreta mientras se replanta un trozo de la raíz en un agujero cavado ex profeso para que la planta crezca y florezca de nuevo. Otro narrador describe la práctica de compartir carne con un león. Si alguien encontraba un animal muerto por un león, podía llevarse un poco de carne siempre y cuando dejara allí mismo algo para el león: «Nuestros padres decían que no debíamos llevarnos toda la carne, que teníamos que dejar carne para el león en el lugar donde estuviera el cuerpo, y cubrirla con los arbustos en los que hubiéramos depositado la carne cortada, para que la encontrara».[38]

Durante siete años, de forma intermitente, trabajé con Janette para fotografiar el arte rupestre de los /Xam e intenté comprender a la gente que antaño rondaba por este paraje yermo e inhóspito.

Lo que emergió fue la imagen de una comunidad de personas cuyos corazones estaban conectados con la ecología del lugar por medio de un vínculo recíproco que hoy en día nos puede costar de entender. Su arte habla de un profundo amor por la tierra y los animales, y de una estrecha conexión con la lluvia y el agua.

Mi fascinación por el arte rupestre me condujo a otra investigadora, la arqueóloga Renée Rust, que durante años se ha dedicado, encaramada horas y horas en escaleras temblorosas, a trazar minuciosamente la colección de arte antiguo más notable que existe.[39] En una gran mesa de la casa de su vieja granja, situada a dos horas al este de Ciudad del Cabo, desplegó un trazado enorme. Al verlo se me erizó hasta el vello del cogote. Me quedé sin palabras contemplando aquella obra maestra de mil quinientos años de antigüedad, una escena submarina que representaba a una comunidad de teriántropos ictioides, es decir, mitad pez, mitad humanos.

Renée había entrevistado a varios indígenas que aseguraban haber visto a aquellas criaturas llamadas *watermeide* —doncellas del agua— en fuentes cercanas. Decían que guardaban relación con la lluvia y con las criaturas anfibias, como las nutrias y las ranas, además de con serpientes acuáticas míticas de proporciones gigantescas.

Aunque todo aquello sonaba muy metafísico, mi cuerpo y mi mente reaccionaron de forma poderosa.

Empecé a usar mi práctica de rastreo consistente en visualizar el pasado para comprender lo que aquellas imágenes podían haber significado para los /Xam.

Imaginé a un grupo de personas estrechamente conectadas con la naturaleza y, en especial, con el agua. Las vi recogiendo agua, bebiéndola con una gratitud inmensa, admirando el frescor y la salud de esta sustancia dadora de vida. Empezaron a ver el agua como una entidad viva, como una inteligencia, igual que científicos como la ecóloga forestal Suzanne Simard ven los sistemas biológicos complejos de la naturaleza. Simard descubrió que los árboles de un bosque se comunican a través de una red subterránea de hongos, compartiendo recursos, agua e información.[40]

Vi la unión de la mente humana con la inteligencia del agua, seguida de un emparejamiento, un enamoramiento y un apareamiento. De aquella fertilización nació una criatura, descendiente de los seres humanos y del agua, representada por un cuerpo humano con cola de pez.

Había encontrado a la huidiza alma anfibia plasmada en el arte rupestre de Sudáfrica, cerca del reino oceánico de mi infancia, y había leído las palabras de gente que había conocido a esas criaturas de primera mano. El vínculo emocional era tan intenso que esa criatura híbrida parecía totalmente real en el mundo de aquella comunidad.

Estas criaturas míticas podrían ser los ancestros de las sirenas de los mitos y leyendas occidentales. Son como sombras de nuestro pasado más remoto, recuerdos de nuestra antigua conexión con el agua. Distorsionadas por el paso del tiempo y por la cultura, adaptadas al cine y a la televisión, siguen siendo populares porque en algún lugar de nuestra psique veneramos la sagrada unión entre el ser humano y el agua que nos ha dado la vida.

Una fuente pura

Con las imágenes de la gente /Xam flotando en mi mente, tomé asiento junto a un riachuelo que fluía hacia el mar. El agua era de color rojizo por los taninos del *fynbos* que crecía en la orilla. Al beber de aquella fuente pura caí en la cuenta de que el agua de aquel riachuelo, el agua de las nubes del cielo y el agua del mar forman parte del océano de agua que ocupa la Tierra desde sus inicios.

Mi diminuta mente había separado el mar de los ríos y del cielo hacía largo tiempo, pero ahora lo veía todo como un gran océano de agua dulce y salobre. Los ríos eran las madres del océano salado y las nubes eran las madres de los ríos; todo ello era una masa única de agua en movimiento, un gran océano planetario.

En la hierba y en la tierra veía un océano de líquido; en los árboles y en los brotes, por todas partes, veía océanos que fluían despacio.

Una bandada de ibis sagrados planeó sobre mi cabeza, y sentí el mar líquido en todas las aves que han existido jamás, en todos los elefantes y todas las serpientes, en todas las orcas y todas las musolas, en ti y en mí.

Una mensajera

Pippa regresó de Los Ángeles con el premio. Nuestro largometraje, *Lo que el pulpo me enseñó*, había ganado el Óscar al Mejor Documental.

Estábamos inmensamente agradecidos por aquel éxito inesperado, pero aquel año de publicidad desquiciante también le había pasado factura a Pippa.

—No ha sido solo el viaje —explicó Pippa—. Ha sido un año viviendo en múltiples husos horarios sin tiempo para disfrutar de la naturaleza y echándola de menos todo el rato.

Lo que se había sanado en mi interior volvía a estar maltrecho. Tras años buceando y conversando con el bosque de algas y con la costa a diario, me siento fuera del club de la naturaleza.

Una gran parte de su lado salvaje había abandonado su ser: se cansaba enseguida, no soportaba el frío durante mucho tiempo y estaba más nerviosa de lo habitual. Iba a necesitar muchas inmersiones en el Bosque Marino para sentirse recuperada.

Tenemos mucho que aprender para equilibrar lo domesticado y lo salvaje. ¿Cómo podemos cuidar de nuestros corazones salvajes y nutrirlos en la era de la tecnología extrema y la hipercomunicación? Somos como animales salvajes que andan sueltos en un mundo ajeno sin saber muy bien cómo sobrevivir, con todas nuestras señales de rastreo disparándose de forma extraña. Somos la especie perdida que intenta encontrar su hogar original, nadadores en un mar de líquido desconocido.

A la deriva, agarrados al hilo más tenue que pueda llevarnos hasta la orilla, debemos tirar de él con delicadeza para proteger ese salvavidas que nos ha de conducir a lo que realmente somos.

POR AQUELLA ÉPOCA RECIBÍ UNA LLAMADA DE MI AMIGO MATT. Había pasado una mala época por culpa del estrés y otros problemas de salud, y me preguntó si podía hacerme una visita. Aquella misma semana, mientras Swati y yo paseábamos con él por la costa, nos contó que había sobrevivido a un terrible robo a mano armada. Estaba caminando junto a un lago cuando un hombre se le acercó, le apuntó a la cara con una pistola y le robó todo lo que llevaba encima. La experiencia lo dejó estremecido y aterrorizado.

—No he podido volver a dormir —dijo—. No hago más que recordar la escena una y otra vez.

Mientras Matt nos contaba lo sucedido, ocurrió algo muy extraño. Un cormorán coronado, un ave marina de plumaje negro brillante y con una pequeña cresta, nadó hasta una roca cercana y nos miró fijamente con sus ojos rojizos. Estas aves costeras son muy tímidas y evitan a los seres humanos siempre que pueden, pero era obvio que aquel ejemplar no tenía miedo de nosotros. Parecía estar en perfecto estado de salud. Una anilla en una de sus patas indicaba que debía de ser un ave rescatada y devuelta a la naturaleza.

Pese a todo, yo no estaba preparado para lo que sucedió a continuación: el ave aleteó y voló directa a mis brazos.

Me pregunté si aquello no sería otro ejemplo de la naturaleza actuando como un espejo, ofreciéndome el reflejo del mensaje que yo más necesitaba comprender. En aquel momento, el cormorán parecía representar la vulnerabilidad de mi amigo y su lucha por expresar los miedos contra los que se debatía.

También sentí intensamente que la naturaleza salvaje llamaba a sus semejantes humanos para que le prestáramos ayuda.

Matt, Swati y yo estábamos atónitos. Transcurridos unos instantes, el ave voló hasta otra roca cercana. Al pensar en las vidas de tantos animales malogradas por el descuido, la sobreexplotación y la avaricia de nuestra especie, me embargó la tristeza. Hay mucha gente que se preocupa por los animales, pero desconoce los horrores que cada día provocamos en el mundo natural. Hace poco hablé con varios biólogos marinos sobre la pesadilla de la minería en el fondo del mar, un proceso para extraer metales del lecho marino que resulta devastador para los delicados ecosistemas de las profundidades.[41] Esta minería irresponsable tiene el potencial de desestabilizar el océano y afectar de forma negativa a toda la vida terrestre.

Este último ataque contra la naturaleza es aún más indignante cuando se tiene en cuenta que muchas culturas africanas consideran las profundidades del océano como el lugar al que van sus ancestros después de la muerte. Esta visión no es incompatible con las investigaciones científicas que plantean que la vida en la Tierra se originó en unas fuentes hidrotermales del fondo del mar hace tres mil setecientos millones de años.[42]

Estamos destruyendo los lugares misteriosos de los que surge gran parte de la vida, profanando el cementerio más sagrado de la humanidad y la cuna de las primeras formas vivientes de nuestro planeta.

Mientras miraba al cormorán, sentí una herida en el corazón. Confrontado con aquella magnífica ave buceadora, vi como sus ojos me devolvían el reflejo de la naturaleza salvaje. Aquella mirada me persiguió durante semanas.

POR QUÉ ESTAMOS AQUÍ

Hace poco, Jannes y yo lanzamos un nuevo proyecto llamado 1001 Seaforest Species cuyo objetivo es documentar y compartir las historias y la ciencia de mil y una especies de nuestros mares a lo largo de los próximos cinco años. Swati escogió la cifra, inspirada en el clásico *Las mil y una noches*, el libro en el que la reina Sherezade, para salvar su vida, le cuenta a su marido un cuento todas las noches. Sus relatos transforman el corazón y la mente del rey, que decide no matar a su esposa ni a más mujeres de su reino, como venía haciendo antes de conocer a Sherezade.

De la misma manera, creemos que nuestras historias harán que las personas sientan más cariño por la naturaleza y que eso las motive a proteger a las criaturas del Bosque Marino.

Jannes y yo todavía estábamos reflexionando sobre las especies que debíamos incluir en el proyecto cuando, una mañana, un joven pulpo se apropió de mi cámara y nos enfocó a ambos. Al revisar las imágenes que el pulpo había grabado de aquellos dos *Homo sapiens* que consideran el bosque de algas su hogar, lo tuvimos claro: había que incluir al ser humano como la especie número 1001, para que nunca olvidemos el lugar que ocupamos en la naturaleza.

Cuando se lo conté al cosmólogo Brian Swimme se emocionó mucho.

No me atreví a preguntarle por qué le había conmovido tanto. Ha dedicado su vida y su carrera a intentar comunicar la idea de que nosotros somos el universo, pues estamos entrelazados de forma inextricable en su tejido. No deja de sorprenderme lo revolucionaria que resulta esta idea para la gente, incluso para brillantes científicos y ecólogos. Lo habitual es que nosotros, los seres humanos, nos veamos como una entidad aparte, separados de nuestros semejantes animales y del universo que nos creó.

Pero Brian lo ve de otra manera.

En su libro *Cosmogenesis* comparte los pensamientos de su mentor Thomas Berry —un sacerdote católico que es una autoridad en historia y religión, así como un firme defensor del medio ambiente— sobre el singular rol que los seres humanos desempeñan en el universo:

> La Tierra primitiva, en forma de roca fundida, dio lugar a la atmósfera y los océanos. A lo largo de otros mil millones de años de evolución, la atmósfera y los océanos, los minerales y la luz solar dieron lugar a la biosfera, con toda su fantástica diversidad de formas de vida [...]. Y ahora, a partir de aquella compleja red de relaciones, la Tierra, por medio del *Homo sapiens,* ha llegado a conocerse a sí misma. Por eso estamos aquí.[43]

Inspirado por esta idea radical, le pregunté a Brian qué opinaba sobre las múltiples coincidencias que yo había experimentado durante mis años de rastreo y que solo alcanzaba a describir como una misteriosa inteligencia presente en la naturaleza que a menudo refleja lo que ocurre dentro de mi mente.

—En la medida de lo posible, intento evitar pensar en las personas como individuos —me dijo—. Cada ser humano es, de hecho, una manifestación única de todo el universo, y nuestra singularidad es profundamente significativa, sí, pero nuestra individualidad única comprende menos del uno por ciento de nuestra existencia. Lo que hemos aprendido es que cada ser vivo es un «individuo del universo». Cada uno de nosotros es una entidad individual que simultáneamente es el vasto universo entero y un mero fragmento de este. Dentro de cada uno de nosotros —añadió— hay una inmensa torre de tiempo que contiene toda la historia cósmica. Nos estamos despertando —concluyó—. Estamos descubriendo nuestro lugar en el extremo de un vasto universo en desarrollo. Y sabemos qué hacer.

Esta es la razón por la cual tenemos un papel tan asombroso que desempeñar: no solo debemos observar nuestro precioso mundo y apreciarlo, sino también contribuir a protegerlo.

Podemos estar a la altura de este reto único en la vida.

COMIENZOS Y FINALES

El tiempo que he pasado en el Bosque Marino me ha permitido conocer muchas formas de vida. He entablado relación con cientos de animales, desde aquellos cuya vida solo dura unos pocos días hasta otros que viven décadas.

El tiempo que he pasado en la naturaleza también me ha llevado a conversar con la muerte casi a diario. Creo que nunca he buceado sin presenciar cómo un animal terminaba con la vida de otro. A lo largo de la última década he llorado la muerte de tiburones y estrellas de mar, anémonas y anfípodos.

He perdido amigos tan queridos como el pulpo que tanto me enseñó y como nuestro gato Leon.

El día que Leon murió, Swati y yo estábamos conmocionados. Preparamos el desayuno y compartimos recuerdos de nuestro querido gato, y ella derramó más lágrimas. Luego salimos a dar un paseo por la costa. En un tramo de la playa, la aguda mirada rastreadora de Swati detectó cuerpos de insectos incrustados en la arena que parecían pequeñas joyas.

Imaginé que un viento muy fuerte empujaba a los insectos hacia el océano, donde se ahogaban, y que luego el mar devolvía sus cuerpos a la orilla. Recogimos unos cuarenta insectos de varios metros cuadrados y los dispusimos para tomar una fotografía. Yo encontré una tortuga ungulada que también se había ahogado en las aguas revueltas del día anterior, y un *klipfish super** que había salido despedido del agua y se estaba secando bajo el sol abrasador. Lobos marinos y gaviotas jugueteaban entre las olas. Aves marinas planeaban entre las corrientes de aire que generaban las olas. La vida y la muerte estaban por todas partes. Vislumbramos la cara de nuestro adorado gato en todas esas muertes, y también en toda esa vida.

Es imposible no pararse a pensar en lo diferente que se ve la muerte en el mundo domesticado y en el de aquellos que viven en plena naturaleza.

A medida que los seres humanos nos hemos alejado cada vez más de nuestras fuentes naturales de alimento hemos perdido nuestro vínculo directo con los ciclos naturales de la vida y la muerte. Está claro que todavía conservamos muchas prácticas culturales que nos preparan para la muerte y el duelo, pero para la gente que cazaba y recolectaba, la muerte era algo mucho más habitual.

---

* El *klipfish* (en afrikáans, *klipvis*, de *klip*, «roca», y *vis*, «pez») comprende varias especies de peces endémicas de Sudáfrica que pertenecen a la familia de los clínidos. El término *super* hace referencia a una de sus variedades. *(N. de la T.)*

La mayoría de los chamanes a los que conocí durante los años en que estuve rodando habían vivido a menudo experiencias en estados de trance que les permitían comprender la muerte. También estaban en contacto constante con sus ancestros. Así que la idea de que quien ha muerto desaparece del todo y ya no está presente de ninguna forma les parecería muy extraña.

También encontrarían extraño prolongar la vida a cualquier precio. Si perteneciéramos a una comunidad san nómada, viviéramos en la época en que todos éramos cazadores y recolectores, y nos hirieran de muerte, nuestra familia nos construiría una pequeña cabaña y nos serviría nuestra última comida, y todo el mundo acudiría a despedirse. Al cabo de unos días, las hienas o los leones se encargarían de hacernos desaparecer misericordiosamente.

Estoy muy agradecido a los avances modernos por haberme ayudado a curarme de una terrible malaria, de fiebres por picaduras de garrapata, de esquistosomiasis, de infecciones por cortes e incluso de una caries dental.

Pero también estoy agradecido por la profunda mirada sobre la muerte que me han brindado mis maestros humanos y animales. Estoy agradecido por mi singular experiencia como ser humano que saborea la vida salvaje en nuestro planeta viviente. Estoy agradecido por comprender que me encuentro conectado por un hilo con cada gota de agua, con cada bocanada de aire.

LA NATURALEZA AMABLE

Una década nutriendo mi alma anfibia me ha infundido confianza en la capacidad humana para construir una sociedad más en armonía con la naturaleza. Esta confianza contrasta con una buena parte del discurso sobre el medio ambiente y la sostenibilidad, el cual parece tomar como premisa que los seres humanos somos, en esencia, una especie «mala», violenta y egoísta, y que solo un barniz de civilización nos impide matarnos los unos a los otros. Las noticias que vemos a diario sin duda sostienen esta idea de que somos una especie fallida. Sin embargo, en muchos aspectos la ciencia apunta en la dirección contraria.

Los seres humanos podemos llegar a ser muy crueles, pero también tenemos una extraordinaria capacidad para ser amables. No deja de maravillarme la compasión que descubro en mis semejantes humanos, el deseo de responder a la llamada de auxilio del prójimo.

Aunque a veces nuestras intervenciones resultan más perjudiciales que beneficiosas, siempre me conmuevo al pensar lo cooperativos que podemos ser como especie. Desde los millones de animales acogidos en las protectoras que se adoptan cada año hasta los esfuerzos por conservar el medio ambiente en todo el mundo y las voces que se alzan para exigir justicia ecológica, muchas personas reconocen que desempeñamos un papel muy importante a la hora de responder a la llamada de nuestros semejantes animales, vegetales y elementales.

Quizá la mejor evidencia de ello sea que el hilo que nos une a nuestros ancestros salvajes se está robusteciendo.

Según la arqueología, apenas hay vestigios de que a lo largo de la Edad de Piedra Media hubiera violencia interpersonal o intergrupal. Hace unos setenta mil años probablemente había menos de diez mil humanos en la Tierra, la mayoría de los cuales habitaban en África.[44] Nuestros orígenes más remotos —y el hecho de que no nos extinguiéramos— indican que nuestra especie era muy altruista y cooperativa. Es muy conmovedor ver que nuestros orígenes no son violentos y que la mayor parte del tiempo que hemos pasado en la Tierra hemos sido pacíficos.

Fue el advenimiento de la agricultura lo que hizo que empezara a resquebrajarse la reciprocidad de la que habíamos gozado durante trescientos mil años y, con ella, nuestras mentes. El vibrante cordón umbilical que unía a los seres humanos con la naturaleza se rompió, lo cual ha sido muy traumático.

¿Y qué ocurre cuando los animales sufren un trauma? Que a menudo se vuelven violentos.

Recuerdo el encuentro que tuve con aquella ballena, la forma en la que me atacó cuando se sintió atrapada entre nosotros y aquella gran roca. O la jaguar enfadada que rugió cuando su cola quedó atrapada en una rama. Reflexiono sobre la agresión, el miedo y la violencia, tan presentes en nuestro mundo actual.

Recuerdo también cómo la ballena regresó a mi lado después del susto inicial y se mostró afable, casi como si me pidiera disculpas. O cómo la agresividad de la jaguar se transformó en ganas de jugar cuando su cola quedó libre.

Incluso cuando estamos sometidos a un gran estrés, los seres humanos también tenemos la capacidad de hacer que prevalezca nuestra naturaleza amable.[45]

RECIPROCIDAD

Vivimos en un mundo que ha experimentado una grave destrucción ecológica, y, sin embargo, la vida sigue a la espera de cualquier oportunidad, por mínima que sea, para prosperar. A medida que comprendemos mejor la crisis climática y la sexta extinción masiva de la historia de nuestro planeta —la más veloz y temible, así como la primera causada directamente por el ser humano—, muchos de nosotros repensamos nuestra forma no solo de consumir, sino también de vivir y trabajar, el modo en que estructuramos nuestras organizaciones y sociedades, aquello a lo que damos valor.

Recientemente conversé con Megan Biesele, una antropóloga que ha convivido muchos años con los san y conoce bien su lengua, y con Melissa Heckler, una autora e investigadora que trabaja sobre todo en el desarrollo infantil temprano. Hablamos de la importancia del acto de compartir en la cultura Ju/'hoan, un valor que se inculca nada más nacer: al bebé se le da una joya que, cuando sea un anciano, a su vez entregará a otra persona.

Como pude observar cuando rodaba con los san, la caza es una actividad comunitaria en la que el cazador no es más importante que ninguna otra persona; de hecho, el propietario de la carne no es el cazador, sino quien haya fabricado la flecha fatal, una sofisticada tarea que suelen llevar a cabo mujeres, ancianos o personas incapaces de cazar.

La reciprocidad incluso tiene su reflejo en la lengua Ju/'hoan, en la que una misma palabra —n!arohkxao— significa «enseñar» y «aprender», lo cual no solo respeta la motivación natural de un niño o una niña por aprender, sino que también crea un equilibrio de poder entre maestro y alumno.

—El nivelado es constante —me explicó Melissa—. Preservar la cultura de la equidad requiere de una atención constante.

Si somos capaces de abrirnos a la reciprocidad que forma parte de nuestro patrimonio —a escala individual y colectiva—, seremos testigos de la resiliencia y la amabilidad inherentes a nuestra especie. Podemos sanar el trauma colectivo que sufrimos tendiendo un puente con la fuente original, con nuestra alma anfibia.

En realidad, en este mundo no existe ningún «otro», sea animal, humano o planta. Todos compartimos el mismo aire, el mismo suelo, el mismo océano. Puede parecer que hay depredadores y presas y peligros acechando por todas partes, pero en general lo que hay es un tremendo apoyo por parte de la inteligencia biológica, que mantiene con vida a todas y cada una de las criaturas vivientes.

En una conversación reciente, Nainoa me dijo:

—No necesitamos esperanza, Craig. ¡Necesitamos creer!

Al fin y al cabo, creer es el punto de partida de la acción. Cuando creemos desde el fondo de nuestro corazón que los seres humanos tenemos la capacidad de transformar la manera en que nos relacionamos con nuestro hogar de tierra y océano, podemos recurrir a la sabiduría de nuestros antiguos ancestros.

El bienestar resultante de esta sabiduría es algo que ninguna comodidad del mundo domesticado puede proporcionarnos. La mayor parte del tiempo que llevamos en este planeta —de hecho, más del 95 %—, nuestra especie lo ha vivido como nómada. Y aquellos ancestros no manejaban conceptos como «salvaje» o «naturaleza». Todo era salvaje; no había nada domesticado. Solo aprendieron la diferencia cuando las potencias coloniales irrumpieron trayendo consigo los horrores de la domesticación.

Las cuevas y los refugios ofrecían protección temporal, y el fuego calentaba si hacía frío; pero donde nuestros ancestros hallaban seguridad era en la naturaleza, porque eso es lo que conocían, así respiraban y sobrevivían.

Ahora nuestro reto es reforzar los delicados hilos que nos unen a nuestros ancestros más antiguos. Todos podemos encontrar ocasiones para reconectar con nuestro lado salvaje. Yo encontré mi sanación en el mundo acuático, pero dondequiera que estemos la naturaleza reside en nuestro interior y a nuestro alrededor, a la espera de ayudarnos a florecer.

CAPÍTULO 8

JUGAR

If the birds up in the trees
Know how beautiful they are
If the mountains and the sea
Know how magical they are
If the stars which made our skin
Show how radiant they are
Won't they shine their light until
You remember who you are? *

ZOLANI MAHOLA, «Remember Who You Are»

PESE A LLEVAR MUCHOS AÑOS VIVIENDO EN EL CABO DE BUENA ESPERANZA, alimentando mi alma anfibia a diario, todavía siento el tirón del mundo domesticado. Por un lado, porque así lo he escogido: cuando escribo, edito o respondo a peticiones para ayudar a difundir el mensaje de la ecología personal profunda del Sea Change Project, puedo pasar mucho tiempo delante del ordenador sin salir a tomar el aire.

La seducción de la tecnología es muy poderosa y a menudo caigo en ella sin pensar. Es obvio que estos hábitos son adictivos por definición. Hay días en los que parece que la gigantesca mente tecnológica quiera dejar seca mi

---

* «Si los pájaros en lo alto de los árboles / saben lo hermosos que son, / si las montañas y el mar / saben lo mágicos que son, / si las estrellas que forman nuestra piel / muestran lo brillantes que son, / ¿acaso no brillarán hasta / que recuerdes quién eres?» *(N. de la T.)*

alma anfibia. Me quiere dócil, exige toda mi atención: mundo pequeño, mente pequeña.

Después de un largo día de trabajo de edición, a veces fantaseo con volverme salvaje del todo: desactivar mi cuenta de correo electrónico, cerrar la puerta de mi estudio de edición y encontrar una isla remota en la que Swati y yo podamos sumergirnos del todo en la naturaleza. Poseo los conocimientos de supervivencia y la experiencia necesarios para hacerlo: cuando a los veintipico años viví seis meses en una isla tropical, la única comodidad que me permití fue una pequeña tienda de campaña para mantener a raya a los mosquitos.

Fue idílico en muchos sentidos, pero al final sentí la llamada de África, el continente madre de nuestra especie, y acudí a ella impaciente por ver qué iba a enseñarme. Tras varios viajes más recientes a parajes remotos que pocos seres humanos han pisado, sentí una llamada igual de acuciante para regresar con mi familia, mis amigos y mis compañeros de rastreo. Somos una especie social, y aunque disfruto del tiempo que paso solo en la naturaleza, compartirla con nuevos y viejos amigos ha sido una de las partes más enriquecedoras de mi periplo.

También procuro no descartar nada de lo que me ofrece el mundo moderno. Me basta con ver los avances que ha experimentado el cine en las tres últimas décadas para recordar cómo la naturaleza del espíritu humano sigue transformando nuestra manera de contar historias, de hacer arte, de conectar unos con otros y de aprender. Mi taza de té matutina, mi rato de sauna por la tarde, la posibilidad de chatear con mis amigos de todo el planeta en un abrir y cerrar de ojos...: cuando soy totalmente consciente, puedo ver cada una de estas experiencias con la misma sensación de asombro y gratitud con la que me sumerjo en el océano cada mañana.

Además, es mucho más fácil sumergirme en aguas gélidas y soportar las picaduras de los insectos y los inevitables golpes y moratones si sé que voy a regresar a mi casa, calentita y confortable, cuando la aventura termine. La historia sería muy diferente si tratara de abrir la puerta a un estilo de vida cazador-recolector. En muchos sentidos, esa puerta salvaje está cerrada a cal y canto. En el momento en que cruzamos su umbral, desde nuestro pasado salvaje hacia un mundo construido en torno a la agricultura controlada, no nos dimos cuenta de que no había vuelta atrás.

Si un día nos desprendiéramos de todas nuestras comodidades y nos viéramos de vuelta en un paraíso natural, ¿la vida sería realmente tan idílica? ¿O seguiríamos teniendo ganas de ver una película, leer un libro, saborear una buena taza de café..., por no hablar de las ventajas que nos procura la medicina moderna?

Somos una especie en conflicto, mitad salvaje, mitad domesticada, y ávida por lo mejor de ambos mundos. El problema es que estos dos mundos no se sostienen el uno al otro. Es más, uno de los aspectos más nefastos del mundo domesticado es la manera en que ha apartado sistemáticamente a grandes grupos de personas de cuanto cura, preserva y nutre la vida.

El tiempo que pasé viviendo en un *township* africano fue un brutal recordatorio de que las comodidades y el privilegio de unos son resultado directo de la opresión de muchas otras personas.

El camino en pos del alma anfibia, cuyo corazón late en todas y cada una de las criaturas vivas de este planeta, no siempre está claro. No podemos meternos en una máquina del tiempo y «rehacer» el colonialismo, la revolución agrícola y la Revolución Industrial de manera más consciente o equitativa. No podemos irnos a vivir todos en plena naturaleza, porque no nos queda suficiente naturaleza.

Pero somos demasiados los que ansiamos una forma de vida diferente como para entregarnos por completo y sin rechistar a lo domesticado.

Puede que la siguiente fase de la evolución del alma anfibia sea moverse con fluidez entre el mundo en el que nacimos y el mundo que estamos creando. Y hacerlo de forma creativa, amorosa, comunitaria y, quizá lo más importante, como si jugáramos.

UN ALMA QUE RECUERDA

Una tarde, después de un largo día de entrevistas, me sentí exhausto. Una parte de mí quería dar el día por terminado, pero Pippa me convenció para ir a nadar diciéndome que así dormiría mucho mejor.

Cuando estábamos a punto de entrar en el agua nos encontramos con un grupo de jóvenes. Uno de ellos se presentó: se llamaba Shayan y venía de Pakistán; estaba de viaje con unos amigos de Zimbabue y el Congo. Tenían curiosidad por saber qué hacíamos.

Tras una jornada tan larga yo no tenía muchas ganas de socializar, pero vi cómo aquellos chicos miraban el mar y las pequeñas olas que rompían en la orilla. Después de charlar con ellos unos minutos, resultó que ninguno había estado nunca en el mar ni sabía nadar.

Shayan y sus amigos tenían pánico al agua y, a la vez, se sentían atraídos por ella. Mientras contemplaban las olas con anhelo, sus cuerpos mostraban tensión, y admitieron que temían ahogarse si se metían en el agua.

Aunque mucha gente tiene un miedo instintivo al agua, la curiosidad termina por atraerlos hacia su resplandeciente y ondulante superficie.[46] Sabemos que nadar puede ser peligroso, pero que también nos alegra y nos sana. Me ofrecí a acompañarlos al mar.

—La zona donde rompen las olas no cubre —dijo Pippa—. Y podemos llevaros de la mano.

Se les veía con ganas, pero dubitativos.

—Irá bien. Estaremos pendientes de vosotros —los tranqui-licé, sintiendo la responsabilidad de mis palabras—. Conoce-mos bien este mar, venimos cada día. Hoy no está picado. No iremos lejos. Relajad todo el cuerpo y respirad por la nariz.

Nos cogimos de las manos y avanzamos juntos entre las suaves olas.

Al instante, el pequeño oleaje los tumbó a los tres, porque no estaban en absoluto acostumbrados a aquella fuerza líqui-da y móvil. Cuando me agaché para calmarlos vi que no era necesario: se reían, fascinados por las burbujas y el movi-miento. Pippa y yo nos miramos con la misma sonrisa en la cara.

El primer encuentro con el océano es como un alma que recordara su naturaleza anfibia. El tiempo que pasé aquel día con mis nuevos amigos transformó mi cansancio en éxtasis en cuestión de segundos. Mi deseo por estar solo había des-aparecido. Estuvimos jugando como niños exultantes: saltá-bamos y nos reíamos, chapoteábamos y nos salpicábamos unos a otros.

—¡Qué salada está! —exclamó Shayan, frotándose los ojos, antes de ser embestido por la siguiente ola.

Pese a que ninguno de nosotros dominaba el idioma de los demás —inglés, punyabí, francés y shona—, lográbamos comunicarnos con el lenguaje universal de la diversión. No necesitábamos decir nada más. Fue un privilegio vivir aque-llos primeros momentos de sal, espuma y asombro oceánico con aquellas almas. Nunca lo olvidaré.

JUGAR EN LA NATURALEZA

El tiempo que pasamos en la naturaleza reactiva nuestra mente infantil y nos recuerda que somos a la vez adultos y niños en espíritu, y que estamos rodeados de maravillas. El estrés que experimentamos como adultos por conseguir determinadas cosas, o por ajustarnos a ciertas conductas, frena la curiosidad y el asombro, unos comportamientos que, por otro lado, son bastante naturales en la infancia tanto de los seres humanos como de los animales. Las responsabilidades que no surgen de la alegría, sino de la angustia y las expectativas, nos separan de nuestro lado salvaje. No obstante, no existe una manera más efectiva de escapar del mundo domesticado que jugar espontáneamente en plena naturaleza.

Si bien siempre es una delicia compartir el Bosque Marino con amigos, yo siempre busco el modo de jugar, incluso cuando buceo a solas. El *bodysurf* es una forma muy íntima de sentir el poder y la alegría del agua. No se necesita ninguna equipación.

De pie en el océano, con el agua a la altura del cuello, me impulso sobre el lecho marino de arena cuando las olas empiezan a romper, y entonces, con tres brazadas enérgicas, igualo la velocidad de la ola. Mi cuerpo se convierte en una tabla de surf humana que se desliza por la superficie de la ola a lo largo de casi cincuenta metros en dirección a la orilla.

Una mañana bajé por el sendero serpenteante que da a la bahía. Aquel día el mar estaba revuelto, pero en la playa de arena, entre unos gigantescos bloques de granito, había un pequeño tramo que ofrecía un resquicio relativamente seguro.

En un día y un lugar así es vital escoger las olas adecuadas, porque si no podría verme lanzado hacia zonas poco profundas, con el riesgo de romperme algún hueso y rasparme la piel. Con los años he recibido suficientes palizas de las olas como para saber que debo buscar las más pequeñas y planas.

El fuerte oleaje me enviaba una ola tras otra, como un champán burbujeante y salado. Incluso nadar de vuelta a la zona más profunda era trepidante, ya que debía avanzar por debajo de las olas sintiendo su fuerza.

Con la siguiente ola quise cambiar de técnica. En lugar de atraparla por la superficie, me sumergí, esperé a que me sobrepasara y me propulsé con fuerza desde el suelo yéndole a la zaga. La ola tiraba con fuerza de mí y me propulsó como una flecha a través del agua.

Al cabo de media hora había atrapado unas veinte olas. Sentía el cuerpo fuerte, la mente abierta. Volví a mirar hacia las grandes rocas que había a lado y lado de la playa, y caí en la cuenta de que tenían forma de yunque. Imaginé miles y miles de años de arena y agua en movimiento desgastando poco a poco aquellas rocas, moldeándolas.

Aquel era un rastro dejado por el océano.

La misma fuerza que yo aprovechaba para cabalgar las olas había moldeado aquella escultura en constante cambio. Miré a mi alrededor y vi aquella fuerza por todas partes, escrita en las rocas con un lenguaje de formas suaves y redondeadas que reflejaba el fluir del agua y de la arena.

Mientras caminaba por la playa encontré un lagarto del Cabo sobre un montón de algas secas, a la caza de los pequeños invertebrados que se alimentan de ellas. Vi el rastro que dejan los anfípodos cuando se entierran en la arena después de comer por la noche. Vi el rastro que deja al alimentarse un morito común, compuesto por pequeños agujeros para atrapar anfípodos: su largo pico le permite atrapar los crustáceos de uno en uno, como si usara palillos chinos para comer de un bol diminuto.

A todo mi alrededor veía historias en las señales que he aprendido a leer con el paso de los años. Me sentía totalmente libre del tiempo y de mi cuerpo, era pura mente en busca del espíritu de las cosas salvajes.

Me sumergí una vez más en las olas cuando las últimas luces del día iluminaban la superficie del mar. Volé con las olas brillantes que rompían a izquierda y a derecha, y de alguna manera toda aquella energía se transfirió a mi cuerpo. Salí del agua conmovido por la alegría primigenia de haber alimentado mi alma anfibia con el plato que ella más anhela:

grandes lonchas de agua plateada servidas sobre un lecho de espuma oceánica.

Despertar el asombro

Todos podemos desarrollar una relación más lúdica con la naturaleza, ya sea recogiendo hojas o piedrecitas para utilizarlas después en trabajos manuales, o contemplando desde la ventana a una ardilla haciendo acrobacias. Aunque al principio no parezca instintivo, cuanto más tiempo pasemos en la naturaleza, más despierta estará nuestra capacidad de asombro. Allí donde antes no veíamos más que una rama rota, ahora vemos un utensilio para cavar. Un paseo diario que al principio nos parecía una dosis de ejercicio obligatorio se convierte en un respiro indispensable que tomarse respecto del mundo domesticado de las expectativas y las responsabilidades.

Conocer bien mis límites y los ecosistemas que exploro me ayuda a jugar con ellos. Cuanto mejor conozco el océano, más precavido soy; pero también me puedo permitir ser más aventurero y divertirme más.

Uno de mis sitios favoritos para ir a jugar es un lugar al que llamo Roca del Cañón. Es una roca enorme, y cuando las olas la golpean, suena como un cañón antiguo que disparase a cámara lenta, y entonces el agua sale disparada hacia arriba como una bala que después impactara en la arena. En determinadas condiciones atmosféricas es letal, pero en otras es bastante seguro pese a su espectacularidad.

Una mañana Jannes y yo nos dirigimos a esa roca, nadando con fuertes brazadas porque el mar estaba muy movido. Me he acostumbrado a la penumbra del bosque de algas durante la marea baja, y ver cómo mis manos se arrastran hacia atrás, dejando pequeños remolinos de aire detrás de cada dedo, se ha convertido en una especie de meditación. Antes me ponía nervioso, porque la penumbra impide ver si hay algún depredador, pero ahora confío en el mar y en mis rutas por el océano. También he aprendido a utilizar sutilmente las algas y las rocas como medio de protección, y, si el mar está revuelto, a evitar las zonas «calientes», por donde merodean los grandes tiburones a la caza de focas.

Cuando al fin llegamos a Roca del Cañón, una ola de tamaño considerable se abalanzó sobre nosotros. Yo avancé hacia la roca, cosa que podría considerarse un gesto suicida. La masa de agua se encabritó como un caballo gigantesco y me elevó junto a la pared de la roca, luego se curvó hacia atrás, y el agua salada cayó sobre mí como una intensa lluvia.

—¿Estás bien? —gritó Jannes.

Desde donde él estaba, de pie y filmando, parecía como si yo hubiera quedado aplastado entre la roca y la ola.

Por lo general, la conjunción de rocas y olas de gran tamaño es sinónimo de desastre, pero yo había observado de cerca aquella zona durante años y sabía cómo apañármelas. La fuerza de las olas al chocar con las rocas y transformarse en planchas blancas y túneles de agua llenó de energía mi cuerpo y mi mente.

Justo antes de que diéramos media vuelta para regresar nadando, una ballena jorobada emergió del agua y volvió a hundirse entre imponentes salpicaduras.

COMPARTIR LO SALVAJE

Yo siempre había albergado la esperanza de que mi hijo Tom viera el mundo natural con la misma sensación de asombro y las mismas ganas de jugar que mi abuela y mi bisabuela me transmitieron a mí. Cuando Tom era niño, yo le contaba un cuento cada noche antes de que se fuera a dormir. Me inventaba elaboradas historias sobre criaturas sobrenaturales y seres humanos con capacidades especiales para rastrearlas y comunicarse con lo salvaje. Uno de nuestros cuentos preferidos era el de unos hombretones peludos que medían tres metros y medio de altura y un buen día llegaron a una aldea en busca de un niño especial llamado Tom Braden Peace.

Los padres dan permiso al niño para irse a vivir al bosque con aquellos seres, que le enseñan a hablar con los animales. Una araña que habita en su cuerpo le teje una capa de seda. En esa capa viven una serpiente y un escorpión. Un pez le enseña a respirar bajo el agua. El niño aprende el idioma de los insectos y de las aves, y conoce a los animales que viven bajo tierra. Vive muchas aventuras que entrañan un gran peligro y, al final del cuento, salva a su familia gracias a todo lo que ha aprendido de la naturaleza.

Por descontado, el cuento era una proyección fantástica de mi propia mente, un reflejo de mi profundo anhelo por comprender mis orígenes y por transmitir este conocimiento a mi hijo.

Intenté que aquellos cuentos se hicieran realidad invitando a Tom a conocer el mundo que me había nutrido y sostenido durante todos aquellos años.

A veces nos pasábamos ocho horas seguidas jugando en plena naturaleza, inventándonos juegos con los objetos que encontráramos. Echábamos arena seca al agua para ver qué criaturas podíamos crear, o construíamos montoncitos de piedras en equilibrio hasta levantar torres altísimas.

Jugábamos a luchar y a hacer melés de *rugby* en la playa. Luchábamos bajo el agua, aguantando la respiración. Así desarrolló Tom su equilibrio y su fuerza, pero también la confianza en sus propios límites: aprendió a no llevar las cosas al límite, a ser delicado incluso en los juegos salvajes.

A medida que Tom iba cobrando fuerza, cada vez me costaba más estar a su altura. Le enseñé a boxear, pero la cosa terminó conmigo en el suelo medio noqueado. Un poco de sangre, nada más.

Con el tiempo pasamos a hacer volar objetos, a lanzar conchas de abulón cuando soplaba el viento para ver si este nos las devolvía. Una concha se quedó en el aire girando varios segundos antes de regresar hacia mí como un bumerán. Construimos pequeñas presas para detener ríos, usamos tallos de algas como si fueran instrumentos de viento y fabricamos tambores con conchas y huesos.

Algunos de mis momentos más preciados son los que he compartido con Tom entre juegos y risas.

CRIATURAS CURIOSAS

De vez en cuando, mientras jugábamos en la naturaleza, algunos animales se acercaban a Tom. Mi recuerdo más vívido es el de dos extraordinarios encuentros con unos babuinos.

El primero se produjo cuando Tom tenía siete años. Acabábamos de remontar un río hasta una cascada y estábamos los dos tumbados sobre una roca al sol, jugando a equilibrar ramitas y palitos, cuando varios babuinos se nos acercaron. Tom veía a estos primates a menudo y le daban un poco de miedo. Le dije que se relajara; esperaríamos a ver qué hacían. Tres de los babuinos empezaron a acicalarle, acariciándole el pelo y la ropa con las mismas ganas de jugar que cuando lo hacen entre ellos.

En otra ocasión, Swati, Tom y yo estábamos sentados contemplando el mar desde un acantilado a cuyo pie acuden los babuinos para buscar crustáceos en la zona intermareal. Se nos acercó una tropa de unos veinte individuos, y un macho muy grande vino derecho a donde nos encontrábamos Tom y yo.

Le dije a Tom que no le mirara a los ojos, para no desafiar su autoridad. Tom llevaba un sombrero con ala, así que se lo caló bien y miró hacia abajo. Para mi sorpresa, un joven babuino se aproximó a Tom, le levantó el sombrero y se agachó para verle la cara. Tom adoptó un gesto serio, pero Swati y yo no pudimos aguantarnos la risa y estallamos en carcajadas.

ES MUY POCO HABITUAL QUE LOS ANIMALES SALVAJES ESTABLEZCAN CONTACTO CON LOS SERES HUMANOS, así que cuando lo hacen, las imágenes se me quedan grabadas a fuego en la memoria.

Aquella mañana el sol brillaba con fuerza y corría una suave brisa del sur. En la pequeña bahía rodeada de algas el océano se veía liso, salvo por algunas ondulaciones. Las olas rompían y se apaciguaban en los bordes del bosque de algas, a unos ciento cincuenta metros de distancia.

En aquella zona el agua apenas cubría un metro y el lecho era un batiburrillo de algas y plantas marinas, con un abanico de colores que iba desde el verde claro hasta los marrones oscuros y el rojo teja. Detecté una colorida variedad de lisas, besugos, peces cebra, salemas y —cómo no— *klipfish*, un clásico de las inmersiones. No es raro que estos peces tan inteligentes y curiosos naden cerca de los seres humanos, ni siquiera que los sigan. Salen disparados desde detrás de las algas y las plantas marinas, se aproximan y luego se escabullen a toda prisa. A veces me siguen a una distancia equivalente a la de mi brazo estirado y me miran con sus ojos saltones como queriendo decirme algo.

Mientras Swati, Pippa y yo nadábamos rumbo al bosque de algas, algunos *klipfish* vinieron hacia nosotros y varios se chocaron con nuestras máscaras. Aunque esto nos había ocurrido otras veces en zonas poco profundas, el ímpetu de aquellos peces me sorprendió.

Tras examinar las algas durante un rato, decidí regresar a los bajíos y echar un vistazo más de cerca a la belleza del lecho oceánico multicolor.

De vuelta pude sentir cómo la marea baja empezaba a dar paso a la marea alta. Como iba a haber luna llena, la marea baja sería muy baja, y la alta, muy alta. Al avanzar nadando noté un suave golpe en el torso. Pensé que serían algas rotas flotando por el bosque, pero luego descubrí que un *klipfish super* estaba mordisqueándome el dedo gordo del pie.

Lo que sucedió a continuación me dejó de piedra. Estaba en el agua, a apenas medio metro de profundidad, suspendido en posición horizontal, todo lo quieto que podía mientras me sujetaba a una roca, y dos *klipfish super* de ojos saltones y dibujos fantásticos en la piel flotaban a un par de palmos de mi cara.

Me agarré mejor a la roca, relajé los músculos e intenté mostrarme tranquilo e inofensivo. Al cabo de pocos minutos me vi rodeado de una treintena de peces como aquellos dos. Algunos se apoyaban en la mano con la que me sujetaba a la roca, otros mordisqueaban mi vientre desnudo o se me acercaban a la cara, y varios incluso me mordían el labio inferior.

Estos peces no chocaban conmigo por accidente: habían elegido establecer contacto conmigo, pese a que yo no llevaba cebos ni comida. Poco a poco extendí la otra mano, con la palma hacia arriba, y en cuestión de segundos los peces se fueron acercando. Alguno se echaba a descansar sobre la palma de mi mano y otros me mordían los dedos. Cada vez había más. Hubo un momento en que tenía cuatro peces amontonados en la mano, uno encima del otro, de lado, adoptando la postura de apareamiento.

He vivido miles de encuentros con criaturas salvajes, pero ¡nunca habían copulado en mi mano!

Llamé a Swati y a Pippa, que me observaban desde la orilla. Empezaron a nadar hacia donde yo estaba, y pensé que los peces se pondrían nerviosos, pero aparecieron más todavía. Al poco rato los tres nos encontrábamos rodeados por dos variedades de *klipfish*: *agile* y *super*.

Uno de ellos permaneció en mi mano varios minutos, contento de que lo sostuviera y lo acariciara. Incluso dejó que lo sacara del agua un par de veces, hasta que se hartó. Entonces todo un grupo de peces desfiló ante mi mano para que les acariciara unos segundos, de uno en uno, antes de dar paso al siguiente.

Estábamos en un paraje remoto donde no bucea casi nadie, así que aquel comportamiento me resultaba muy misterioso.

¿Por qué aquellos peces cruzaban la barrera invisible de la cautela mutua que suele separar a los seres humanos de las criaturas salvajes?

En su hábitat nosotros somos criaturas enormes, y pese a ello los *klipfish* habían decidido saltarse esa barrera y correr el riesgo. No sé qué ganaban con ello, pero sí que me invadió la euforia. Experimenté una alegría que solo se siente cuando una criatura salvaje decide compartir contigo su espacio y su confianza.

En momentos así se atisba la belleza y el reconocimiento de nuestra parte salvaje.

A pesar de que después de aquella experiencia regresamos varias veces al mismo lugar, ni un solo pez volvió a comportarse de aquella manera.

Tras más de diez años buceando cada día, el océano sigue instruyéndome, mostrándome más y más maravillas.

La vida humana no es muy diferente al océano: tiene sus olas, sus ratos de calma y sus tormentas; sus épocas de abundancia, de penuria y de dolor.

FICCIONES SANADORAS

Una vez que nuestras necesidades están cubiertas, hallar un propósito en esta vida es esencial para levantarse de la cama cada mañana. He atravesado épocas oscuras en las que no tenía ningún propósito en la vida ni la energía para hacer nada; estaba sumido en un terrible vacío. Y aquello pesó mucho a mis seres queridos. Durante mi último ataque de estrés e insomnio hubo días en los que me pregunté si lograría recobrar el vigor que tenía antes.

Por fortuna la naturaleza sabe cómo rejuvenecer el alma, y, gracias a algún tipo de milagro, el propósito vital regresa. He recuperado mi deseo de compartir las criaturas del Bosque Marino con el mundo y ya soy capaz de levantarme muy temprano, al amanecer, lleno de ánimo y energía. No sé de dónde sale esta energía, es un misterio. Roger Horrocks, amigo y compañero de inmersiones con cocodrilos, la llama «ficción sanadora»: una historia que nos inventamos para sentirnos bien con nuestras vidas.

A veces doy vueltas a la idea de que la vida no tiene ningún propósito. Es fácil pensarlo, y a veces incluso puede resultar liberador.

¿Por qué no vivir con esas dos ideas opuestas? Con la idea de que tengo un propósito profundo en la vida, que es explorar y compartir todo lo anfibio, pero también con la de que no soy más que una mota de polvo en un universo infinito y mis acciones solo poseen el significado de la historia que me quiera contar a mí mismo.

Cada vez que me aferro a unas de estas dos ideas me pregunto si entre ambas no habrá una historia mejor por descubrir.

Tanto si me he inventado este propósito vital como si proviene de lo más profundo de mi ser, lo que resulta innegable son los poderes sanadores de la naturaleza.

Un día de lluvia regresaba yo en bici de la playa que hay al este de mi casa cuando la rueda delantera se metió en un hoyo de la carretera. Salí volando por encima del manillar y aterricé en el asfalto. El dolor fue inmediato, eléctrico, lo sentía en todo el cuerpo, pero el hombro se llevó la peor parte: me las había arreglado para romperme todos los ligamentos que sujetan la clavícula al omoplato. Un especialista desaconsejó la operación y me recomendó dejar que el tejido cicatricial y el músculo reemplazaran los ligamentos. Tuve mucho dolor durante días, y tardé más de un año en recuperar la fuerza del hombro.

Estaba decidido a seguir buceando con el brazo en cabestrillo, pero nadar con un solo brazo en condiciones no es lo ideal. En aquella época también lidiaba con otras dolencias: una fascitis plantar, que me causaba un dolor intenso en un pie, y mi oído del surfista crónico.

Así es como una tarde me vi confinado en una estrecha poza de marea de poco más de un metro de profundidad mientras el resto de mi equipo del Sea Change Project ponía rumbo a una hermosa barrera de arrecifes. Mientras imaginaba las maravillas que allí encontrarían no pude evitar sentir lástima por mí mismo. Había entrenado muy duro para recuperar la forma y ahora volvía a perderla poco a poco, lo cual me impedía realizar muchas de mis actividades, como nadar, ir en kayak o practicar *bodysurfing.*

En aquel momento un destello rojizo captó mi atención: era un pulpo que había visto dos o tres veces, escondiéndose en su madriguera.

Al cabo de unos instantes volvió a salir y se deslizó por la pared de roca hacia la zona menos profunda. Lo seguí y me condujo a una grieta oculta cerca de la superficie: una cueva con incrustaciones de algas coralinas de color rosa brillante. Era pequeña, pero el pulpo cabía perfectamente, y la abertura era lo bastante grande como para que yo pudiera mirar desde fuera.

El pulpo se movía cerca de la superficie de la cueva, y el agua de la poza, tan quieta que era un espejo perfecto, me devolvía el reflejo de dos pulpos. Mi máscara quedaba justo debajo de la superficie y mis ojos estaban en el ángulo preciso y a la profundidad adecuada para crear un espejo plateado que iluminaba al pulpo y su reflejo. Lo que vi fue fascinante. Estaba dentro del sueño de un pulpo, observando a través de un caleidoscopio, mientras el animal se metamorfoseaba en reflejos de formas cada vez más fantásticas. Movía los brazos y su reflejo hacía lo mismo, como en una sinfonía, hasta que reflejo y pulpo se fundieron en un único mandala cefalópodo. Ya no me sentía lesionado y atrapado en una poza de marea: estaba cara a cara ante un misterio de la naturaleza que superaba mi comprensión racional de las cosas.

Estaba tan extasiado que ni sentía el dolor físico.

Aquel caleidoscopio me recordó otro encuentro con un pulpo: uno al que vi camuflarse con dos colores diferentes que lo dividían justo por el medio, lo cual sugiere que el cerebro de un pulpo funciona con dos mitades. Me pareció una metáfora de los distintos yoes que todos poseemos, y de cómo las experiencias extremas —lesiones, enfermedades, roces con el peligro— nos enfrentan cara a cara con tendencias neuróticas que de otro modo quizá permanecerían por debajo de la superficie de nuestra conciencia.

A veces los encuentros con nuestra mortalidad son motivo de un gran sufrimiento y confusión, pero si somos capaces de enfrentarnos a nuestros miedos y vulnerabilidades en el espejo de la naturaleza en su estado más puro, la sanación y la integración pueden llegar.

ATRAPAR CANCIONES

Tanto si trato de curarme de una lesión como si intento animarme, siempre me ayuda incluir un poco de diversión en mi práctica del rastreo.

Me interesan todos los tipos de rastreo, pero una de las ideas más fascinantes al respecto me la reveló mi amigo Jon Young, un famoso rastreador estadounidense. Él la llama «atrapar canciones» y es una práctica que aprendió de Bill Monroe, considerado el padre de la música *bluegrass* de Kentucky.[47]

En los años setenta Jon y Bill solían pasar horas deambulando por los bosques, con sus sentidos y su intuición abiertos a la música de la naturaleza. En un arrebato de inspiración, captaban las canciones de los árboles, los animales y los parajes salvajes, y después las «atrapaban» garabateando en un papel lo que acababan de oír antes de que se desvaneciera en el aire.

Atrapar canciones no es, obviamente, un invento de Bill Monroe. Los indígenas, como los chamanes san que conocí en Namibia, atrapan canciones desde el principio de los tiempos. Intuyo que lo de atrapar canciones puede tener sus orígenes en el rastreo de animales. Nuestros antiguos ancestros estaban muy unidos a la naturaleza y escuchaban constantemente los sonidos de los animales, los insectos, el viento, las tormentas... Un día alguien visualizó un rastro con tanta habilidad que abandonó su cuerpo y se convirtió en el animal en cuestión. Nuestros ancestros inventaron el trance, la canción de la gran danza sanadora.

Madre de todas las músicas y danzas, este tipo de trance se compone de cantos y palmas rítmicos a los que se suma una técnica de hiperventilación. Hay muchos pueblos de lengua san con costumbres diferentes, pero todos ellos practican una forma de danza sanadora similar con respiraciones y sonidos. Sus participantes entran en un estado expandido de la conciencia que propicia la curación y un sentimiento de unidad compartido por toda la comunidad.

De la misma manera que los rastreadores intentaban atrapar las canciones de las aves o de los grandes felinos, es posible atrapar las canciones de un lugar. Cuando la mente humana se funde con la inteligencia biológica de un ecosistema, de ese encuentro y esa expansión de la conciencia surge la canción.

Con estas ideas en mente me propuse atrapar la canción del Gran Bosque Marino africano.

Para Bill y Jon todo era muy fácil porque los dos eran músicos y compositores muy dotados. Yo, en cambio, no había escrito una canción en mi vida. No tenía formación musical, mi única experiencia era la de trabajar junto a los músicos y compositores que creaban las bandas sonoras de los documentales, y mi sentido del ritmo y de la melodía dejaban mucho que desear.

Durante semanas visité el Bosque Marino a diario y me abrí por completo, con la esperanza de que un flujo de palabras profundas me invadiera en forma de canción.

Y durante semanas no ocurrió nada. Lo intenté una y otra vez, pero siempre en vano. Oía los mismos sonidos reconfortantes de siempre, que me hacían sentir como en casa, pero nada de aquello sonaba ni remotamente a música.

JUGAR CON EL AGUA

Al mismo tiempo que intentaba atrapar el sonido del Bosque Marino, florecían las dotes musicales de mi hijo. Tom tiene un oído especial para la música; ya de niño tocaba melodías inventadas con objetos orgánicos que encontrábamos en nuestras aventuras como rastreadores.

Con el tiempo aprendió a hacer música con el agua, algo que yo había visto en el África Central. El agua corriente de un arroyo o una poza entre rocas se convierte en una piel viva que fluye con suavidad entre cada golpe efectuado con las manos ahuecadas. Los tambores de agua tenían un sonido magnífico, y habíamos grabado a Tom tocándolos.

Esta creatividad basada en la naturaleza requiere crear algo a partir de muy poco o, en el caso de Tom, a partir de la *escucha* de algo. Esto despertó en él un tipo de creatividad que no ofrece ningún juguete humano y que estimula el cerebro para el pensamiento profundo, creativo y multidimensional.[48] Es un tipo de rastreo que incluso puede favorecer competencias como las matemáticas y la física. No obstante, y más importante que su impacto en los logros académicos, lo que cuenta es que jugar con la naturaleza desarrolla la tranquilidad y la confianza en uno mismo, además de una actitud humilde ante el vasto mundo natural.

Al final Tom aplicó sus habilidades matemáticas, lúdicas y de tallado de madera en otro ámbito. Comenzó un proyecto durante el confinamiento de la COVID-19 que puso a prueba sus límites y los míos: fabricar una batería acústica en mi garaje solo con herramientas básicas.

Yo creía que aquello era imposible, y así se lo dije, pero él no quiso rendirse a pesar de los múltiples inconvenientes con los que se fue topando por el camino.

Tuvo que diseñar y medir una serie de piezas rectas de madera que debían encajar entre sí en forma de círculos perfectos, sobre los cuales habían de ir colocadas —y resonar— las pieles del tambor. La construcción tenía que ser muy precisa, milimétrica, algo que yo no veía factible en nuestro rudimentario taller.

Y, pese a todo, el reto no lo amedrentó: fabricó herramientas especiales con pedazos de metal y madera viejos que yo había recogido. Durante meses, el garaje estuvo cubierto por una montaña de serrín.

Hubo días en los que tuve que pasarme horas sentado rotando el tambor mientras él lo redondeaba con una fresadora, solo para que al final de la jornada se nos acabara rompiendo. En aquella época yo dormía mal, y el proceso era doloroso. A menudo temía aquellas largas sesiones, porque estaba muy cansado y el polvo me afectaba los pulmones. Con todo, sabía que aquello era una profunda iniciación para él, y también para mí.

Un año después, Tom había construido cinco tambores perfectos. Era capaz de tocar aquella batería que nos había llevado al límite a los dos y había puesto a prueba su destreza y su tenacidad. Yo estaba muy orgulloso de él, y cada vez que la batería resonaba por toda la casa, me tumbaba y me dejaba envolver por el sonido de su triunfo.

LA ESENCIA DEL LUGAR

Poco después de haberme embarcado en la aventura de atrapar canciones, recibí como por ensalmo una llamada de la fundación de Yo-Yo Ma. El gran violonchelista iba a visitar Sudáfrica y se había ofrecido a colaborar en un proyecto musical. Sin pensarlo, pregunté si podía ayudarme en aquel nuevo misterio del rastreo.

La presión para dar con la canción del Bosque Marino se había intensificado. Una vez más salí con la esperanza de escuchar canciones y melodías, y una vez más regresé con las manos vacías.

Desesperado por buscar ayuda, contacté con Jon y con Anna Breytenbach, que es comunicadora animal profesional. Ambos concluyeron que me esforzaba demasiado en buscar algo concreto, en captar la canción igual que lo había hecho Jon.

Lo que me estaban diciendo era: «No intentes atrapar una canción, intenta atrapar la *esencia* del lugar».

Con sus palabras en mente, introduje algunos ajustes en mi enfoque. Me aproximé a la antigua inteligencia biológica del Bosque Marino como cuando empecé con mis inmersiones diarias. Le pedí al océano que compartiera su canción, y después intenté conectar mi mente tanto con la de mis antepasados recientes como con los más antiguos que habían vivido en esta costa.

Por fin empecé a captar fragmentos de palabras y frases, más poesía que música. Algunas eran dulces y otras poderosas pero extrañas, muy alejadas de lo que yo esperaba encontrar.

Después me sorprendió descubrir algo aún más increíble: había estado intentando atrapar una canción yo solo, en lugar de pedir ayuda a mis amigos.

Cuando embarqué a mis amigos en el proceso, la magia empezó a fluir de verdad, lo cual demostraba que una gran mente colmena es mucho más poderosa que mi pequeña mente individual.

Alisté a Jannes y a Faine Loubser, hija de uno de mis mejores amigos de la época del instituto. Faine es una versión moderna de una guerrera vikinga: mide un metro ochenta y es muy fuerte, pero también un encanto. Como yo, es una chatarrera redomada, una amante de los cachivaches, los huesos y cualquier objeto extraño que las grandes mareas arrastren hasta la playa.

En una de sus primeras misiones para atrapar canciones, Jannes y Faine descubrieron un enorme tambor natural: una roca de cinco toneladas que podía mecerse hacia delante y hacia atrás, y que al hacerlo retumbaba. Tom y yo empezamos a experimentar con conchas de abulón y de caracol que emitían un sonido similar al estallido del agua.

También rebuscamos entre la colección de objetos del Bosque Marino que yo había recopilado a lo largo de los años, y nos preguntamos si podían servirnos de algo. Cuando le comenté a Jon que, años atrás, había encontrado un hueso del oído de una ballena, dijo que quizá podríamos utilizarlo para la canción.

El problema era que, por mucho que intentásemos hacer sonar aquel hueso, nadie lograba extraer un sonido decente de él.

Y entonces llegó la inspiración: decidimos ir a bucear a una cueva submarina y tocar allí. Pese a que el sonido sería inaudible, nos encantó el aura simbólica de la misión. La cueva que teníamos en mente es una estancia en forma de pirámide de cinco por nueve metros, con un agujero en el techo por donde penetra la luz.

Faine, Pippa y yo respiramos hondo, nos sumergimos y, cuando llegamos al fondo de la cueva, Faine golpeó el hueso.

Lo que sucedió a continuación me dejó atónito: una pequeña bolsa de aire atrapada en el hueso generó un profundo estruendo bajo el agua.

Puede que durante cien años aquella ballena usara el hueso de su oído para escuchar el canto de sus congéneres y otros miles de sonidos del océano, y ahora nosotros lo estábamos utilizando para enviar ondas de sonido al océano que nos rodeaba. La vibración fue tan intensa que Pippa y yo alcanzamos a sentirla dentro del pecho, como un segundo latido del corazón.

Salimos a la superficie gritando de alegría y maravillados por lo que acabábamos de vivir, y Carina, la directora ejecutiva del Sea Change Project, nos dijo que el sonido se había oído incluso en tierra firme. Regresamos a la cueva una y otra vez, a experimentar aquel sonido prodigioso, que cambiaba de tono en función de la cantidad de aire que quedase atrapada en el hueso.

En definitiva, descubrimos más de veinte instrumentos fabricados con conchas gigantes del Bosque Marino, huevos de tiburón secos y abiertos, algas y esqueletos de animales como erizos de mar y argonautas. Llevamos nuestros instrumentos orgánicos al percusionista Ronan Skillen, que se convirtió en una especie de mentor para Tom: le invitó a visitar su estudio y le enseñó a tocar varios instrumentos de su colección.

La voz del Bosque Marino

Nuestro proyecto para atrapar canciones halló su verdadera voz cuando Ronan me presentó a la vocalista y compositora sudafricana Zolani Mahola. Zolani, que creció en un *township* sin acceso al mar, adoraba el océano pese al racismo sistémico que la había mantenido alejada del mar y prácticamente excluida de la naturaleza. Durante el *apartheid*, las playas —como cualquier otro lugar— estaban estricta y ferozmente segregadas, y las pocas a las que tenía acceso la gente negra a menudo eran inhóspitas y peligrosas.[49] La lucha diaria de su familia por sobrevivir no daba para muchos lujos, así que solo una vez al año Zolani tenía la oportunidad de bañarse en su Madre Océano.

Ardía en deseos de llevarme a Zolani a bucear, y me entusiasmó descubrir que era una de aquellas raras personas que se adaptan rápidamente al frío, sin problemas. Al meternos en el agua, un banco de pececillos nos rodeó.

Zolani no mostró el más mínimo temor la primera vez que buceó en aguas frías sin traje de neopreno. Yo incluso podía oír cómo ella captaba melodías: palabras en xhosa que bailaban sobre la superficie del bosque de algas.

Me llevé a Zolani a bucear y de excursión a varias cuevas. Le enseñé de la misma manera que había enseñado a Tom: dejando que se agarrara de mi espalda mientras nos sumergíamos en las profundidades. Solo necesitó dos inmersiones así para lanzarse a bucear sola, trepando por las algas, flotando en la ingravidez del Bosque Marino. Era una criatura terrestre de nacimiento, pero su alma anhelaba la libertad ingrávida de su corazón oceánico.

—Estoy borracha de frío —dijo riéndose tras una de nuestras inmersiones.

Faltaba poco para la visita de Yo-Yo, así que Zolani y yo empezamos a trabajar en la letra de la canción. Yo «captaba» durante mis inmersiones frases y fragmentos de poesía en bruto, como «libera mi alma anfibia» o «sueño en el bosque, bosque en el sueño», y ella las convertía en canción en inglés y en xhosa. Zolani era mucho mejor que yo a la hora de componer y captar melodías, pero fue tan amable y cooperadora que, de alguna manera, hizo que mis «capturas» sonaran bien.

Mientras tanto, empezamos a reunir al resto de la banda. Ronan se trajo a Jonny Blundell, un productor musical sudafricano que ideó un sofisticado sistema de micrófonos para amplificar y grabar a los músicos, y actuó como el pegamento que unía a todos los miembros de la banda. Jonny, a su vez, se trajo a su amigo Madosini, un tesoro musical sudafricano que tocaba instrumentos tradicionales xhosa como el *mhrubhe*, o «arco de boca». También se unió al grupo Pedro Espi-Sanchis, un capense nacido en España que tocaba cautivadoras melodías con el *lekgodilo*, una flauta hecha con una tira de alga seca. La combinación de sonidos en bruto de la naturaleza y la idea ancestral de atrapar canciones disparó las mentes de todos nosotros.

LA AÑORANZA DEL PASADO LEJANO

Cuando llegó el gran día, sentí una presencia inmensa en las estancias de nuestra querida casa junto al mar. Aunque en un principio habíamos planeado que el concierto fuera al aire libre, la amenaza de tormenta nos obligó a improvisar. Decidí trasladar el evento, al que iban a asistir unas cincuenta personas, al interior de casa. Swati estaba por entonces en la India, pero Pippa y Jannes tuvieron mucha paciencia conmigo, porque yo no podía disimular mi característica intensidad. Aunque sin la sensación terrible del pasado, el espectro de mi musa maníaca me vigilaba desde el techo mientras yo iba de un lado a otro, procurando que a los artistas no les faltara de nada y que nuestros invitados estuvieran cómodos.

Cuando todo el mundo hubo tomado asiento, los músicos empezaron a tocar. Yo estaba muy orgulloso de ver a Tom tocando la batería junto a aquellos músicos experimentados, y aunque sentía el subidón de adrenalina por tantas semanas de preparativos, en cuanto escuché los sonidos del Bosque Marino empecé a relajarme. Sentí como si estuviera buceando, pero cambiando el agua por el sonido, denso y rico. Mi mente se entregó a la música como una persona hambrienta se abalanza sobre un plato de comida.

En medio del concierto, Zolani hizo una pausa y, con un gesto, pidió a la banda que dejara de tocar. Había algún problema con el ritmo. Yo no había detectado nada extraño, y por unos instantes me puse muy nervioso. Pero entonces Zolani volvió a empezar. El sonido de su voz y de los instrumentos orgánicos que mis amigos y yo habíamos fabricado juntos me hizo temblar como siempre que hallo la belleza profunda en el Bosque Marino.

> *Go down below the water*
> *Oh, great love*

Deep forest dreaming
You of flesh and blood
Hurinin, flow with me
Leave my head on the shore
Free my amphibious soul.**

Después me contó que, en un momento de la canción, se sintió poseída por algo que no acababa de entender. En lugar de la letra que tenía pensado cantar, emergió de su garganta un hondo lamento.

Era fascinante y poderoso, la añoranza del pasado lejano.

El océano es la última naturaleza salvaje de este planeta. Zolani, como muchos de nosotros, ansiaba sumergir todo su cuerpo en la dicha líquida. En su voz, yo oía primero el sentimiento de añoranza; después, la pesadumbre por la separación de nuestra especie respecto de nuestra Madre —la gran olvidada— y, finalmente, nuestro reencuentro con el océano.

A YO-YO MA LE ENCANTÓ, Y CUANDO LA BANDA DEL BOSQUE MARINO TERMINÓ DE TOCAR, él interpretó cuatro piezas al violonchelo para mostrarnos su aprecio. Inspirado por la convergencia de naturaleza y cultura, se convirtió en patrocinador del Sea Change Project y en un maravilloso apoyo en nuestro trabajo de conservación de los océanos.

Tiempo después del concierto, Zolani continuó buceando y atrapando canciones en el océano. Hace poco nos vimos para charlar sobre sus experiencias y me contó que, después de sus inmersiones, a menudo veía imágenes que no sabía explicar: formas fractales que parecían rayos de luz. Empezó a sentir de forma clara que alguien le hablaba, o hablaba a través de ella.

** «Desciende bajo el agua, / oh, gran amor, / bosque profundo que te sueña / de carne y hueso. / Hurinin, fluye conmigo, / deja mi cabeza en la orilla, / libera mi alma anfibia.» Los *hurinin*, el «pueblo del mar», son un subclan de los topnaar; fueron los primeros pobladores de Namibia. *(N. de la T.)*

Al final tuvo una revelación profunda: se estaba comunicando con sus ancestros. Ellos le cantaban y ella les respondía cantando.

De niña, Zolani recibió una educación católica occidental, aunque su padre le dio a conocer las ceremonias y los curanderos tradicionales xhosa. Me dijo que al principio le costaba entender las prácticas xhosa, que se basan principalmente en conectar con los ancestros. Era otro ámbito con muchísimas cosas que comprender.

Ahora empezaba a dejar ofrendas para sus ancestros, a sentir que su conexión con su herencia xhosa se volvía más profunda con cada canción que atrapaba.

—Casi siento que hay ecos de mis bisabuelas andando por el Bosque Marino —me dijo—. Y cuanto más dirijo mi corazón al mar, más siento que se abre y crece... Los mensajes que recibo de mis ancestros iluminan mi camino. No puedo ir al mar sin sentir que es algo sagrado.

La canción del Bosque Marino es antigua y poderosa. Contiene todos los sentimientos que la humanidad ha conocido: nuestro anhelo, nuestra añoranza, nuestra tristeza, nuestra alegría. Nos susurra cosas de la naturaleza perdida y nos pide que vayamos a buscarla en parajes que, *a priori*, parecen inhóspitos y fríos.

Pero siempre baila con la luz.

—¡Menudo viaje! —exclamó Zolani, con una voz divertidamente exagerada, al terminar de contarme su experiencia. Y se rio con su increíble risa.

CONCLUSIÓN
La naturaleza sanadora

UNA MAÑANA DE MEDIADOS DE OCTUBRE, CUANDO SWATI ESTABA EN LA INDIA y un amigo de Tom, Ben, se había quedado a pasar la noche en el primer piso, madrugué y bajé a preparar el desayuno. Al terminar, oí un sonido extraño procedente de arriba, de nuestro dormitorio, y subí a ver qué ocurría. A media escalera olí humo, y vi que había fuego en la habitación.

De buenas a primeras pensé en apagarlo enseguida, pero me di cuenta de que era demasiado tarde, pues las llamas ya llegaban al techo. En cuestión de segundos el dormitorio se había convertido en un infierno, en una rugiente criatura de grandes proporciones, y supe que estábamos en peligro. Bajé corriendo a la habitación de Tom, en el primer piso, grité a los chicos que se levantaran, y los tres salimos corriendo a la calle.

En unos instantes toda la parte superior de la casa ardía, el fuego hacía explotar las ventanas, y los trozos de cristal salían disparados y nos caían encima mientras nos alejábamos. En cuanto estuvimos a una distancia prudencial, oí gritar a un vecino diciendo que había llamado a los bomberos. De pronto pensé en las bombonas de propano: si explotaban, las casas de los vecinos quedarían reducidas a escombros; todo el barrio terminaría arrasado. Recordé el incendio de hacía unos años, que a punto estuvo de borrar del mapa el barrio entero, y supe que teníamos que entrar en acción.

Tom y yo rodeamos la casa por la parte derecha, adonde el fuego aún no había llegado, y, con las manos temblorosas, intentamos desatornillar las bombonas mientras el fuego chisporroteaba y columnas de humo negro se levantaban a nuestro alrededor. Conseguimos soltar las bombonas, pero pesaban demasiado para levantarlas, así que empezamos a arrastrarlas para dejarlas lo más lejos posible de la casa. Al fin un vecino acudió en nuestra ayuda y logramos colocarlas fuera del alcance del fuego.

Respiramos aliviados. Tom, Ben y yo nos quedamos allí, apiñados ante aquel calor abrasador, mientras los bomberos lanzaban agua contra el fuego, que rugía y chasqueaba como si fuera un ser vivo. No habíamos cogido nada, no habíamos tenido tiempo. Solo teníamos la ropa que llevábamos encima y mi móvil. De pie, contemplé las llamas devorando nuestro hogar; la casa de nuestros sueños, la casa que Swati y yo habíamos creado y nutrido durante tantos años, nuestra bonita casa, que albergaba tantos recuerdos y objetos preciados que yo había recopilado por toda África.

Cuando la realidad empezó a imponerse, noté que Tom me miraba como si dudara entre dejarse llevar por el pánico o mantener la calma. Me di cuenta de que yo debía tomar la misma decisión. Respiré hondo y miré alrededor.

—No podemos hacer nada —le dije—. Nada de nada.

Y Tom mantuvo la calma. Me ayudó a contactar con la compañía aseguradora y después echó una mano a los bomberos para apagar los focos de calor mientras el incendio se prolongaba horas y horas. Incluso después de haber extinguido el fuego, los restos humeantes estaban tan calientes que las brasas volvían a prenderse, así que tuvimos que permanecer vigilantes aquella noche y la siguiente. Me pasé dos días sin dormir.

Al día siguiente tuve que contactar con Swati, en la India, y contarle lo ocurrido. La cobertura era mala, y ella no entendía lo que le estaba diciendo.

—Lo siento mucho, Swati, nuestra casa ya no existe.

—¿Qué? ¿Qué estás diciendo?

Tardó un buen rato en asimilarlo. Tomó el primer avión que encontró y regresó al día siguiente.

CASI DE INMEDIATO EMPEZARON A LLEGAR NUESTROS AMIGOS. Yo solo tenía un pantalón corto y una camiseta. Nada más. Ni pasaporte, ni carné de conducir. Mis amigos Toren y Angus, que tienen la misma talla de ropa que yo, me dieron la mitad de sus respectivos armarios: me regalaron su propia ropa. Al correrse la voz, docenas de amigos nos ofrecieron alojamiento para todo el tiempo que fuera necesario. Un vecino y amigo nuestro, Clive, nos permitió guardar en su garaje lo poco que habíamos conseguido salvar del incendio.

Cuánta amabilidad. Experimenté la generosidad, el cariño y el amor de amigos, vecinos, extraños y familiares como mi hermano y Lauren, que nos ayudaron en cada momento a tomar las decisiones más difíciles: cómo derribar la casa, cómo reconstruirla y quién iba a encargarse de cada cosa. A mi alrededor fueron apareciendo ángeles de la guarda como mi amigo Sean, que es arquitecto y me dijo:

—Yo me ocupo de todo, ya me pagarás cuando puedas.

El equipo al completo de Sea Change fue un gran apoyo, con Carina y Pippa desviviéndose por encontrar ayuda. Carina contactó con Guy y Dirk, expertos en seguros, para que nos echaran una mano; dos ángeles de la guarda que batallaron en nuestro nombre con la compañía de seguros durante nueve meses y apenas nos pidieron compensación alguna. Craig Marais se portó como un gran amigo y me ayudó a trasladar los restos de nuestra casa a buen recaudo con su vehículo.

Sentí la profunda amabilidad del espíritu humano, que suele aflorar con fuerza ante la adversidad. Prannoy y Radhika, tíos de Swati, nos cedieron su casa, que estaba cerca de allí, e insistieron para que nos quedáramos todo el tiempo que fuera necesario. Empezamos a recibir llamadas de todo el mundo, palabras de amor y amabilidad. Mis amigos Al y Chris, que han dedicado la mayor parte de sus vidas a la conservación de los tiburones, llamaron desde una remota isla de las Seychelles. Su cariño me conmovió tanto que se me escaparon las lágrimas.

—Cuando os asentéis, venid a visitar nuestro centro de investigación —dijeron.

El día del incendio, en cuanto el fuego estuvo controlado, tuve una cosa clara: debía meterme en el agua. Nuestro hogar estaba destruido, todo era un caos absoluto, y cuando Tom se marchó para alojarse en casa de su novia, Gen, decidí ir andando hasta el océano con Pippa y Craig. Tenía los sentidos a flor de piel por culpa de la adrenalina. La Gran Madre yacía ante mí, y yo la sentía como mi progenitora, con su gran superficie resplandeciente con las últimas luces del día.

Estaba cubierto de hollín, y sumergirme en el agua fresca fue una delicia. Una brasa me había caído en la coronilla y me había quemado una parte del cuero cabelludo, y con la sal empezó a dolerme. Pero no me importaba. Me hice el muerto y sentí su fuerza fluyendo a mi alrededor. Aquel era mi verdadero hogar, mi refugio espiritual. Nadie podía quemármelo.

Aquella sencilla acción de sumergirme en el mar me calmó. Estaba destrozado, y sabía que recuperarme del fuego exigiría mucho trabajo y esfuerzo; pero también sabía que mientras contara con mi salud, mi familia y *todo aquello* —el océano, la naturaleza, los animales salvajes— estaría bien.

TRABAJO DE RESCATE

Entonces comenzó la ardua y agotadora tarea de rebuscar entre las ruinas para recuperar lo que pudiéramos. Aquella era una tarea traicionera. De las tres plantas que tenía la casa, la de arriba se había quemado del todo y se había desplomado sobre las otras dos; y aunque un lateral del edificio había desaparecido por completo, todavía se podía subir por la escalera, si bien los escalones presentaban huecos lo bastante grandes como para caer a través de ellos. No había rastro de los soportes de las paredes. Algunas vigas colgaban peligrosamente, así que teníamos que llevar casco. De vez en cuando, mientras avanzábamos con sumo cuidado rebuscando entre montones de escombros negros y empapados, caía una viga o un trozo de techo y se estrellaba contra el suelo.

Aquel había sido nuestro hogar y ahora apenas lo reconocíamos, la sensación era de irrealidad. Habíamos construido cada pedacito de aquella casa perfecta por dentro y por fuera. Yo lo había pintado todo a mano. Swati siempre había querido una chimenea de acero con puerta de cristal cerca de la cocina, y yo acababa de instalarla para darle una sorpresa cuando regresara a casa.

Justo cuando habíamos hecho realidad cada uno de nuestros sueños, todo había desaparecido.

El inspector de la brigada de bomberos determinó que la causa del incendio había sido algún fallo eléctrico, probablemente provocado por una subida de tensión después de un apagón, una práctica muy cuestionada en Sudáfrica.

Los bomberos habían echado miles de litros de agua sobre la casa, y entre las llamas, el humo y el agua, casi todo estaba dañado. El pequeño estanque natural donde antaño vivía la rana del Cabo se encontraba cubierta de cenizas. Mis cámaras y mis ordenadores se habían derretido, junto con un montón de vídeos muy valiosos. Día tras día rebuscaba entre la ceniza como un arqueólogo, unas veces con una pala, otras con las manos, intentando dar con nuestras cosas: obras de arte, instrumentos musicales, conchas, rocas, huesos, vainas, máscaras, cuadernos, cintas de vídeo y documentación; todo insustituible, pero a fin de cuentas meros objetos.

Allí, entre los restos carbonizados, encontré la lanza hecha a mano que me había regalado !Nqate. Ni rastro del palo de madera, solo quedaban la punta metálica y mis recuerdos de él.

INTEGRADO EN EL TAPIZ DE LA NATURALEZA

La casa que los tíos de Swati nos habían cedido para vivir mientras reconstruíamos la nuestra estaba cerca de la colonia de pingüinos de Boulders Beach. Poder conocer a los pingüinos fue como un rayo de luz en aquel período oscuro. Sin embargo, después de días rebuscando entre las cenizas de nuestro antiguo hogar, y tras horas y horas de conversaciones telefónicas con las compañías de seguros, nos dimos cuenta de que nuestros cuerpos y almas necesitaban urgentemente un descanso.

Siempre había fantaseado con visitar algún destino que fuera prácticamente virgen, donde hubiera más animales que seres humanos, donde todas las especies coexistieran y yo pudiera sentir el corazón palpitante de la Gran Madre. Sabía que si alguna vez encontraba un sitio mi corazón latiría al unísono con él. Así podría sentir lo que sentían mis ancestros más remotos, experimentar la plenitud del ser humano integrado en la naturaleza.

GRACIAS A MIS AMIGOS QUE SE DEDICAN A LA CONSERVACIÓN DE LOS TIBURONES encontré el lugar que buscaba en las islas Exteriores de las Seychelles, un pequeño conjunto de islas y atolones coralinos cuya biodiversidad casi prístina permite contemplar el aspecto que antaño pudo tener nuestro planeta. Las islas deben su rica biodiversidad a su remota ubicación y a su proximidad con unas aguas muy profundas y repletas de nutrientes, vitales para la vida animal.

Era más salvaje que los lugares más salvajes que he conocido: el delta del Okavango, el Masái Mara, África Central o el Kalahari. Y lo mejor es que viajé con mis seres queridos: Swati, Tom y Pippa, que era como un miembro más de la familia.

Me levantaba a las cinco de la mañana para ir a rastrear y pasaba el día buceando, documentándome, comiendo y durmiendo, absorbiendo aquel paraíso, bebiéndomelo, dejando que sus nutrientes salvajes me colmaran y explotaran en mi mente.

Allí el pulso de la vida era extraordinario. Cada centímetro cuadrado de superficie estaba lleno de formas de vida animales o vegetales. Mirase a donde mirase veía tortugas acuáticas asomándose a la superficie, escuadrones de mantarrayas en busca de plancton y tiburones de todos los tamaños. Cuando me zambullí en el arrecife, en una parte poco profunda, pasaron junto a mí un enorme casarte ojón y bancos gigantescos de peces. Perdí la cuenta de los días de la semana, que fueron reemplazados por el día de las mantarrayas, el día de los tiburones, el día de las tortugas, el día de las anguilas, el día de las pastinacas, el día de los peces y el día de los cangrejos. Percibía cómo la isla daba a luz una profusión de vida, y así debía ser. Sentía la mente de una persona salvaje impregnada de experiencia animal, una naturaleza indómita que goteaba de cada rincón de la mente, un cuerpo rebosante de energía. Cada día era una gran aventura. Y, sobre todo, sentí el poder sanador de la inconmensurable biodiversidad de la isla.

La biodiversidad —literalmente, el número de especies de animales y plantas— es la clave de la salud de la Tierra, el motor de la vida en nuestro planeta. Cuando visitamos estos parajes tan escasos, en los que viven tantísimos animales, nos sentimos felices ante la belleza y la vida que nos rodea, pero también experimentamos su poder reparador en un sentido más profundo: hay de todo para todos y podemos relajarnos; la vida es segura, nuestro hogar prospera y no hay necesidad de estresarse.

LA NATURALEZA AL MANDO

Un día fui de excursión en barco a un atolón cercano.

Era una pequeña isla deshabitada. Al bajar del barco, la primera criatura que vi fue un cangrejo violinista rojo con una pinza enorme. Tenía una extraña forma de mirarme: me invadió la sensación de que aquella criatura nunca había visto un ser humano. Había algo de asombro en su penetrante mirada.

Me sentía de maravilla en aquel lugar tan salvaje. Me adentré en la jungla y, entre la vegetación, distinguí los restos de varios edificios, ruinas de otra época. Los árboles habían crecido entre las grietas del mortero y sus raíces iban rompiendo poco a poco, a cámara superlenta, la construcción. Yo estaba cubierto de mosquitos, pero apenas me di cuenta, absorto como estaba ante la belleza de aquel lugar. Era uno de aquellos raros sitios en la Tierra donde la naturaleza toma las estructuras construidas por el hombre y se las hace suyas.

Suspendidas entre los edificios desmoronados, vi enormes telarañas de araña de seda de oro que medían casi cinco metros de ancho. Escuadrones de cangrejos de tierra se escabullían bajo el viejo techo oxidado, emitiendo un sonido inquietante pero delicioso. En los bajíos templados que acariciaban un muro en ruinas, varias rayas látigo de manglar iban a la caza de invertebrados. Diminutos tiburones limón nadaban entre las rayas. Mi mente se deleitaba ante aquel delicioso espectáculo dirigido por la naturaleza, que estaba al mando de todo.

Deambulé por la isla, con mi pequeña cámara en ristre, grabando imágenes de aquel encantador despliegue, y subí por unos escalones que no llevaban a ninguna parte. Tuve una visión de ciudades enteras que un día acabarían consumidas por la naturaleza. La Gran Madre juega una partida a largo plazo, mientras que nosotros nos apresuramos a ganarla a corto plazo. Al final nos dará una lección de humildad. Aquella visión me aterraba y reconfortaba a la vez.

Hallarme en un paraíso natural como aquel y disfrutar a diario de encuentros con tantísimas especies, ver un sinfín de peces grandes y tiburones, avistar un montón de delfines saltando en el agua..., todo ello tuvo un profundo efecto en mí que obró de dos maneras: me abrió el corazón de par en par e hizo que me enamorara de nuevo de la naturaleza, pero luego me lo rompió al revelarme cuánto hemos perdido.

Aunque mi familia y yo tardaremos unos cuantos años en recuperarnos del incendio, seguro que volveremos a tener un hogar. Nuestra especie, sin embargo, no tiene otro hogar salvo la Tierra. ¿Cuánto tardará la Tierra en recuperar lo que ha perdido, sus especies salvajes extinguidas, sus ríos contaminados y océanos sobrecalentados, sus árboles ancestrales y montañas escarpadas? ¿Cuántos años llevará restaurar un glaciar que se ha derretido? ¿Y un arrecife de coral? ¿Y un bosque de algas?

Me fijé en un larguísimo hilo de seda de araña que ondulaba en la tenue brisa que penetraba en la jungla. Un rayo de sol iluminaba la seda, que brillaba sobre el fondo verde oscuro de la vegetación. Contemplé aquel hilo como si estuviera observando el tiempo por un telescopio. Percibía la fragilidad y la fuerza de aquella única hebra de seda de araña.

El hilo se veía soleado y resplandeciente, hasta que una nube cubrió el sol y desapareció; pero no me supo mal que desapareciera. Sabía que iba a tener que seguir esforzándome toda mi vida para mantener iluminado ese hilo.

Aquel era el mundo en el que había nacido nuestra especie, el mundo que anhelan nuestros corazones. El tiempo que pasé en aquella isla me inspiró para pensar en cómo podemos regenerar nuestros sagrados ecosistemas. Lo que aprendí rastreando en plena naturaleza es que el rasgo más peligroso que nos caracteriza es la tendencia a perder el contacto con nuestra Madre y creer que somos capaces de vivir sin ella. Necesitamos a la naturaleza en cada respiración, en cada bocado de comida, en cada instante de calidez.

Mis mentores san repetían las cosas que consideraban importantes, y por eso yo insisto en este mensaje: ¿Qué podemos hacer cada uno de nosotros para proteger la biodiversidad? ¿Qué podemos hacer cada uno de nosotros para defender a la Madre de todo y de todos? La naturaleza ha trabajado veinticuatro horas al día durante casi catorce mil millones de años para traernos hasta aquí. Nos ha alimentado desde el principio;

no es mucho pedir que ahora la apoyemos. Nuestra vida depende de ello.

LUZ EN LA OSCURIDAD

A la mañana siguiente me desperté temprano para ir a rastrear cangrejos fantasma por la playa. Observé el agua cristalina y distinguí algo que se revolvía a unos cincuenta metros de distancia: un pequeño tornado negro bajo el agua.

Al acercarme vi lo que era: una bola de cebo. Se trata de una medida extrema de defensa que usan los peces pequeños cuando hay depredadores cerca. Solo había visto este fenómeno en aguas profundas, por eso me sorprendió que ocurriera en aquellos bajíos.

Es una formación defensiva muy compacta, pero no ofrece una protección total. Las fragatas se lanzaban desde el cielo para cazar peces en el agua revuelta. Pequeños tiburones de puntas negras nadaban en dirección al tornado, con sus aletas cortando la superficie del agua.

Regresé a la orilla a toda prisa para coger las aletas, la máscara y la pequeña cámara submarina; me zambullí de nuevo en el agua templada y nadé hacia el tornado.

Bajo el agua, la batalla por la vida era dramática. Enormes peces depredadores se movían como sombras plateadas embistiendo el tornado. Los tiburones me miraban con recelo y mantenían las distancias. Las fragatas continuaban atacando desde el cielo.

Para entonces Tom y Pippa ya estaban conmigo, y fue maravilloso contemplar aquel espectáculo juntos. Pese a lo fascinante que era, todavía sentía que mi atención se desviaba hacia el montón de trabajo que me esperaba al otro lado del paraíso.

Como depredadores hambrientos, los miedos y la ansiedad acechaban para atacar si encontraban un flanco descubierto.

Varié un poco mi posición para filmar el tornado desde otro ángulo, y cuando la luz cambió, me di cuenta de que aquellos peces no eran negros, sino plateados y luminosos. El tornado parecía negro porque había un montón de peces y los de arriba proyectaban su sombra en los de abajo.

Las alas y las patas de las aves me rozaban la espalda al lanzarse en picado al agua; y entonces aquel enorme enjambre, aquel tornado, me envolvió, y pude sentir miles de pececitos, sus cuerpos, en contacto con mi piel.

Desaparecí por completo dentro de aquel tornado.

Por unos instantes me pregunté qué estaba ocurriendo, y entonces me di cuenta de que aquellos peces funcionaban como una mente tornado. Sabían que yo no era ninguna amenaza; de hecho, les servía de barrera contra los depredadores del aire y del agua. Ni los tiburones ni las fragatas iban a atacar en presencia de una criatura tan grande como yo.

En aquel momento el tornado de mi mente se apaciguó. Era el mundo de mi alrededor, con el tiempo corriendo a toda velocidad, lo que me provocaban aquella sensación de desconexión: depredador y presa, animal y humano, domesticado y salvaje.

Oí palabras en mi mente que parecían pronunciadas por un dios ancestral de la naturaleza.

Hay luz en la oscuridad. Siempre hay luz en la oscuridad.

Permanecí inmóvil en la oscuridad. Soy luz en la oscuridad, soy luz en la oscuridad, y eso es lo que debo continuar diciéndome a mí mismo en los momentos de adversidad: Siempre hay luz en la oscuridad.

Y entonces, con la misma rapidez con la que había surgido, el tornado desapareció. Los pececitos se separaron en grupos y se dispersaron en cuanto los depredadores se deslizaron entre ellos. El mar volvía a estar en calma.

Me pregunté qué se sentiría al ser un pez solitario en medio del tornado. Durante una breve fracción de segundo lo había vivido, pero antes de que pudiera aferrarme a ello, el recuerdo se esfumó.

No puedo recordar que una vez fui un pececito. No puedo recordar que una vez fui una gota de agua del océano. No puedo recordar que una vez fui una galaxia explotando. No puedo recordar que estoy hecho del polvo de antiguas estrellas que estallaron. No puedo recordar que tengo más de doce mil millones de años. No puedo recordar nada.

Sin embargo, durante aquel instante recordé quién era, y eso bastaba. Aquel recuerdo lejano, aquella minúscula chispa, aquella luz en la oscuridad del interior de aquel tornado: era cuanto necesitaba. La chispa para seguir avanzando, para seguir viviendo, para seguir buscando lo salvaje en este mundo maravilloso.

APRENDER EL IDIOMA DE LA NATURALEZA
Cómo empezar a rastrear

ESTÁ MUY BIEN SALIR A PASEAR POR LA NATURALEZA, pero rastrear nos permite profundizar mucho más.

Durante la mayor parte de la historia de la humanidad, el rastreo fue un lenguaje primario que todos los seres humanos conocían. Tan natural como respirar o andar, era nuestra forma de sobrevivir. Todos los niños salvajes sabían rastrear, descodificar los mensajes de cada huella y cada llamada, predecir lo que podía haber más adelante a través de los sonidos de alarma de los animales y los olores que transportaba el viento.

La mayoría de nosotros hemos olvidado aquel idioma, pero podemos volver a aprenderlo.

Como ocurre con todas las lenguas, lo que primero se aprende son las letras; y con el rastreo eso significa aprender las especies individuales. Un grillo, un gorrión, una nutria, una serpiente.

Después se aprenden las palabras: los rastros y los comportamientos más básicos. ¿Dónde vive la sepia, cómo se camufla, qué come, cómo se aparea?

Cuando empezamos a entender comportamientos más complejos, como las posturas de advertencia y las relaciones fundamentales entre depredador y presa, podemos construir nuestras primeras frases. Y entonces, cuando comenzamos a comprender de una manera más profunda cómo una especie interactúa con otra, cuando vemos cómo el clima interactúa con todo, cuando nos sincronizamos con la subida y la bajada de la marea, o cuando descubrimos que a los grillos les gusta aparearse cuando llueve, podemos unir algunas de esas frases.

Ahora ya podemos entablar conversación con la naturaleza. Podemos hablar su idioma salvaje.

Pero ¿por dónde se empieza, exactamente?

LAS HERRAMIENTAS

Para rastrear no precisamos de ningún material nuevo ni de ropa especial; lo más probable es que ya tengamos todo lo necesario. Un pequeño cuaderno de notas para tomar apuntes y dibujar será útil. Una buena guía de bolsillo sobre rastreo puede ayudarnos a identificar especies; también podemos utilizar aplicaciones en línea como iNaturalist. Una regla para medir el tamaño de las huellas y un par de prismáticos de campo pueden resultarnos asimismo muy prácticos.

Realzará nuestra capacidad de rastreo una cámara pequeña de bolsillo o un teléfono móvil provisto de una buena cámara, así como un minitrípode. La cámara se convierte en una extensión de nuestros sentidos, porque permite comprimir el tiempo en *time-lapse* o ver los movimientos de los animales a cámara superlenta. También nos brinda la posibilidad de observar a los animales cuando no estamos presentes si activamos el control remoto.

Para impedir que la cámara sea una molestia para la naturaleza elijo el dispositivo más pequeño y fácil de usar, que no pese ni me agote con complejos menús. La cámara es una herramienta que nos ayuda a entender la naturaleza, a captar imágenes hermosas y a revivir nuestras experiencias a la vez que las compartimos con otras personas.

Con el tiempo reuniremos una maravillosa colección de especies, huellas y comportamientos en imágenes y notas. Será nuestro propio diccionario de la naturaleza, el cual acabará por transformar nuestra relación con el entorno.

No conviene tener prisa. Hay que disfrutar del proceso de reconectar con nuestro yo salvaje, con nuestro diseño primigenio. Observemos cómo se transforma nuestra mente. La simple práctica de ir en busca de huellas e intentar resolver los misterios de la naturaleza satisface al ser humano salvaje que llevamos dentro, porque hace que la mente trabaje de la forma para la que fue concebida.

PRACTICAR EL ALFABETO

La próxima vez que salgas a pasear, anota en tu cuaderno los animales que ves y oyes. ¿Hay alguna abeja o mariposa que llame tu atención? ¿Un cisne flotando en el embalse junto al que pasas en bicicleta? ¿Un par de pinzones que se paran a beber en la misma fuente cada mañana?

Elige especies que te interesen, a las que puedas seguir con regularidad. Rastrear es una actividad más intensa cuando puedes practicarla en tu entorno, ya sea un estanque cercano, un parque o un sendero en las inmediaciones. No hace falta que tu lista sea muy completa; de hecho, lo mejor es comenzar por un grupo como los insectos o las aves cantoras, porque están por todas partes. Yo he visto búhos lanzándose en picado y pavos reales luciéndose en Delhi, una ciudad con una terrible contaminación atmosférica, y nutrias nadando en los canales de Ciudad del Cabo. En Nueva York hay halcones peregrinos que anidan en rascacielos y puentes, y atacan a las palomas en pleno vuelo. ¡Solo en Central Park viven más de doscientas especies de aves![50]

Conviene empezar por los animales que tengas más cerca, y cuando ya conozcas bien a un determinado grupo —por ejemplo, el de los insectos—, comprenderás mejor las vidas de los demás e imaginarás qué puede estar ocurriendo en su entorno particular. Entonces los hallazgos se sucederán rápido, pues distinguirás patrones donde antes todo parecía confuso.

No te cortes a la hora de establecer una relación con los animales invertebrados. Hace poco, Jennifer Mather, profesora de psicología de la Universidad de Lethbridge y experta en el comportamiento de los cefalópodos, compartió conmigo unas asombrosas estadísticas sobre la inclinación por investigar a nuestros congéneres mamíferos en detrimento de los insectos, moluscos y crustáceos. Sabemos relativamente poco sobre los invertebrados, pese a que constituyen el 97 % de los animales del planeta (la mayoría de ellos son insectos). Según Mather, esta falta de conocimiento podría explicar por qué la gente siente repulsión y miedo ante nuestros parientes invertebrados.[51]

Es buena idea que emprendas tu propia investigación y elabores una lista de animales autóctonos de tu lugar de residencia. No te preocupes si no hay muchos; eso facilita las cosas: el número de huellas que descifrar y recordar será menor, y desde luego resultará más sencillo que en el *bush* africano, donde la maraña de cientos de huellas superpuestas se presta a confusión. Tómatelo con calma y céntrate en unas pocas especies en cada salida. Piensa que es como ir en busca de un tesoro. Cuando te hayas familiarizado con una especie, dedícate a anotar más detalles sobre ella. Al ampliar tus conocimientos, quizá te apetezca conocer a otras personas que tengan tus mismos intereses por los animales y plantas que aparecen en tu lista. Compara especies, comprueba que tus identificaciones sean correctas y comparte observaciones.

LAS HUELLAS SON PALABRAS

Cuando ya te sepas el abecedario, te toca aprender las palabras: las huellas y los comportamientos más básicos. Comienza por habituarte al aspecto de las huellas de tu entorno. Al principio todas las huellas se parecen un poco, pero a medida que vayas aprendiendo a reconocerlas verás lo diferentes que son en realidad.

A continuación, intenta determinar en qué dirección iba el animal en cuestión. ¿La huella es fresca? ¿El animal se desplazaba despacio, arrastraba las pezuñas o las patas? ¿Se movía con rapidez, saltando, con energía? Si rastreas en tierra firme, ¿qué aspecto tienen las huellas de un animal que anda? ¿Y de un animal que corre?

El rastreo no se aprende de un día para otro. Dominarlo puede llevar veinte años, pero eso no importa. Empieza poco a poco. Busca lugares en los que sea fácil encontrar huellas, como playas y zonas fangosas. En las regiones más frías, una nevada reciente aporta mucha información sobre los animales con los que compartes senderos. Dibuja las huellas de los animales que encuentres. Busca señales por todas partes, incluso cerca de tu casa. Mantente alerta en las zonas desgastadas o arañadas; examina plantas, árboles, rocas o muros.

Las huellas no son solo marcas en el suelo, sino cualquier pista dejada por cualquier criatura o planta, arena o roca. La madriguera de un animal, las marcas de las garras de un pájaro en una rama, un lugar donde un rayo haya agrietado una roca o quemado el tronco de un árbol, o las señales que deja el agua a su paso: todos estos elementos pueden ser huellas. La hierba que se mece con el viento deja marcas concéntricas en la arena y nos dice de dónde ha estado soplando el viento. Nos indica que debemos mantenernos a barlovento de los animales que estemos buscando; además, nos proporciona información sobre el modo en que romperán las olas y en que la arena esculpirá el paisaje.

Con el tiempo anotarás comportamientos animales e interacciones entre depredadores y presas. Empezarás a hacerte preguntas sobre cada detalle de las vidas que estés estudiando: ¿dónde vive el animal?, ¿cómo se camufla?, ¿qué come?, ¿cómo se aparea?, ¿qué huellas podemos asociar con él? Cuanto más sepas, más interesante se volverá para ti la naturaleza salvaje.

Si ves una tortuga, pregúntate cómo crece su caparazón, si muda de caparazón, de qué está hecho, por qué se mantiene brillante. Toma notas. Graba las maravillas de la naturaleza en tu memoria. Esboza el proceso.

Procura incluir los diferentes sentidos durante el rastreo. En mi caso sufro una especie de bloqueo mental con los cantos de las aves, pero unas nociones básicas de las llamadas del cuervo y de la gaviota me han ayudado a rastrear nutrias en el Bosque Marino y en la zona intermareal.

Mi amigo Jon Young domina el arte de interpretar el lenguaje de las aves, como explica muy bien en su fabuloso libro *What the Robin Knows* [Lo que sabe el petirrojo].[52] Tras años de intensa observación, Jon ha descubierto que las aves cantoras lo saben todo sobre su entorno. Si identificamos sus llamadas de compañía y de alarma, podemos aprender mucho del mundo natural que nos rodea, incluso saber qué otros animales andan cerca. Pueblos indígenas de todo el mundo se han servido durante milenios de esta habilidad para sobrevivir y prosperar.

El olfato es otra forma útil de encontrar animales y sus depredadores. Anotar descripciones de los rastros olfativos más importantes me ayuda a recordar mejor. Me parece una manera muy útil de identificar qué animales tengo cerca, a menudo antes de que pueda verlos.

El rastreo es un estado mental. Es como convertirse en un detective del espectáculo de la vida. Cuando empiezas a sintonizar con la naturaleza, en algunos sentidos quizá te parezca brutal; pero si aprendes su idioma no tardarás en vislumbrar una inteligencia profunda y nutritiva que mantiene todo el entorno fértil, vibrante y vivo.

Es bueno tener un foco de curiosidad y luego seguir el rastro para ver adónde nos conduce. Si somos lo bastante curiosos y estamos dispuestos a dedicar tiempo y energía a observar las vidas de las criaturas salvajes, ellas nos permitirán entrar en sus mundos secretos. Yo he descubierto peces que saben salir del agua para atrapar a sus presas, cefalópodos que cazan aves, peces que viven en parte cabeza abajo, y mucho más. Todas sus vidas están conectadas por miles de hilos entretejidos de supervivencia.

EN CONVERSACIÓN CON LA NATURALEZA

El nivel más alto en el dominio del rastreo consiste en seguir a un animal en plena naturaleza, observar señales sutiles y predecir comportamientos y movimientos. Pero mientras se es principiante solo se lee el lenguaje de las huellas que deja el animal en el suelo. Se puede salir de rastreo y no ver un solo animal, pero la experiencia siempre resulta gratificante porque las huellas dicen mucho.

Además de las huellas físicas que dejan los animales, se descubren otro tipo de señales: plantas mordisqueadas, la corteza de un árbol que ha servido de rascador, lugares donde el animal ha dejado saliva o excrementos... Hay muchas pistas, aparte de las marcas que deja el animal en el suelo, y se pueden interpretar para construir una hipótesis sobre su comportamiento.

Y un día quizá descubramos el comportamiento que responde a nuestras preguntas, que confirma o desmiente nuestras teorías. Quizá ocurra meses o años después de que nos preguntáramos «¿por qué?» por primera vez, pero cuando sucede, uno experimenta un asombro y una gratitud infinitos porque su práctica del rastreo le ha ayudado a resolver un misterio del mundo salvaje.

UNIR LOS PUNTOS

Aprender a rastrear exige perseverancia. Conviene salir tan a menudo como sea posible. Es buena idea salir siempre a la misma hora, aunque solo sean una hora a la semana o veinte minutos al día. La regularidad contribuye a que indicios que parecen aleatorios adquieran una claridad cristalina, y así seamos capaces de detectar patrones en la naturaleza, incluso de predecir la conducta de ciertos animales. Se trata de reconocer patrones, algo para lo cual nuestros cerebros están preparados desde el principio de los tiempos.

El rastreo requiere una atención plena. La recompensa es que dejas de pensar en ti mismo, te olvidas de tus miedos y angustias, del trabajo y de las noticias diarias; cuando unes los puntos y resuelves el misterio de un rastro, tan solo experimentas el hermoso devenir de las cosas. Tu mente y todos tus sentidos se centran en el mundo multidimensional que te rodea. El mundo entero se convierte en un sitio mágico con el que entablas un diálogo.

Es una sensación asombrosa, parecida a la de estar completamente absorto en un deporte o una forma de arte, como cuando pierdes la noción del tiempo porque estás pintando, esculpiendo o sujetando un bate de béisbol.

Esta capacidad de centrarse por entero en lo que tienes delante y en la información que te proporciona forma parte de nuestro antiguo mecanismo de supervivencia. Rastrear es la llave que abre la puerta de tu antiguo yo. Y cuando percibes ese antiguo yo, te sientes relajado y confías en ti mismo, porque no queda espacio para otros pensamientos.

Y después sientes que el día ha valido la pena.

CUERDAS HACIA DIOS

El concepto san de las «cuerdas hacia Dios» define a la perfección la práctica del rastreo. Mi interpretación del proceso es la siguiente: sales una mañana y ves un pájaro que se posa en un árbol cercano. Tiendes un hilo invisible con ese pájaro, una sutil línea de conexión por la que reconoces su presencia y su lugar en el mundo. Luego ves un pequeño insecto trepando por una rama. Tiendes un hilo con ese insecto. Te veo, insecto. Te estoy agradecido por lo que haces por nuestro mundo.

Haces lo mismo con todos los animales y plantas que ves, tendiendo todos esos hilos de conexión y amor. Y un día esos hilos se entretejen y forman una cuerda que conduce a la fuente de toda la vida. Cuanto más minucioso y apasionado sea uno a la hora de tender esos hilos, más fuerte será la cuerda. Es fácil sentirse a la deriva en un mundo que, en esencia, nos resulta extraño; pero más fácil aún es elegir el camino del asombro, porque conocer las fuerzas de la vida nos ayuda a dejar atrás la desesperación.

Necesitamos establecer relaciones con las criaturas salvajes. Hemos tenido a mano esos hilos desde nuestros orígenes africanos. Los insectos y el viento miden el tiempo del rastreador terrestre. Los pájaros son nuestro sistema de guía. La mente salvaje del ser humano se entreteje con las mentes, los sonidos y los olores de las criaturas y los lugares salvajes. Sin estas relaciones estamos vacíos, solo somos humanos a medias. Los hilos que tejemos entre nosotros y una criatura, aunque se trate de la planta o la piedra más pequeña, aligeran el alma y liberan la mente. Mientras entablé relaciones con las criaturas salvajes del Bosque Marino y de la costa, sentí cómo revivían viejas partes de mi mente y mi cuerpo. Sentí que formaba parte de este mundo, que estaba conectado y enraizado en él.

Mientras escribo, recuerdo el día en que Jannes y yo encontramos en la playa un tablón cubierto por una colonia de percebes, unos crustáceos que se aferran a las rocas, a la madera a la deriva y a otros restos flotantes. Observamos cómo se alimentaban en los bajíos y luego detectamos cangrejos de Colón viviendo en esa misma colonia junto con unos nudibranquios pelágicos, llamados *Fiona pinnata*, que se alimentan de los percebes. Por desgracia, sabíamos que ninguno de aquellos animales de las profundidades marinas sobreviviría en la costa.

Nos llevamos algunos huevos de *Fiona pinnata* al laboratorio del Sea Change Project para examinarlos al microscopio. Al aumentar la imagen ciento ochenta veces, aquella diminuta masa de huevos cuyo tamaño era la mitad de la uña de mi dedo meñique se convirtió en una galaxia llena de vida. Cada huevecillo era como una bola de cristal rotando sobre diminutos pelos vibrantes. Esa fascinante visión tendió un hilo muy sólido entre nosotros y aquellos nudibranquios que viven en alta mar y navegan sobre restos flotantes. Fue como entrar en un mundo desconocido, como cruzar una frontera. Aquello hizo que me diera cuenta de que si miraba en el interior de mi propio cuerpo, si observaba mis propias células, vería lo mismo: un maravilloso esplendor biológico.

En aquel momento tendí un hilo hacia mí mismo, hacia el animal salvaje que habita en mi interior.

Quedarse quieto

Un ejercicio muy interesante es el de sentarse y quedarse quieto durante largos períodos para conocer mejor la naturaleza de un paraje concreto. Es un método de rastreo que uso para comprender cómo funciona un sistema. Quedarte quieto te permite ver las cosas más pequeñas y descubrir pistas, y los animales siempre tienen menos miedo a una forma humana inmóvil.

Hay que elegir un lugar e intentar quedarse allí sentado sin moverse, limitándose a observar, durante una hora al día. Mi amigo Jon Young lo llama su «sitio para sentarse», y es un lugar al que va a diario. Toma asiento, permanece inmóvil y espera a que los animales se acostumbren a él y se dejen ver. Es un momento para guardar silencio y observar; una especie de meditación consciente mientras se escucha a los pájaros y poco a poco se aprende su idioma. Quizá parezca poca cosa, pero en realidad está atento a un montón de señales acústicas, olfativas y visuales.

Tener ese sitio para sentarse ayuda a desarrollar una comprensión profunda del entorno natural y a integrarse poco a poco en él. Los sentidos —la vista, el olfato, el oído, el tacto y, a veces, incluso el gusto— son herramientas de rastreo muy valiosas, y trabajarlas mejora nuestra percepción.

Mi «sitio para sentarse» está bajo el agua, en el Bosque Marino, adonde voy cada día a aprender y a sentirme vivo. Es importante elegir un lugar que esté cerca de donde vives y al que se llegue fácilmente, para así poder practicar a diario.

Para relajarnos antes de las inmersiones, Jannes y yo nos poníamos a prueba para ver cuánto tiempo podíamos permanecer tumbados y quietos en la arena o sobre la hierba antes de zambullirnos en el Gran Bosque Marino africano. Al principio nos movíamos todo el rato; no era sencillo estarse quieto y limitarse a escuchar el sonido de las olas que chocaban con las rocas. Pero al final éramos capaces de permanecer inmóviles mucho rato, disfrutando del rico sabor del líquido mental que salía a la superficie desde el subconsciente profundo, repleto de ricos nutrientes. Aquel líquido salvaje alimentaba un montón de ideas: ideas buenas y sanas que se manifestarían en ciencia y narrativas innovadoras; ideas como nuestro proyecto 1001 Seaforest Species y nuestra decisión de incluir al ser humano entre esas especies. Lo salvaje desfallece en la espuma de la vida embarullada y apresurada, mientras que prospera en la amplitud. La mente salvaje necesita espacio.

CONSTRUIR VÍNCULOS

Hay gente a la que le gusta rastrear por su cuenta, pero la mayoría de nosotros somos animales sociales por naturaleza. Nos gusta estar en compañía y nos encanta mantener vínculos estrechos con amigos y familiares. Descubrir la naturaleza con un amigo o un ser querido es una de las mejores experiencias que puede tener una persona. Si bien pasar tiempo a solas en la naturaleza puede ser muy provechoso, es necesario contar con un «santuario» al que regresar y con gente que quiera escuchar nuestras historias. Hay que tener cuidado de no utilizar la naturaleza para aislarse de la sociedad.

He tenido la suerte de contar con mentores y maestros muy generosos en mi aprendizaje rastreador; algunos de ellos los he dado a conocer en este libro. También he cultivado una profunda amistad con algunos de los arqueólogos, navegantes indígenas y custodios de la sabiduría ancestral más grandes del mundo, de quienes he aprendido cómo vivían los primeros seres humanos y qué costumbres tenían. Animo a quien lea este libro a identificar personas que le ayuden a aprender y a las que pueda formular preguntas, a buscar mentores escribiéndoles correos electrónicos o cartas. Algunas de estas personas quizá no respondan porque están muy ocupadas, pero otras sí lo harán, y el resultado puede ser sorprendentemente gratificante.

Contar historias

Mi maestro san !Nqate Xqamxebe era capaz de detectar la presencia de animales sin verlos porque los sentía en diferentes partes de su cuerpo. Podía sentir al órice del Cabo, al león, al *springbok*, al leopardo o al puercoespín como un picor, como una ola de calor que le recorría las piernas, la espalda y el pecho. Las distintas partes de su cuerpo le indicaban qué animal rondaba cerca, aunque no pudiera verlo. Su cuerpo era un radar afinado como un instrumento perfecto para detectar a los animales que amaba y rastreaba. Su carne estaba hecha de la carne de aquellos animales.

Nuestros antiguos ancestros tenían este don, pero sin el trauma que soportaba !Nqate por el genocidio de su pueblo. Los san han sufrido durante siglos una letanía de horribles violaciones de los derechos humanos, e incluso fueron cazados hasta principios del siglo XX. A través de !Nqate percibí el extraordinario poder del espíritu salvaje humano, del conocimiento de las generaciones salvajes anteriores, así como su profundo dolor.

!Nqate murió joven, en parte por culpa de ese dolor, pero sus historias siguen vivas.

Contar historias es un aspecto clave de nuestro yo salvaje y nuestra herramienta más poderosa para el cambio. Nuestras acciones y emociones están moldeadas por nuestras historias. Durante la mayor parte del tiempo que llevamos en este planeta, nuestra especie no ha puesto las cosas por escrito, sino que ha transmitido la información contando historias. Estas historias crecieron, murieron y renacieron muchas veces, formando un entramado perdurable de mitos, leyendas y conocimientos para la supervivencia.

El arte de contar historias está grabado en nuestra memoria ancestral. Los primeros seres humanos, inicialmente motivados por la supervivencia, llevaron su arte más allá de la pura necesidad de permanecer vivos, ya que su curiosidad y admiración por la naturaleza avivaban su enorme cerebro. Nos apasionan las historias, y las recordamos mucho mejor que los datos. Esta es una de las razones por las cuales nos gusta tanto ver películas: el cine ha llevado el arte de la narrativa a un nivel extraordinario, con cientos de personas implicadas durante largos períodos en contar una historia.

Después de una buena sesión de rastreo en tierra firme o bajo el agua, casi siempre intento ver qué historia me ha contado el mundo natural. La escribo y me baso en toda una vida en la naturaleza para mejorarla, a veces incluso investigo un poco para enriquecerla con nuevos detalles.

Cuando empieces a practicar, intenta adoptar el hábito de descubrir qué historia quiere contarte la naturaleza. Escribe todo lo que veas y aprendas, y luego intenta encontrar la historia que más te apasione. Después reescríbela de manera divertida e interesante. Así tendrás algo que compartir con tus amigos y familiares, y la historia en sí te ayudará a recordar más fácilmente lo que hayas aprendido.

Observar el comportamiento animal y descubrir maneras interesantes de volver a contar sus historias es una de las prácticas más antiguas de la Tierra. Nuestros ancestros lo hacían a la lumbre de las hogueras, de noche, cosa que me encanta, pero yo suelo hacerlo escribiendo y rodando. Las historias de la naturaleza salvaje que atesoro en mi cabeza siempre encuentran la forma de que las comparta con otras personas interesadas en las espléndidas criaturas del Gran Bosque Marino africano.

UN IDIOMA UNIVERSAL DEL RASTREO

¿Es posible trasladar a otros entornos las habilidades para el rastreo? Hay quien dice que si un rastreador sale de su territorio, se pierde y es incapaz de sobrevivir. Pero cuando puse a prueba mi capacidad rastreadora en las Seychelles descubrí algo muy diferente: que existe un idioma universal del rastreo que puede aplicarse a casi todos los ecosistemas. Me las arreglé para poner en práctica las técnicas que había ido perfeccionando a lo largo de más de una década en el Gran Bosque Marino africano con el fin de comprender, con relativa rapidez, la vida secreta de las anguilas y los cangrejos que visitaba a diario. Fue muy emocionante para mí empezar a observar bajo la superficie de la matriz de la naturaleza en aquel lugar desconocido.

Cuando rastreo en plena naturaleza entablo un diálogo constante: las huellas me hablan, y yo les hablo a ellas. Nunca me siento solo, porque me paso todo el tiempo hablando con la naturaleza, manteniendo esa intensa conversación con ella, y a veces, ¡zas!, las huellas me conducen al maravilloso instante en que la naturaleza se revela. Esos grandes «momentos eureka» —como encontrar una concha con un minúsculo orificio taladrado por un pulpo— son de lo más emocionantes. Con el tiempo se aprende a identificar qué animales hicieron tal o cual cosa, y de qué modo, a partir de una huella minúscula como el orificio de aquella concha.

UN PEQUEÑO RECORDATORIO

Hay que tener muy presente que los animales a los cuales seguimos pueden considerarnos un depredador, por lo que hay que mantener una distancia prudencial y no acercarnos demasiado para no estresarlos. Nunca hay que entrar en la guarida, madriguera o nido de un animal: son espacios privados que deben permanecer intactos. Si encontramos una cría de animal, hay que dejarla sola a menos que podamos confirmar (a base de observarla durante muchas horas) que es huérfana y necesita ayuda. Muchas madres animales dejan a sus crías solas durante horas para ir en busca de comida, y les enseñan a permanecer ocultas entre la hierba alta o debajo de un arbusto o un tronco. Si tenemos perro y este encuentra una cría escondida mientras rastreamos, hay que dejarla en paz. No debemos confundir la quietud con la calma: un animal inmóvil quizá esté petrificado de miedo, y algunas criaturas pueden llegar a morir en esas situaciones si los seres humanos nos acercamos demasiado a ellas.

ANIMARSE A PRACTICAR

Unas últimas palabras de aliento:

El viaje en el que estás a punto de embarcarte puede cambiarte la vida. Abrirte a lo salvaje rompe algunas de las barreras que los seres humanos hemos alzado para sobrevivir en el extraño mundo tecnológico que nos hemos inventado. Cuando esas barreras caen y la persona auténtica y salvaje intenta salir, a veces puede resultar aterrador e incluso doloroso.

Quizá el dolor está ahí porque ciertas partes antiguas de la mente han de morir para que despertemos a lo salvaje. El cambio siempre da miedo, aunque sea positivo. En los momentos en que me siento abrumado, intento recordar lo básico: respirar hondo y aprovechar el amor que siento por mis semejantes salvajes, o ir a dar un paseo o a nadar con alguna de mis almas anfibias gemelas y abrirme a lo que siento.

Hay que tomárselo con calma y ser amable con uno mismo.

Espero que tú, lector, adaptes mi técnica de rastreo a tu estilo de vida y a tu entorno. Haz que sea sencilla y factible, practícala a diario, y verás cómo termina llenándote. Cuando recuerdes el idioma salvaje —tu primer lenguaje—, descubrirás que te nutre y te vigoriza como ninguna otra cosa. Eres parte integrante del mundo que te rodea; tu vida es un hilo esencial entretejido en tu planeta viviente.

AGRADECIMIENTOS

Siempre había oído decir que escribir un libro es un proceso solitario, pero para mí no lo ha sido en absoluto. Entre familiares, amigos, mentores y guías (humanos y no humanos), me he sentido muy apoyado y alentado en todo momento. Deseo expresar mi profunda gratitud a todos los seres que han andado y nadado junto a mí en este viaje:

A mi querido maestro pulpo, sin cuya presencia en mi vida este libro no existiría.

A Rachel Neumann y Sara Rainone, un *dream team* literario cuya vasta experiencia en publicación, escritura y edición me guio en cada paso del camino. Al final del proceso era como si la mente de Sara y la mía funcionaran como una sola. Un agradecimiento especial a Tai Moses por sus perspicaces correcciones, a Hillary McClellen por su precisa documentación y a todo el equipo de Idea Architects, incluidos Doug Abrams, Amanda Mikell, Lara Love Hardin, Bella Roberts, Janelle Julian, Mellisa Kim, Ty Love y Ben Jahn.

A la directora ejecutiva Elizabeth Mitchell y a la presidenta y directora editorial Judith Curr de HarperOne, dos visionarias cuya confianza me sirve de constante apoyo e inspiración. Todos sus comentarios y consejos han realzado el libro. Mi más sentida gratitud para el talentoso y entregado equipo de HarperOne, incluidos la vicepresidenta de *marketing* y editora adjunta Laina Adler, la directora sénior de *marketing* Aly Mostel, la directora sénior de publicidad Melinda Mullin, el director artístico Stephen Brayda, la correctora de estilo Diana Stirpe, la diseñadora Janet Evans-Scanlon, la directora de arte Yvonne Chan, la editora jefa Suzanne Quist, la editora de producción Lisa Zuniga, la editora adjunta Ghjulia Romiti y el corrector Theodore Kutt.

A mi maravillosa amiga la doctora Jane Goodall, fundadora del Jane Goodall Institute y Mensajera de la Paz de las Naciones Unidas, por sus continuos ánimos para que yo compartiera mis historias y por cautivarme con sus fascinantes historias sobre la naturaleza.

A Swati, mi esposa, mi compañera, mi colaboradora y mi mayor apoyo, cuyos intrépidos esfuerzos por la conservación me impulsan a profundizar en mis relaciones con mis semejantes animales y cuya sonrisa ilumina mi vida cada día.

A mis padres, Keith y Diana Foster, por animarme a ser independiente desde que era muy pequeño; a mi abuela y a mi bisabuela, Honey y Guggie, por escucharme con tanta atención cuando contaba mis primeras historias; a mi hermano, Damon Foster, y a mi cuñada, Lauren, compañeros de fatigas y socios en los documentales; a mi hijo, Tom Foster, con quien continúo explorando la naturaleza; y a mis primas Sally Macey y Trish Neil por su apoyo constante.

A Sara Foster, mi exesposa, una maravillosa madre y una gran amiga que siempre ha respaldado mi trabajo. A mis jóvenes y fabulosos primos Tara, Manya, Aidan y Liam; a John Macey y Paul Neil, y a la familia Sundaram.

A mi familia extendida, incluidos Krishna, Kannan y Usha Thiyagarajan, cuyo profundo conocimiento de la filosofía y la espiritualidad siempre es garantía de debates interesantes. A Radhika y Prannoy Roy, que no solo me dieron ánimos sino que, además, me regalaron cámaras y kayaks para prestarme apoyo en mis inmersiones diarias. A Brinda Karat, cuya mera presencia es un chute de energía, y a la maravillosa Shonali Bose.

¿Y qué sería de mí sin esos amigos tan cercanos que casi son parte de mi familia? Durante años he gozado del amor que recibo de Jeremy y Guzzie De Kock, John y Karen Loubser, su hija Faine y su hijo Tivon; Nirmala Nair, Dave Moore, Samantha McMurtrie, Marylin Macdowell, Bowen Boshier y Sally Andrew, Nick Ellenbogen, Lance Blaau, Yvette Oostehuizen, Lucretia Rodrigues, Gunter Pauli, Mike Kawitzky, Justine Mahoney y Teo Biele.

Estoy muy agradecido a mi familia del Sea Change Project, personas abnegadas que trabajan con denuedo para devolver a la naturaleza al menos una parte de lo que nos ha dado, incluidos la codirectora de *Lo que el pulpo me enseñó*, Pippa Ehrlich, una «joven alma vieja» que es como una hija para Swati y para mí; Carina Frankal, que se convirtió en una amiga de por vida tras las aventuras que compartimos rodando el documental *Cosmic Africa*; el doctor Jannes Landschoff, cuya brillantez y cuya pasión por la naturaleza salvaje me han enseñado tantas cosas; Chris Van Mellenkamp, cuya presencia lúcida y tranquila nos ayudó a forjar un equipo; Daniel Ehrlich, poseedor de un entusiasmo y una curiosidad que me inspiran para contar historias de nuevas maneras; Levanah Grafton, que nos apoya y nos nutre en todo momento; y el siempre sabio y gentil Steven Frankal.

Muchísimas gracias a todas las almas generosas que han respaldado el Sea Change Project a lo largo de los años, incluidos el estimulante equipo de la Plum Foundation —Sally Dufour, Germana Lavagna, Sandra Masato—, que conoce el mar profundamente después de pasar tanto tiempo junto a él; Elizabeth Parker, la cual, con el apoyo del Mapula Family Trust, nos ayudó a mantenernos a flote los primeros años, que fueron especialmente duros; Barend van der Vorm, que nadó y rastreó con nosotros en invierno; Liz Hosken, de la Gaia Foundation; Zoe Vokes; Wim Hoff, Vivienne Boselak, Anya Adendorff, Christina Mittmeier de Sea Legacy; y Aaron Friedland, mi amigo y mentor de *frisbee*. También deseo mencionar a IPOS, el International Panel on Ocean Sustainability, sobre todo a Tanya Brody Rudolph y a François Grail, por abrirse al Sea Change Project e involucrarnos en la crucial tarea de la conservación oceánica global.

Otras personas que han prestado apoyo al Sea Change Project son: Mike Nortje de Pisces Divers, Jonno Cope, Michael Daiber y el !Khawa ttu San Heritage Centre, el maestro rastreador Alex van der Heever, Ian Thomas, el escultor Robbie Rorich, Brent Stirton, Jerry Lemba Lemba, Colin Bell de Lekkerwater, Craig Fraser y Libby Doyle de Quivertree, Dominique Le Roux, Olympia Ammon, Nick Bezio, el doctor Adrian Nel y la doctora Amber Huff, Mike Kendrick y Harriet Nimmo, Matt Zylstra, Nik Rubinowitz, Scott Ramsay, Rob Ross, Sarah Waries, Gwen Sparks, Will Travis, Justin Blake, Ulrico Grech-Cumbo y toda la gente maravillosa de Two Oceans Aquarium.

Mi vida en plena naturaleza no habría sido posible sin los extraordinarios mentores, maestros y guías que caminaron junto a mí, compartieron conmigo su cultura y sus conocimientos, y me enseñaron a rastrear y a comprender la naturaleza y los orígenes de la humanidad. Mis mentores san, incluidos !Nqate Xqamxebe, Karoha Langwane y Xhloase Xhhokne, me descubrieron el valor de la conexión profunda con la naturaleza y la dicha primigenia, y mi trabajo con el maestro rastreador xhosa JJ Minye ahonda mi comprensión del primer lenguaje. El profesor Charles Griffiths, extraordinario biólogo marino y naturalista, compartió conmigo su dilatado conocimiento científico del Gran Bosque Marino africano. La doctora Janette Deacon me enseñó muchísimas cosas sobre los yacimientos de arte rupestre de Sudáfrica. El profesor Christopher Henshilwood estimuló mi ya de por sí profundo interés por el origen de la humanidad y, junto con la doctora Karen Van Niekerk y el doctor Francesco D'errico, además de otros científicos de SapienCe y WITS, siempre estuvo disponible para responder a mis preguntas.

Jon Young y Anna Breytenbach reforzaron mi conexión con el mundo natural. Jurg Olsen y Karen Olsen me han enseñado muchas cosas sobre los grandes felinos. Y Alwyn Myburg me ayudó a explorar el África salvaje de una forma muy personal.

Mis compañeros de rastreo Craig Marais, Gareth Fee, Kireon McShane y Diogo Dominguez me permitieron mejorar mi habilidad para comunicarme con la naturaleza al tiempo que ellos desarrollaban sus habilidades de rastreo.

Charmaine Joseph Gwaza, *sangoma* (curandera tradicional) zulú y excompañera, me introdujo en su profunda conexión ancestral, que ha seguido modelando mi trabajo. Sus perspectivas y enseñanzas me han ayudado a comprender mejor mi país, igual que las de Lindiwe Dlamini, *sangoma* cuya familia atesora una larga historia de lucha por la libertad, y Mbali Marais, adivina de la tradición Dagara que anhela regresar a los sistemas de conocimiento indígenas.

Nainoa Thompson, maestro navegante hawaiano del océano abierto, me ha infundido una profunda creencia en lo importante que es compartir mi práctica del rastreo con el mundo entero.

Este libro no habría sido posible sin la colaboración de una serie de fabulosos científicos que siempre han estado ahí para responder a mis preguntas: la doctora Jennifer Mather, científica especializada en pulpos; Petro Keene, arqueólogo y colaborador maravillosamente creativo de nuestra exposición *Origins*; el arqueólogo Pieter Jolly; y la doctora Megan Biesele, antropóloga.

También tuve la suerte de contar con el apoyo de personas tan entregadas como Gregg Oelofse, director de costas de Ciudad del Cabo, y la concejala Aimee Kuhl, que han mostrado una gran confianza en la labor del Sea Change Project. El trabajo de los profesores Brian Swimme y Louis Herman ha expandido mi mente de forma considerable. Estoy muy agradecido a la imparable doctora Sylvia Earle, que trabaja con denuedo por la conservación del océano y presta un gran apoyo a nuestra labor en el Sea Change Project. El profesor George Branch; los doctores Ian McCallum, Peter Nilssen, Zach Busch, Renée Rust y Tony Cunningham; los profesores Mark Gibbons y Kerry Sink; y los doctores Lauren de Vos, Dylan McGarry y Tony Ribbink han respaldado en gran medida nuestro trabajo.

Pawan Patil y Anthony Mitchel, James Cameron, Maria Wilhelm, Dina Michelle, Pierre Morton, Ivy Givens y Sy Montgomery han apoyado este libro.

También he recibido una ayuda inestimable de los guardabosques y científicos del Parque Nacional de Sudáfrica, incluidos Saskia Marlowe; la científica especializada en tiburones Alison Kock; Carl Notier, de la unidad anticaza furtiva marina; y el grandísimo equipo Honorary Rangers liderado por Keith McNair, Kenneth Carden y el profesor George Smith.

También doy las gracias a Ross Frylinck, que cofundó conmigo el Sea Change Project y es coautor de otros dos de mis libros.

Mi gratitud a De Hoop Collection, Nini Stephens y William Stephens, Dalfrenzo Laing y Hendrik Arendse, que se han mostrado siempre muy acogedores.

Los doctores Dale Rae y Jamie Elkhorn, Andre Burger, el doctor Charles Chouler, Michele van der Merwe, el doctor Murray Rushmere, Anja Gerbers y Harold Epstein son maravillosos sanadores a los que tengo el privilegio de conocer.

En mi larga carrera cinematográfica he sido un afortunado por trabajar con personas excelentes, los mejores del sector, quienes han hecho de mí un mejor narrador de historias: Ellen Windemuth, Ludo Dufour, Anne Druyan, Kent Gibson, Karen Meehan, Barry Donnelly, Kevin Smuts, Sophie Vartan, Kyle Stroebel, James Reed, Sarah Edelson, Jinx Godfrey, Roger Horrocks, Dan Beecham, John Chambers, Cristina Zenato, Tom Peschak, Walter Bernadis, Greg Thompson, Niobe Thompson, Micheal Raimondo, Warren Smart y Jackie Viviers, Helena Spring, Anant Singh, Nilesh Singh, Jason Boswell, Bryan Little y Fil Domingues, Donovan van der Hyden, Sam Barton-Humphreys, Neil y Nadine Clarke, y el malogrado Michael Duffett.

Una maravillosa colaboración con Zolani Mahola, Yo-Yo Ma, Ronan Skillen y Johnny Blundell dio como resultado un himno del Bosque Marino. Zolani se convirtió en embajadora del Sea Change Project y Yo-Yo en nuestro mecenas, lo cual abrió otro camino creativo para expresar la profunda conexión con la naturaleza.

Otras colaboraciones como nuestro 1001 Seaforest Species dio paso a una asociación con Save Our Oceans Foundation y al gran apoyo de su actual director ejecutivo, James Lea, científico especializado en tiburones, y del anterior, el doctor Chris Clarke. Desde entonces somos buenos amigos, junto con los inimitables Alma Artiaga, Stevo Morgan y su equipo de buceadores, una amistad que ha enriquecido nuestras vidas.

Me siento profundamente agradecido a Su Excelencia Abdulmohsen Abdulmalik Al-Sheikh, fundador de Save Our Oceans Foundation, que ha dedicado una gran parte de su tiempo y sus recursos a salvar tiburones y rayas en todo el mundo.

Mientras escribía este libro mi casa se quemó, y una situación que podía haber derivado en un estrés terrible se volvió soportable gracias a la ayuda de amigos tan especiales como Angus McIntosh y Mariota Enthoven, Toren Wing, Cindy y Stuart Douglas; nuestros vecinos Rolf Sieboldt-Berry, Clive Stewart, Andre Van der Spuy y Gunnar Oberholzer. El extraordinario arquitecto Sean Mahoney intervino una segunda vez para salvar la casa. El jefe de bomberos Greg Birch nos regaló su tiempo; Chris Kisweter y Terrence McShane se están encargando de la reconstrucción, y nosotros no podríamos haber hecho nada sin la ayuda de Guy Lloyd-Roberts y Dirk Kotze con el seguro.

También me gustaría dar las gracias a Hanneli Rupert, la actual propietaria de la que fue la casa de mi infancia, que me abrió las puertas de su hogar.

Uno de mis mentores san, !Nqate Xqamxebe, hablaba de la importancia de «llevar una brasa ardiente en el corazón» de un lugar a otro y permitir que esa brasa prenda la vida siempre que sea necesario. Mi esperanza es que este libro funcione como una brasa que prenda el fuego ancestral que llevamos dentro y nos recuerde de dónde venimos y quiénes somos.

Estoy profundamente agradecido a todas las personas que contribuyen a mantener ese fuego encendido.

NOTAS

Capítulo 2: Frío

1. En su libro *Once Upon a Time is Now* (Berghahn Books, Nueva York, 2023), la antropóloga Megan Biesele comparte una guía de pronunciación para los caracteres especiales de la lengua san:

   /= chasquido dental (como la expresión de desaprobación en español: «tch, tch»);

   = = chasquido alveolar (laminal), sin equivalente en español;

   1 = chasquido alveo-palatal (como el sonido de un tapón de corcho saliendo de una botella);

   // = clic lateral (como el sonido que se usa para que un caballo eche a andar).

2. Andrew Huberman, «Using Deliberate Cold Exposure for Health and Performance», en Huberman Lab (pódcast), 2:15:09, 4 de abril del 2022, https://hubermanlab.com/using-deliberate-cold-exposu re-for-health-and-performance/.

3. Entrevista del autor con Wim Hof, 18 de octubre del 2021.

4. Página web del Método Wim Hof, «Cold Therapy», https://www. wimhofmethod.com/cold-therapy.

5. Nathalie Muller, «Eden's Killer Whales: Helping Human Hunters», en Australian Geographic, 12 de octubre del 2012, https:// www.australiangeographic.com.au/topics/history-cultu re/2012/10/edens-killer-whales-helping-human-hunters/.

6. Darren Incorvaia, «People and Animals Sometimes Team Up to Hunt for Food», en Science News Explores, 27 de abril del 2023, https://www.snexplores.org/article/people-and-animals-someti mes-team-up-to-hunt-for-food.

7. Francesca Trianni, «Otters Have Helped Bangladesh Fishermen Catch Fish for Centuries», en *TIME*, 27 de marzo del 2014, https://time.com/40632/bangladesh-otters-fishermen/.

Capítulo 3: Rastro

8. Katherine Harmen, «Polarized Display Sheds Light on Octopus and Cuttlefish Vision and Camouflage», Octopus Chronicles (blog), en Scientific American, 20 de febrero del 2012. https://blogs.scientificamerican.com/octopus-chronicles/polarized-display-sheds-light-on-octopus-and-cuttlefish-vision-and-camouflage/.

9. Entrevista del autor con Nainoa Thompson, noviembre del 2015.

10. Radio Expeditions, «An Interview with Anthropologist Wade Davis», por Alex Chadwick, en NPR and National Geographic Society, mayo del 2003. https://legacy.npr.org/programs/re/archivesdate/2003/may/mali/davisinterview.html.

11. Lyall Watson, Lightning Bird: The Story of One Man's Journey into Africa's Past, Simon & Schuster, Nueva York, 1982. [Trad. esp. de Pilar Giralt: *El pájaro del rayo,* Argos Vergara, Barcelona, 1983.]

12. Entrevista del autor con James Lea, junio del 2023.

Capítulo 4: Amor

13. Correspondencia/entrevista del autor con Janette Deacon, 2004.

14. Lawrence George Green, *Karoo*, H. Timmins, Ciudad del Cabo, 1955.

15. Tony Jackman, «The Springbok Migrations», en *Africa Wild*, 14 de enero del 2022, https://africawild-forum.com/viewtopic.php?t=11477.

16. Jane Goodall, «Jane Goodall's Dog Blog - Rusty», *Best Pet* (blog), en *Perfect Pets*, 28 de diciembre del 2016, https://perfectpets.com.au/best-pet-blog/post/jane-goodall-s-dog-blog-rusty.

Capítulo 5: Genealogía

17. Jason Daley, «Were Neanderthals Getting Surfer's Ear From Diving for Seafood?», en *Smithsonian Magazine,* 15 de agosto del 2019, https://www.smithsonianmag.com/smart-news/neanderthals-had-lots-surfers-ear-suggesting-they-were-seafood-180972917/.

18. Entrevistas del autor con Christopher Henshilwood, 2013-2023.

19. Ed Yong, «An Ancient Crosshatch May Be the Earliest Drawing Ever Found», en *The Atlantic*, 12 de septiembre del 2018, https://www.theatlantic.com/science/archive/2018/09/is-this-the-earliest-drawing-ever-found/570007/

20. Brian Thomas Swimme, *Cosmogenesis*, Counterpoint, Berkeley (California), 2022.

21. Jane Goodall Institute, «Jane Discovers That Chimpanzees Make and Use Tools», https://janegoodall.org/our-story/timeline/.

22. Margaret Roberts y Sandy Roberts, *Indigenous Healing Plants*, Southern Books Publishers, Johannesburgo, 1990.

23. Conversaciones personales del autor con Tony Cunningham, 2015-2022.

Capítulo 7: Conectar

24. Scott Neuman, «Revenge of the Killer Whales? Recent Boat Attacks Might Be Driven by Trauma», en *NPR*, 13 de junio del 2023 [actualizado a 15 de mayo del 2024 con el título «Orcas Sank a Yacht off Spain — the Latest in a Slew of such 'Attacks' in Recent Years»], https://www.npr.org/2023/06/13/1181693759/orcas-killer-whales-boat-attacks; y Stephanie Sy y Courtney Norris, «Group of Orcas Attack and Sink Vessels off Iberian Coast», en *PBS NewsHour*, vídeo, 4:25, 14 de junio del 2023, https://www.pbs.org/newshour/show/group-of-orcas-attack-and-sink-vessels-off-iberian-peninsula.

25. Phoebe Weston, «Orcas Accused of Attacking Boats May Be 'Following Fad' Scientists Say», en *The Guardian*, 25 de agosto del 2023, https://www.theguardian.com/environment/2023/aug/25/orcas-boats-rammings-scientists-open-letter aoe.

26. James Fair, «Are Killer Whales Dangerous to Humans?», en *Discover Wildlife*, BBC Wildlife, 24 de enero del 2023, https://www.discoverwildlife.com/animal-facts/marine-animals/are-killer-whales-dangerous-to-humans.

27. Sophia Ankel, «Hundreds of Great White Sharks Have Vanished from South Africa's Coast and Fearsome Orcas Are to Blame», en *Business Insider*, 22 de noviembre del 2020, https://www.insider.com/orca-attacks-caused-great-white-sharks-flee-cape-town-experts-2020-11.

28. Boris Worm, «A Most Unusual (Super)Predator», en *Science*, vol. 349, núm. 6250 (2015), págs. 784-785, https://www.science.org/doi/10.1126/science.aac8697.

29. Sylvia A. Earle (@@SylviaEarle), «Sharks are beautiful animals», en Twitter (X), 17 de julio del 2021, 02:07, https://twitter.com/SylviaEarle/status/1416187797963116545.

30. Thais Martins *et al.*, «Intensive Commercialization of Endangered Sharks and Rays (Elasmobranchii) Along the Coastal Amazon as Revealed by DNA Barcode», en *Frontiers in Marine Science*, 14 de diciembre del 2021, https://www.frontiersin.org/articles/10.3389/fmars.2021.769908/full.

31. Katherine J. Latham, «Human Health and the Neolithic Revolution: An Overview of Impacts of the Agricultural Transition on Oral Health, Epidemiology and the Human Body», en *Nebraska Anthropologist*, vol. 28 (2013), págs. 95-102, https://digitalcommons.unl.edu/nebanthro/187/.

32. Henry Kam Kah, «The Laimbwe Ih'neem Ritual/Ceremony, Food Crisis and Sustainability in Cameroon», en *Journal of Global Initiatives*, vol. 10, núm. 2 (2016), págs. 53-70, https://www.academia.edu/23789087/The_Laimbwe_Ihneem_Ritual_Ceremony_Food_Crisis_and_Sustainability_in_Cameroon.

33. Página web de la Biblioteca del Congreso de Estados Unidos, «America at Work», colección *America at Work, America at Leisure: Motion Pictures from 1894 to 1915*, https://www.loc.gov/collections/america-at-work-and-leisure-1894-to-1915/articles-and-essays/america-at-work/.

34. Comunicación personal del autor con Nainoa Thompson, noviembre del 2015.

35. Nainoa Thompson, «As a Wayfinder, as a Native Hawaiian, and —in the end— as Nainoa, What is Sacred?», en Chris Rainier, *Sacred: In Search of Meaning*, Mandala, San Rafael (California), 2022, pág. 258.

36. «How Big Is the Pacific Ocean?», en *NOOA Ocean Exploration*, https://oceanexplorer.noaa.gov/facts/pacific-size.html.

37. The Digital Bleek and Lloyd Collection, lloydbleekcollection.cs.uct.ac.za/index.html.

38. *Ibid.*

39. Entrevista del autor con Renée Rust, junio del 2020.

40. The Mother Tree Project, https://mothertreeproject.org/about-mo ther-trees-in-the-forest/.

41. Correspondencia personal del autor con Jannes Landschoff *et al.*, 2023.

42. Jessica Wimmer y William Martin, «Likely Energy Source Behind First Life on Earth Found 'Hiding in Plain Sight'», en *Frontiers*, 19 de enero del 2022, https://blog.frontiersin.org/2022/01/19/fron tiers-microbiology-origin-of-life-energy-hydrothermal-vents/.

43. Brian Thomas Swimme, *op. cit.*

44. Robert Krulwich, «How Human Beings Almost Vanished from the Earth in 70,000 B.C.», en *NPR*, 22 de octubre del 2012, https://www. npr.org/sections/krulwich/2012/10/22/163397584/how-human-be ings-almost-vanished-from-earth-in-70-000-b-c.

45. Rutger Bregman, *Humankind: A Hopeful Story*, trad. al inglés de Eli zabeth Manton y Erica Moore, Little, Brown, Boston, 2020. [Trad. esp. del original neerlandés, *De meeste mensen deugen*, a cargo de Gonzalo Fernández Gómez: *Dignos de ser humanos: una nueva pers pectiva histórica de la humanidad*, Anagrama, Barcelona, 2021.]

Capítulo 8: Jugar

46. Ben Garrod, «Can All Primates Swim?», en *Discover Wildlife*, BBC Wildlife, 25 de mayo del 2023, https://www.discoverwildlife.com/ animal-facts/can-all-primates-swim/.

47. Página web del Bluegrass Music Hall of Fame and Museum, «Bill Monroe», https://www.bluegrasshall.org/inductees/bill-monroe/.

48. Anthony D. Fredericks, «How Engaging with Nature Bolsters Crea tivity in Children and Adults», en *Psychology Today*, 7 de julio del 2021, https://www.psychologytoday.com/us/blog/creative-insights/ 202107/how-engaging-nature-bolsters-creativity-in-children -and-adults.

49. Hanibal Goitom, «On This Day: Desegregation of South African Beaches», en *In Custodia Legis* (blog), Biblioteca del Congreso de Estados Unidos, 16 de noviembre del 2015, https://blogs.loc.gov/ law/2015/11/on-this-day-desegregation-of-south-african-bea ches/.

Aprender el idioma de la naturaleza: Cómo empezar a rastrear

50. Meghan Bartels, «The Insider's Guide to Birding in Central Park, New York City», en *Audubon Magazine*, 2 de junio del 2017, https://www.audubon.org/news/the-insiders-guide-birding-central-park-new-york-city.

51. Jennifer A. Mather, «Ethics and Invertebrates: The Problem Is Us», en *Animals*, vol. 13, núm. 18 (2023), art. 2827, https://www.mdpi.com/2076-2615/13/18/2827.

52. Jon Young, *What the Robin Knows: How Birds Reveal the Secrets of the Natural World*, Houghton Mifflin Harcourt, Nueva York, 2012.

NOTA SOBRE LA CUBIERTA

El botón azul (*Porpita porpita*) es el animal que aparece en la cubierta de este libro. Es un vagabundo de alta mar que a veces termina su periplo en el Gran Bosque Marino africano. Esta criatura es miembro de la familia *Porpitidae* y su cuerpo se divide en dos partes principales: un centro de color marrón, y una colonia de hidrozoos, similares a tentáculos de medusas, rodeándolo. Posee órganos femeninos y masculinos, y puede reproducirse por sí solo. Se impulsa con la marea, el viento y el oleaje. Se asemeja a un planeta hecho principalmente de océano con una pequeña masa de tierra: azul, salvaje y libre.

ALMA ANFIBIA

CUADERNO

DE RASTREO

Cueva de la Edad de Piedra con vistas a False Bay. El suelo de esta cueva está cubierto por los restos de las últimas comidas de las personas que la habitaron hace muchísimos años. La entrada está rodeada por alcanforeros silvestres. Las semillas en flor de estos árboles se usaban como yesca. Las ramas de los árboles, que parecen bonsáis, revelan cortes hechos por manos humanas hace siglos.

Rastro de algas que han sido arrastradas de vuelta al océano después de haber llegado a la orilla. Se aprecia la línea de la marea; la fuerza del océano ha borrado la mitad inferior del rastro. Las partículas de arena en forma de salpicaduras indican que el mar se llevó las algas de vuelta al agua con bastante rapidez.

Huellas de gaviota

Un cangrejo macho sujeta a un cangrejo hembra bajo su cuerpo. El macho, más grande, esperará a que la hembra mude de caparazón, ya que solo pueden aparearse si el caparazón de ella está blando. El macho da la vuelta a la hembra para que ambos queden cara a cara durante el apareamiento, y la acuna antes y después del acto.

Imagen de una zona poco profunda en la que se ve el rastro de un pleurobranquio verrugoso, un caracol de mar depredador de gran tamaño. El pie del caracol deja tras de si una linea de moco que acumula minúsculas partículas de arena. Siguiendo el rastro del moco encontré al animal; que se distingue en el cuadrante inferior izquierdo de la fotografia.

Huellas de cangrejo

Huellas de tinta de una nutria del Cabo sobre una roca de granito. Estas huellas revelan que la nutria cazó una sepia en el Bosque Marino y se la comió en la roca, manchándose las garras y las patas con la tinta de la presa. Las huellas de tinta van de derecha a izquierda y se alejan de la mancha de tinta más grande, que indica el lugar donde la nutria se comió la sepia.

Una rara imagen de caca de pulpo.

Por lo general, los ofiuras, que se congregan alrededor de las madrigueras de los pulpos, se la comen enseguida. El aspecto de este excremento indica que el animal había comido pescado. La caca tiene un aspecto muy diferente y es de color amarillo claro si el pulpo ha comido cangrejo o mejillones. Los pulpos comen casi a diario y suministran una gran cantidad de alimento a carroñeros como los ofiuras, los buccinos y las estrellas de mar.

Huellas de roedor

Tom observando agujeros en un alga. Este es el rastro que dejan las bocas de los peces cuando muerden las algas, ya que para poder morderlas deben doblarlas. Al desdoblarse el alga se observa que el mordisco ha dejado un círculo casi perfecto. Este mordisco en concreto es de una salema, un pez que llega en masa al Bosque Marino en verano y se da un buen festín con las algas.

Una estrella cojín en forma de molinillo, señal de que está cuidando de sus crías. Si se observa con atención, entre los brazos de la izquierda se pueden ver diminutas estrellas de mar protegidas debajo de la madre. Esta es una imagen muy habitual cada año durante el mes de octubre.

Un rubio con las aletas extendidas. Hay un lenguado del Cabo montado sobre el lomo del rubio, entre las aletas. Tardé varios años en darme cuenta de que el lenguado salta de entre la arena y se agarra al lomo del rubio para evitar ser devorado. Es el único lugar seguro.

Un acalefo radiado visto de cerca. Los dos agujeros ovalados son consecuencia de mordiscos de peces. El acalefo ha reparado el agujero de la izquierda, y la cicatriz es claramente visible. El agujero de la derecha es más reciente. Las marcas que parecen rayas posiblemente sean rasguños del ataque de alguna gaviota.

Huellas de cormorán

Una nutria del Cabo con un tiburón perro recién cazado. Esta nutria está tan acostumbrada a mi presencia que deja que me tumbe en esta poza de agua dulce junto al océano mientras ella come. Tiene los dientes desgastados a causa de la edad y de mordisquear la piel de los tiburones, que es muy áspera. La nutria solo se come el hígado, las aletas y las agallas del tiburón. Tiene una visión perfecta tanto bajo el agua como fuera de ella. Los bigotes le permiten cazar en la oscuridad.

Huellas
de nutria

En esta ocasión, la cámara se convierte en una fabulosa herramienta de rastreo porque me permite observar esta curiosísima imagen de un pulpo lanzando arena por las ventosas de sus tentáculos. Los pulpos son muy meticulosos con la limpieza de sus ventosas, porque si están limpias succionan mejor. La postura que adopta el animal es un gesto deimático: una postura intimidante para que me aleje.

Y le hice caso enseguida.

Un montón de huevos de sepia. Hay unas cincuenta unidades.

El color opaco y la textura me dicen que estos huevos los puso hace poco una hembra inusualmente voluminosa. Tardarán dos meses y medio en eclosionar. Es un sitio perfecto para desovar, con un buen flujo de agua que es idóneo para oxigenar los huevos.

Huellas de avestruz

A medida que este pulpo fue ascendiendo, las dos imágenes —el pulpo y su reflejo— se fundieron en una especie de mandala cefalópodo. Esta visión tuvo un efecto muy profundo en mi mente y convirtió lo que había empezado como un mal día en un momento de maravilla y asombro.

Babuinos alimentándose de mejillones en la zona intermareal. Los babuinos también comen lapas, huevos de tiburón e incluso langostas. A veces nadan por el Bosque Marino e incluso bucean. También se zambullen en el mar para huir del ataque de otros babuinos.

Huellas de babuino

Rastro de una nutria arrastrando un tiburón recién cazado. La marca del arrastre queda junto a las huellas de las patas de la nutria, lo cual indica que el animal sujetaba a la presa de lado, con la boca, y la cola del tiburón se arrastraba sobre la arena por el lado izquierdo. La nutria se dirigía a un arroyo de agua dulce. A estos animales les gusta devorar a sus presas en zonas de agua dulce poco profundas.

Este es el rastro de un avestruz macho que se ha arrodillado en la playa, doblando las alas sobre su cabeza y rozando la arena con ellas. Esta postura extraordinaria forma parte de la danza de apareamiento del avestruz. Es muy poco habitual que se acerquen tanto al océano.

El pulpo me sigue.

 *Sumérgete en el mundo de Alma anfibia*

https://seachangeproject.com/amphibious-soul

Este código QR permite acceder a una serie de cortometrajes, rodados a lo largo de veinticinco años, que incluyen algunos de los momentos más espectaculares que contiene este libro, desde inmersiones con cocodrilos hasta expediciones de rastreo con los maestros san del Kalahari, pasando por los secretos de los animales del Gran Bosque Marino africano. Hay cortometrajes para cada capítulo y para este cuaderno de rastreo.